新・演習物質科学ライブラリ＝1

基礎 化学演習

梶原　篤・金折　賢二　共著

サイエンス社

サイエンス社のホームページのご案内
http://www.saiensu.co.jp
ご意見・ご要望は　rikei@saiensu.co.jp　まで.

まえがき

　本書は，サイエンス社の新・物質科学ライブラリ1『基礎化学』の演習書として位置づけられており，大学学部課程の1年間（全30回の講義）において，化学を学習する際の演習を意図して構成されている．見開きの左ページには解説が，右ページには例題，問題の形式をとっている．解説には『基礎化学』のエッセンスを簡潔にまとめ，本書だけでも十分理解できるように配慮したが，教科書の該当箇所を適宜参照してほしい．例題，問題とも期末試験に出題される問題を念頭において作成してあるので，解答をすぐに見ないで，まず自分で考えてほしい．総合演習問題には，2年次以降に履修する物理化学において，重要な事項を演習の形で取り上げてあるので，是非，最後までやり遂げてほしい．

　章および節は『基礎化学』に準じて構成され，第1章序論のあと，第2～5章には，主に原子・分子の量子論とそれにかかわる分野を記述し，第6～10章には，物質の状態変化および化学反応について，熱力学を中心に記述してある．本書では，基本的には国際単位系（SI単位）で表現したが，大気圧を1 atmと表記した他，慣用的に使用されている単位を問題に入れている．

　第1～5章は梶原が担当し，第6～10章は金折が担当した．本書の執筆にあたり，新・物質科学ライブラリの既刊図書をはじめ，数多くの教科書や関連書物を参考にさせていただいた．ここにそれらの著者と出版社に対して厚く御礼を申し上げる．本書の内容は，十分に検討して万全を期したつもりだが，著者の浅学非才のために誤りや不備な点があるかと思うので，ご叱責，ご教示いただければ幸いである．

　最後に，本書の執筆を薦めていただき，構成や細かい内容までご助言いただいた京都大学名誉教授 山内淳先生，ならびに原稿のやりとりなどで多大なるご尽力，ご配慮をいただいたサイエンス社の田島伸彦氏，鈴木綾子氏，見寺健氏に深く感謝いたします．

2012年秋

奈良教育大学　　　梶原　篤
京都工芸繊維大学　金折　賢二

目　　次

第 1 章　物質の科学（化学）の歴史的考察　　1

- **1.1** 原子論の起源 1
- **1.2** 化学の基本法則 1
  - 例題 1, 2
- **1.3** 原子・分子の実在的認識 4
- **1.4** 原子の構成と元素の周期律 4
  - 例題 3

第 2 章　原子の構造と原子軌道　　6

- **2.1** 歴史的な経緯 6
  - 例題 1, 2
- **2.2** 水素原子スペクトルとエネルギー準位 10
  - 例題 3, 4
- **2.3** ド・ブロイの物質波 14
- **2.4** 電子の波動性と粒子性 14
  - 例題 5
- **2.5** シュレディンガーの方程式 16
  - 例題 6
- **2.6** 原子の電子状態（原子軌道） 18
  - 例題 7, 8
- **2.7** 原子軌道のエネルギー準位 22
- **2.8** 多電子原子の構成原理 22
  - 例題 9
- **2.9** 元素と周期律 24
  - 例題 10

目　　次　　　　　　　　　　iii

第3章　共有結合と分子軌道　　　　　　　　　26

3.1　共有結合の形成 26
例題 1, 2
3.2　原子軌道から形成される分子軌道 28
例題 3
3.3　等核二原子分子 30
例題 4
3.4　異核二原子分子と分子の極性 32
例題 5

第4章　分子の形と混成軌道　　　　　　　　　34

4.1　分子の形と混成軌道 34
4.2　メタン，エタンの形と sp^3 混成軌道 34
例題 1
4.3　エチレン，ベンゼンの形と sp^2 混成軌道 36
例題 2
4.4　アセチレンの形と sp 混成軌道 38
4.5　d 軌道を含む混成軌道 38
例題 3
4.6　電子対反発則 40
4.7　水，アンモニアの形 40
例題 4

第5章　共有結合以外の化学結合　　　　　　　42

5.1　原子，分子間に働く力 42
例題 1
5.2　配 位 結 合 44
例題 2
5.3　水 素 結 合 46
5.4　電荷移動力と電荷移動錯体 46
例題 3

5.5 結晶とその形 48
例題 4
5.6 金属結合と金属結晶 50
例題 5
5.7 イオン結合とイオン結晶 52
例題 6

第 6 章　物質の三態と化学ポテンシャル　　　　　　　54

6.1 気体の性質 54
例題 1, 2, 3, 4, 5
6.2 純物質の状態図 62
例題 6, 7
6.3 化学ポテンシャル 66
例題 8

第 7 章　混合物の状態変化　　　　　　　　　　　　　68

7.1 濃　度 68
7.2 気体の混合物 68
例題 1, 2
7.3 混合した液体とその蒸気圧 70
例題 3, 4, 5, 6
7.4 固体と液体 78
例題 7
7.5 束一的性質 80
例題 8, 9

第 8 章　熱力学第一法則とエンタルピー　　　　　　84

8.1 熱力学第一法則 84
例題 1, 2, 3
8.2 反応エンタルピー 88
8.3 様々なエンタルピー 88
例題 4, 5

8.4 エンタルピー変化の温度依存性 90
　　例題 6, 7

第9章　熱力学第二法則と化学平衡　　　　92

9.1 化学平衡と平衡定数 92
　　例題 1, 2
9.2 化学平衡の移動 96
　　例題 3
9.3 熱力学第二法則とエントロピー 98
　　例題 4, 5
9.4 化学反応における熱力学第二法則 102
　　例題 6
9.5 平衡反応と温度 104
　　例題 7, 8
9.6 電 気 化 学 106
　　例題 9, 10, 11, 12

第10章　反応速度論　　　　110

10.1 反応速度の定義と速度式 110
　　例題 1
10.2 微分速度式と積分速度式 112
　　例題 2, 3
10.3 反応速度と温度 116
　　例題 4, 5
10.4 反応速度の理論 118
　　例題 6
10.5 律速段階と触媒 120
　　例題 7, 8

総合演習問題 … 122

問題解答 … 136

  1章の問題解答 … 136
  2章の問題解答 … 137
  3章の問題解答 … 143
  4章の問題解答 … 146
  5章の問題解答 … 148
  6章の問題解答 … 152
  7章の問題解答 … 157
  8章の問題解答 … 163
  9章の問題解答 … 166
  10章の問題解答 … 175
  総合演習問題の解答 … 180

付　録 … 199

索　引 … 211

1 物質の科学（化学）の歴史的考察

1.1 原子論の起源

● **ギリシャの物質観** ● 　古代インド，中国，ギリシャなどでは生活技術の発展に加えて，万物の起源や構成要素などに関して学問的発展がみられる．しかし，その考え方については大きく2つに分けられる．一つは19世紀のドルトンの原子論に先駆けたデモクリトスの原子（atomos）説である．もう一つは万物を火・空気・水・土の四元素からなると見る考え方に元素相互変換の第5元素を加えたアリストテレスの自然観である．後者の考え方が19世紀に開いた現代の物質観（原子・分子）に至るまで支配した．

● **錬金術と医療化学** ● 　原子説は受け入れられなかったものの，金を製造するとの夢（元素の相互変換）を追うことで蓄積された化学技術（錬金術）の知識は発展した．加えてその整理された化学物質は医療の分野で使用する医療化学としておおいに役立った．

● **燃焼と質量保存の法則** ● 　医療化学を開いたパラケルススは水銀・硫黄・塩の3元素説を考えていた．また，気体のボイルの法則が17世紀に成立したが，元素の考え方には至らなかった．物質が燃焼して発光やエネルギーを放出することは，物質が有する燃素（フロジストン）によると解釈した．物質が燃焼して燃素を放出するとすれば，物質の質量は減ることになる．ラヴォアジェは，金属を密封容器中で燃焼することにより質量保存の法則を見出したが，増量した燃焼金属物質からもとの金属を得ることに成功し，燃焼の化学反応の前後で各反応物質の質量が保存されるとするとともに，燃焼（酸化）に伴う元素を純粋な空気あるいは酸素と名づけた．

● **ドルトンの原子論** ● 　ラヴォアジェはその著書「化学要論」で現在でも認められている23種の元素を含む33種の元素をあげたし，ドルトンは質量保存の法則ならびにプルーストの定比例の法則を基礎に原子論を提唱した．すなわち，単体はそれぞれ物質に固有の原子から構成され，化合物はこれらの単体原子が結合して構成されていると考えたのである．しかし，原子から分子が形成されるとの考えには至らなかった．

1.2 化学の基本法則

● **質量保存の法則** ● 　ある物質の変化は，状態だけが変化する物理変化と全く別の物質に変化する化学変化（化学反応）に分けられる．化学変化においては，極端なエネ

ルギーの授受がない場合，変化する前の反応物質の質量の和は反応後の生成物質の質量の和に等しい．これを質量保存の法則という．

● **定比例の法則** ●　化合物中の構成元素の質量比は常に一定である．これを定比例の法則という．プルーストは数多くの鉱物を分析することからこの法則にたどりついた．

● **倍数比例の法則** ●　ドルトンは質量保存の法則や定比例の法則から原子論を唱えたが，さらにこの原子論の立場から倍数比例の法則を演繹した．この法則は，2種の元素からできる2種類以上の化合物において構成元素の質量比を調べてみることから明らかになる．2種の元素をA,Bとすると，A,Bからなる2種類以上の化合物において，一定量のAと化合するBの量は簡単な整数比をなす．

● **気体反応の法則** ●　気体反応における物質の体積比は簡単な整数比をなす．これは気体が同温・同圧・同体積において同数の "原子" を含むという解釈になるから，ドルトンの原子論の立場に沿っているが，物質を作る "原子" は分割できないことと矛盾する．

● **アボガドロの法則** ●　ドルトンの原子論と気体反応の矛盾を解くために，アボガドロが提唱した概念が分子説である．気体は最小粒子の分子からできており，同温・同圧・同体積の気体中には同数の分子を含む．アボガドロ定数は現在では基本物理定数であり，1 mol という化学での重要な概念となっている．

$$\text{アボガドロ定数}\quad N_A = 6.02214076 \times 10^{23}\,\text{mol}^{-1}$$

──**例題 1**──

いくつかの窒素の酸化物を調べたところ，窒素の量と酸素の量として次の結果を得た．この結果に倍数比例の法則を適用するとどうなるか説明せよ．

	窒素の量	酸素の量
酸化物 1	14 g	8 g
酸化物 2	14 g	16 g
酸化物 3	14 g	32 g

[解答]　窒素の 14 g に対する酸素の量はそれぞれ 8 g, 16 g, 32 g であり
$$8 : 16 : 32 = 1 : 2 : 4$$
の簡単な整数比をなす．

　酸素については酸素 8 g に対する窒素の量を調べると
$$14/1 : 14/2 : 14/4 = 4 : 2 : 1$$
の簡単な整数比をなす．

　これらの窒素酸化物はそれぞれ N_2O, NO, NO_2 である．

1.2 化学の基本法則

---**例題 2**---

気体反応の例として，高温での水素と酸素から水（水蒸気）の生成を考えよう．

$$2H_2 + O_2 \longrightarrow 2H_2O$$

体積比は 2 : 1 : 2 となる．

ドルトンの考え方では気体反応の法則は矛盾することを示し，かつ，アボガドロの考え方と比較して図で説明せよ．

[解答] 水素も酸素も原子からできているとすると，酸素の 1 原子として体積から考えて分割されなければならない．アボガドロの分子説をとれば，水素も酸素も 2 個の原子からなる分子からできているとすると，酸素分子が分割して水分子が生成すると考えれば，気体反応の法則は成り立つ．この様子を図 1.1 に示す．アボガドロの法則では，「気体は最小粒子の分子からできており，同温・同圧・同体積の気体中には同数の分子を含む」ということである．

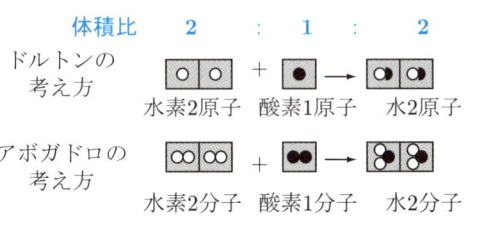

図 1.1　気体反応に関するドルトンとアボガドロの考え方

問　題

1.1　18 g の水は 2 g の水素と 16 g の酸素が化合してできた化合物である．定比例の法則を適用して，1 kg の水を完全に分解すると得られる水素と酸素の質量はいくらか．

1.2　酸化銅 2.0 g を熱して水素を通じたところ，1.6 g の銅が得られた．銅 4.0 g を空気中で酸化すると，5.0 g となったことから，定比例の法則を示せ．

1.3　赤色酸化銅と黒色酸化銅を水素還元して金属銅を得た．赤色酸化銅 1.0 g から 0.89 g の銅を，黒色酸化銅 0.5 g から 0.4 g の銅を得た．倍数比例の法則を適用せよ．

1.4　(1)　メタン CH_4 の燃焼（酸化）反応において気体反応の法則を説明せよ．
　　 (2)　1 mol のメタン（16 g）の燃焼に必要な酸素と生成する二酸化炭素ならびに水の量を求め，質量保存の法則を示せ．

1.3　原子・分子の実在的認識

イギリスの王立化学会が 1841 年に創立され，フランスやドイツでも化学会の設立は続いた（それぞれ 1858 年と 1868 年）．重要なことは，世界で初めての国際会議が 1860 年ドイツのカールスルーエで開かれ，当時のそうそうたる科学（化学）者であるブンゼン，ケクレ，メンデレーエフ，ベルセリウス，カニツァロなど 140 人が集まった．会議のテーマは次の 3 つであった．

(1)　原子と分子の概念に関する問題
(2)　化学記号の問題
(3)　原子量の決め方の問題

ここでカニツァロは次のことを提案した．「アボガドロの仮説を認めるべきであり，分子の概念（原子の集合体）から気体反応の法則が説明されるとした．」そして，気体について二原子分子（H_2, N_2, O_2 など）の存在を主張するアボガドロの仮説（1811 年）がこの会議で認められるようになり，50 年を経てアボガドロの法則となる．この会議で，アボガドロ定数を基礎に，実験による分子量・原子量が統一的に確立した．当初は酸素 O を 16 と基準にしたが，現在では $^{12}C = 12$ が基準になっている．

物理学の世界でも自然認識について，エネルギー論的立場（Energetik）と原子論的立場（Atomistik）の論争があったが，ブラウン運動に対するアインシュタインの理論的説明（1905 年）とペランの実験的証明（1908〜1910 年）によって決着する．

1.4　原子の構成と元素の周期律

● **原子の構造**　　原子はその中心にある原子核と原子核をとりまくいくつかの電子からできている．原子核はいくつかの陽子と中性子から構成されている．陽子は正の電気量をもった粒子であり，中性子は電気的に中性である．電子は陽子と同じであるが，負の電気量をもっている．陽子の質量と電気量，電子と中性子の質量は

$$m_p = 1.6726219 \times 10^{-27} \text{ kg}, \quad e = 1.602176634 \times 10^{-19} \text{ C},$$
$$m_e = 9.1093836 \times 10^{-31} \text{ kg}, \quad m_n = 1.6749275 \times 10^{-27} \text{ kg}$$

である．原子の質量は，ほぼ原子核だけの質量とみなしてよく，原子核を構成する陽子の数と中性子の数の和にほぼ比例する．原子核中の陽子と中性子の数の和を質量数という．

陽子の数から原子を区別し，原子番号を付す．原子番号が同じであるが，中性子の数が異なる原子を同位体といい，質量数が異なる．同位体の化学的性質は非常に似ており，地球上の元素の多くは何種類かの同位体が一定の割合で混ざって存在している．

1.4 原子の構成と元素の周期律

- **原子量・分子量** 質量数 12 の炭素原子 ^{12}C の質量の値を厳密に 12 と定めて，他の原子の相対質量の値を決める．^{12}C 原子 1 個の質量の 1/12 を原子質量単位ともいう．地球上に 2 種類以上の同位体が存在している元素では，各同位体の相対質量の値と存在比から，その元素を構成する原子の相対質量が計算される．これを原子量という．

  分子式の中の元素の原子量の総和を分子の分子量という．

- **アボガドロ定数** すべての元素について，原子量・分子量の数値に質量の単位 g をつけた質量中には，同数個の原子・分子が含まれることになる．従って，その質量の中には，元素の種類にかかわらず常にアボガドロ定数の原子・分子が存在する．

- **元素の周期律** 原子量や原子番号による元素の周期律は現在の周期表（前見返し参照）に至る．この元素の周期表を長周期の周期表という．

例題 3

炭素の原子量は質量数 12, 13, 14 の 3 つの同位体が存在するが，^{12}C が 98.90%，^{13}C が 1.10% である．一方，^{14}C は放射性核種であり極めて微量である．^{13}C の質量 13.003 を考慮して，炭素の原子量を求めよ．

[解答] 原子量は次のように計算される．

$$12.000 \times 0.9890 + 13.003 \times 0.0110 = 12.011$$

問 題

1.5 次の元素の原子番号，陽子数，中性子数，質量数，電子数を答えよ．

$$^{13}_{6}\text{C} \qquad ^{16}_{8}\text{O} \qquad ^{56}_{26}\text{Fe} \qquad ^{184}_{74}\text{W}$$

1.6 69.6% のマンガンを含む酸化マンガンの化学式を推定せよ．

1.7 酸素原子の原子番号は 8 であり，質量数 16, 17, 18 が存在する．それらの原子量と存在比はそれぞれ 15.9949, 99.795%，16.9991, 0.037%，17.9992, 0.204% とすれば，酸素の原子量はいくらになるか．

1.8 水素原子の同位体として $^{1}_{1}$H は 99.985%，$^{2}_{1}$H は 0.015% とする．
  (1) 存在し得る水分子の種類はいくつとなるか．
  (2) 天然に存在し得る最も多い水分子を化学式で答えよ．
  (3) 最も重い水分子と軽い水分子を化学式で答えよ．

1.9 $^{12}_{6}$C 原子 1 個の質量は 1.9926×10^{-23} g である．これから求められるアボガドロ定数はいくらか．

1.10 銅は 1 辺が 3.61×10^{-8} cm の立方体の中に原子が 4 個含まれている．この銅の密度は 8.96 g cm^{-3} であった．銅の原子量を求めよ．

2 原子の構造と原子軌道

2.1 歴史的な経緯

● **電子の発見** ● ギリシア，ローマの時代から人類は身のまわりの物質を理解しようとしてきた．理解するために物質を分けて，これ以上分割できないところまで想定し，それを原子（atom）と名付けた．しかし 19 世紀末になって原子が内部構造をもつことが明らかになり，内部の構造についての知見も得られるようになってきた．

1890 年代に J.J. トムソンは陰極線の研究により電子の存在を説明した．陰極線は「たった一種類の粒子からなり，決まった質量と電荷をもち，粒子を放出する陰極の物質には無関係である」．この粒子は「電子」と名付けられた．

1917 年にミリカンは電子 1 つのもつ電荷（素電荷あるいは電気素量という）を測定（ミリカンの油滴の実験，図 **2.1**）した．霧状にした油滴を帯電させ，電場を掛けると上向きの静電気力と下向きの重力とを釣り合わせて，帯電した油滴を静止させることができることを見出した（図 **2.2**）．

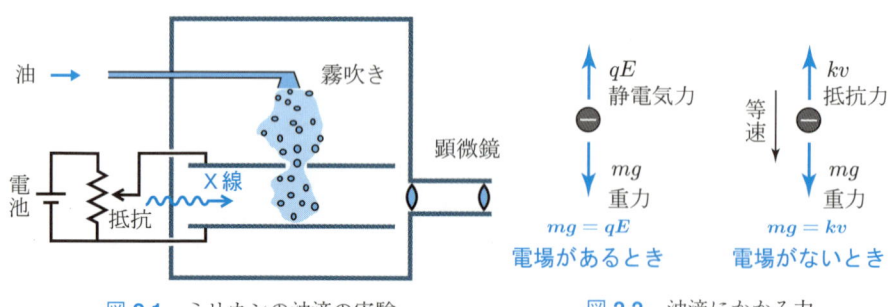

図 2.1 ミリカンの油滴の実験   図 2.2 油滴にかかる力

● **初期の原子モデルと原子核の大きさ** ● 原子の内部構造についてのいろいろな模型が提唱された（図 **2.3**）．
1903 年：J.J. トムソンによるブドウパンモデル（図 **2.3(a)**）．
1903 年：長岡半太郎による土星モデル（図 **2.3(b)**）．
1909 年：ガイガーとマースデンの実験による原子，原子核の大きさの推定（図 **2.3(c)**）．

2.1 歴史的な経緯

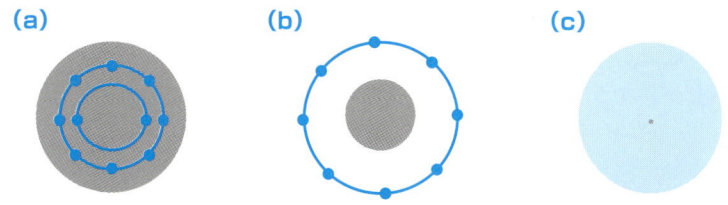

図 2.3　ブドウパンモデル (a)，土星モデル (b)，実際の原子と原子核の大きさ (c)

例題 1

ミリカンの油滴の実験で，油滴の電気量 q を調べたところ，次のような値が得られた．

$$9.70,\ 11.36,\ 6.40,\ 4.87,\ 3.23\ (\times 10^{-19}\,\mathrm{C})$$

この結果から，素電荷（電気素量）e を求めよ．

[解答]　図 2.2 において $q = kv/E$ であり，油滴の電気量 q の値が素電荷 e の整数倍になっている．近接する数字の差をとって比較すると，それぞれ $6e, 7e, 4e, 3e, 2e$ と考えられる．ここから $e = 1.6 \times 10^{-19}\,\mathrm{C}$ となる．これが素電荷である．

問題

2.1　(1) 陰極線に電場や磁場を掛ける装置を用いて，電場を掛けた場合（図 **2.4(a)**）と磁場を掛けた場合（図 **2.4(b)**）について陰極線の軌跡を描け．
(2) 陰極線が電場の中で曲がる理由を述べよ．
(3) 陰極線が磁場の中では円軌道を描く．そのときに働く力について述べよ．

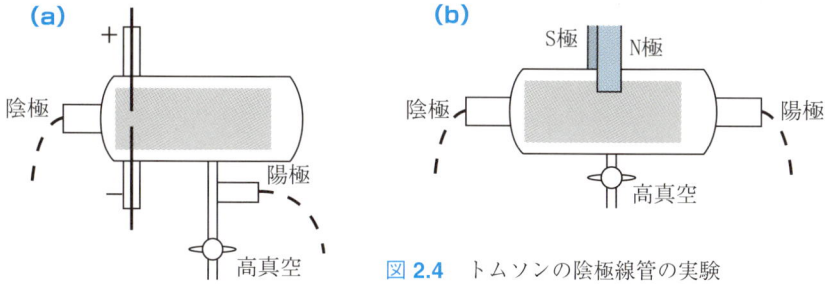

図 2.4　トムソンの陰極線管の実験

2.2　α 線，β 線，ガンマ線を磁場の中に置くとどのような軌跡を描くか．

2.3　陰極線管を一様な磁場 B の中に置いたとき，加速電圧 V で加速された電子が半径 R の円軌道を描いた．以下の問に答えよ．
(1) 磁場の中で円運動する電子の速さ v を求めよ．
(2) 電子の速さ v は加速電圧 V で与えられることを示せ．
(3) 電子の比電荷 (e/m) を，加速電圧 V，磁界 B，半径 R を用いて表せ．

2 原子の構造と原子軌道

● **原子核の内部構造** ● 原子は原子核と電子からなり，原子核はさらに陽子と中性子からなる（図 2.5）．陽子，中性子，電子の数によって 110 種類以上の原子があり，それぞれ性質が異なる．それに名前をつけたものが元素である．

1918 年：ラザフォードは窒素ガスに α 線を入射する実験で陽子の存在を検出した．

1932 年：ボーテとベッカーは強い透過力をもった未知の放射線の発生を確認し，チャドウィックはこの放射線を中性子と名付けた．

1947 年：湯川秀樹は中間子の存在を理論的に予言し，原子の安定性の原因を明らかにした．

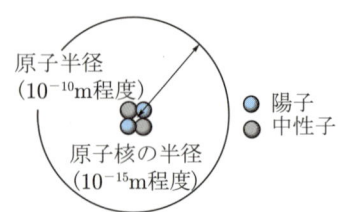

図 2.5　原子核の内部構造

● **同位体** ● 陽子の数で元素の性質は決まる．陽子の数（原子番号 Z）が同じで中性子の数（質量数 A）が異なる原子が存在する．そのような原子を同位体といい，元素としてはほぼ同じ化学的な性質をもつ．同位体には安定同位体と放射能をもつ放射性同位体がある．

● **プランクの輻射の研究** ● 1900 年にプランクは光のエネルギー E は $h\nu$ の整数倍の，とびとびの値しかとり得ない，という仮説を唱えた．

$$E = nh\nu \quad (n = 0, 1, 2, \cdots) \tag{2.1}$$

ここで，E は光の発するエネルギー，ν は光の振動数．h はプランク定数とよばれる比例定数で，実際の測定値に合うように決定された．

● **光の波動性と粒子性** ● 光の速度 c，振動数 ν，波長 λ の間には次の関係が成立する．

$$c = \nu\lambda \tag{2.2}$$

1905 年にアインシュタインは光電効果を，光量子（光子）説によって説明した．

$$h\nu = \frac{1}{2}mv_{\max}^2 + W \tag{2.3}$$

$\frac{1}{2}mv_{\max}^2$ は放出された電子の運動エネルギーの最大値，W は金属表面から電子が放出されるのに必要なエネルギー（仕事関数という）である．

振動数 ν の光量子は，そのエネルギーを ε とすると以下のように書ける．

$$\varepsilon = h\nu \tag{2.4}$$

ε は「粒」としての光のエネルギーを表し，ν は「波」としての光の振動数を表す．

光のエネルギー E は，次の式で表される（プランク–アインシュタインの式）．

$$E = h\nu = hc/\lambda \tag{2.5}$$

2.1 歴史的な経緯

―例題 2―

赤色発光ダイオードの光の波長は 650 nm である．この光子 1 個あたりのエネルギーを求めよ．

解答 プランク–アインシュタインの式 (2.5) より

$$E = h\nu = \frac{hc}{\lambda}$$

$$= \frac{(6.63 \times 10^{-34}\,\mathrm{J\,s}) \times (3.00 \times 10^8\,\mathrm{m\,s^{-1}})}{650 \times 10^{-9}\,\mathrm{m}} = 3.06 \times 10^{-19}\,\mathrm{J}$$

問 題

2.4 ラザフォードの実験では α 線の運動エネルギーは $10\,\mathrm{MeV}$ ($1.602 \times 10^{-12}\,\mathrm{J}$) 程度であった．$\alpha$ 線が近くの原子核に正面衝突して跳ね返ってくるには近くの原子核からのクーロン斥力による位置エネルギーが α 線の運動エネルギーより大きくなければならない．跳ね返ってくる位置が金の原子核の大きさに近いと仮定して，金の原子核の大きさを推定せよ．

2.5 水素の原子核の半径はおよそ $10^{-15}\,\mathrm{m}$ である．水素のファンデルワールス半径は $1.2 \times 10^{-10}\,\mathrm{m}$ である．原子の半径がおよそ $100\,\mathrm{m}$ だったとすると，原子核の半径を求めよ．

2.6 2 個の陽子間に働く電気力と万有引力の比を求めよ．

2.7 水素原子 $1\,\mathrm{mol}$ は $1\,\mathrm{g}$ である．水素原子 1 つあたりの質量はいくらになるか．

2.8 緑色のレーザーポインターの光の波長は $532\,\mathrm{nm}$ である．この光子 1 個あたりのエネルギーを求めよ．

2.9 原子内の電子の振動数はおよそ $10^{15}\,\mathrm{Hz}$ である．この電子が $2 \times 10^{-17}\,\mathrm{J}$ のエネルギーをもっているとすると，プランクの式 (2.1) における n の値を求めよ．

2.10 光電効果の式 (2.3) の関係を説明せよ．

2.11 清浄なタングステンの表面に波長 $220\,\mathrm{nm}$ の光を照射したとき，最大運動エネルギーが $1.79 \times 10^{-19}\,\mathrm{J}$ の電子が放出された．光の波長を $150\,\mathrm{nm}$ に変えると放出される電子の最大運動エネルギーは $5.99 \times 10^{-19}\,\mathrm{J}$ になった．この結果からプランク定数およびタングステンの仕事関数を求めよ．

2.12 光の色と温度との関係はどのような必要性から，19 世紀の終わり頃に，調べられたのか．

2.13 プランクの光のエネルギーに関する考え方が画期的であった点をあげよ．

2.2 水素原子スペクトルとエネルギー準位

●**水素原子スペクトルの観測**● 太陽の光をプリズムに通すと虹のように色が連続的に切れ目なく変化する様子が観測できる．水素原子スペクトルを分光計で観察すると，観測される光の波長 λ は 656.3, 486.1, 434.0, 410.2 nm と，とびとびの値になる．

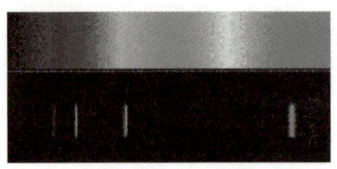

図 2.6 太陽の光のスペクトル（上）と水素原子スペクトル（下）

1885 年にバルマーは観測されたスペクトル線の波長 λ の規則性の関係式を求めた．

$$\lambda = A \frac{n^2}{n^2 - 4} \quad (n = 3, 4, 5, \cdots) \tag{2.6}$$

ここで，$A = 364.56$ nm である．この関係式をみたす輝線スペクトルをバルマー系列とよぶ．同様の線スペクトルは，紫外線や赤外線の領域でも次々と見出され，それぞれライマン系列，パッシェン系列などと名付けられた．

●**水素原子スペクトルの法則**● 水素原子スペクトルの線スペクトルの波長は，2 つの整数 n_1, n_2（$n_1 < n_2$）を用いて次のように一般化される．

$$\frac{1}{\lambda} = R_\infty \left(\frac{1}{n_1^2} - \frac{1}{n_2^2} \right) \tag{2.7}$$

この関係はリッツの結合法則とよばれる．R_∞ は（水素に対する）リュードベリ定数とよばれ，実験的に求められた．n_1 の値は異なるスペクトル系列に対応している（表 2.1）．

表 2.1 水素原子スペクトルの各系列

系列	n_1	n_2	波長の領域
ライマン	1	$2, 3, 4, 5, \cdots$	紫 外
バルマー	2	$3, 4, 5, 6, \cdots$	可 視
パッシェン	3	$4, 5, 6, 7, \cdots$	近赤外
ブラケット	4	$5, 6, 7, 8, \cdots$	赤 外

2.2 水素原子スペクトルとエネルギー準位

例題 3

表 2.1 を参考にして，ライマン系列の 2 本目，パッシェン系列の 1 本目，バルマー系列の 3 本目の線の波長をリッツの結合法則を用いて計算せよ．$R_\infty = 1.097 \times 10^7 \, \text{m}^{-1}$ を用いよ．

解答 ライマン系列の 2 本目は $n_1 = 1, n_2 = 3$ なので

$$\frac{1}{\lambda} = R_\infty \left(\frac{1}{1^2} - \frac{1}{3^2} \right) = 9.375 \times 10^6 \, \text{m}^{-1}, \quad \lambda = 106.7 \, \text{nm}$$

これは紫外線である．

パッシェン系列の 1 本目は $n_1 = 3, n_2 = 4$ なので同様に計算して
$\lambda = 1876.0 \, \text{nm}$　これは近赤外線である．

同様にバルマー系列の 3 本目は $n_1 = 2, n_2 = 5$ なので同様に計算して
$\lambda = 486.1 \, \text{nm}$　これは可視光（青色）である．

バルマーの関係式 (2.6) はバルマー系列のみを説明することができたが，リッツの結合法則 (2.7) を用いると水素原子スペクトルのすべての輝線を説明することができる．

問題

2.14 バルマーの関係式 (2.6) を用いて，$n = 3, 4, 5, 6$ のときの水素原子スペクトルの波長 λ をそれぞれ計算せよ．

2.15 水素のライマン系列中の 1 本の輝線の波長が $1.03 \times 10^{-7} \, \text{m}$ のとき，元の電子のエネルギー準位を求めよ．

2.16 パッシェン系列の最大波長と最小波長を求めよ．

2.17 水素原子スペクトルを見て，発見当時の物理学者はどういう点を不思議と感じたのか．

2.18 太陽にはヘリウムや水素が存在することがわかっている．誰も行ったことがないのに，ヘリウムや水素が存在することがわかるのはなぜか．

2.19 バルマー系列において，n_2 が徐々に大きくなって，無限大に近付くとき，波長 λ はどのような値に近付くか．

2 原子の構造と原子軌道

● **ボーアの説明（前期量子論）**　ボーアは量子条件と振動数条件を仮定して水素原子のスペクトル系列の説明を試みた．

● **量子条件**：電子は，特定のとびとびのエネルギー状態しかとり得ず，その状態にある電子は電磁波を出さずに原子核の周りを等速円運動し続ける．

量子条件をみたす状態を定常状態とよび，定常状態にある電子は，その波長の整数倍が円軌道に等しくなる．

$$2\pi r = n\lambda \quad (n = 1, 2, 3, \cdots) \tag{2.8}$$

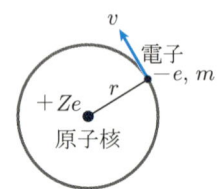

図 **2.7**　ボーアの原子模型

(2.8) をみたす等速円運動では，電子の角運動量 $m_e rv$ が $h/2\pi$ の整数倍となっている．

$$m_e rv = n\frac{h}{2\pi} \quad (n = 1, 2, 3, \cdots) \tag{2.9}$$

● **振動数条件**：電子がある定常状態から別の定常状態へと移るときに放出される光のエネルギー $h\nu$ は，2つの定常状態のエネルギーの差 $(E_{n_2} - E_{n_1})$ に等しい．

$$E_{n_2} - E_{n_1} = h\nu \tag{2.10}$$

この2つの条件から円運動の遠心力と向心力をもとに水素原子の電子のエネルギーは

$$E_n = -\frac{m_e e^4}{8\varepsilon_0^2 h^2}\frac{1}{n^2} \quad (n = 1, 2, 3, \cdots) \tag{2.11}$$

$n=1$ の状態を基底状態といい，$n=2,3,\cdots$ の状態を励起状態という．

電子が，エネルギー E_{n_2} から E_{n_1} へと移るときに放出される光の波長 λ を振動数条件 (2.10) から求めると次のようになる．

$$\begin{aligned}\frac{1}{\lambda} &= \frac{\nu}{c} = \frac{E_{n_2} - E_{n_1}}{ch}\\ &= \frac{m_e e^4}{8\varepsilon_0^2 ch^3}\left(\frac{1}{n_1^2} - \frac{1}{n_2^2}\right)\end{aligned} \tag{2.12}$$

外側のエネルギーの高い軌道から内側のエネルギーの低い軌道へ電子が移るときに，2つのエネルギー差に対応する光が発する（図 **2.8**）．

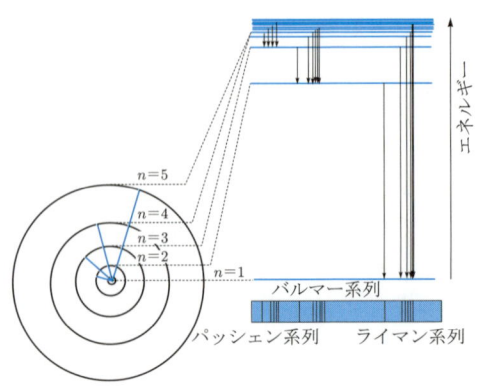

図 **2.8**　水素原子のエネルギー準位とスペクトル系列

2.2 水素原子スペクトルとエネルギー準位

例題 4
(1) ボーアの原子模型（図 2.7）で原子核と電子との間に働く力を求めよ．
(2) 核の周りを回る電子が受ける遠心力を求めよ．
(3) (1) と (2) の力が釣り合っているとき，電子の速度を求めよ．
(4) $r = 5.3 \times 10^{-11}$ m のとき，この電子を引き離すのに必要なエネルギーを求めよ．

解答 (1) この力を**静電引力**といい，$F_e = \dfrac{e^2}{4\pi\varepsilon_0 r^2}$ で表される．

(2) 遠心力は $\dfrac{mv^2}{r}$ で表される．

(3) $\dfrac{e^2}{4\pi\varepsilon_0 r^2} = \dfrac{mv^2}{r}$ より

$$v = \frac{e}{\sqrt{4\pi\varepsilon_0 m_e r}} = 2.2 \times 10^6 \,\mathrm{m\,s^{-1}}$$

(4) この系の全エネルギー E は運動エネルギーとポテンシャルエネルギーの和なので

$$\begin{aligned}
E &= \frac{1}{2}mv^2 - \frac{e^2}{4\pi\varepsilon_0 r} = -\frac{e^2}{8\pi\varepsilon_0 r} \\
&= -\frac{(1.602 \times 10^{-19}\,\mathrm{C})^2}{8 \times 3.14 \times (8.854 \times 10^{-12}\,\mathrm{F\,m^{-1}}) \times (5.3 \times 10^{-11}\,\mathrm{m})} \\
&= -2.16 \times 10^{-18}\,\mathrm{J} \\
&= -13.5\,\mathrm{eV} \quad (1\,\mathrm{eV} = 1.602 \times 10^{-19}\,\mathrm{J})
\end{aligned}$$

このエネルギーを超えるエネルギーがあれば，電子を引き離してイオン化することができる（水素原子の第 1 イオン化エネルギーは 13.6 eV）．

問 題

2.20 (1) ボーアの水素モデルで基底状態からイオン化するときのエネルギーを求めよ．
(2) このエネルギーに相当する波長を求めよ．

2.21 ボーアの原子模型で水素原子の電子の運動エネルギーを求めよ．

2.22 (2.12) の $\dfrac{m_e e^4}{8\varepsilon_0^2 ch^3}$ の値を計算せよ．また，結果をリッツの結合則 (2.7) のリュードベリ定数 R_∞ と比較し，ボーアの仮説の妥当性について考察せよ．

2.3 ド・ブロイの物質波

ボーアの量子条件と振動数条件をより踏み込んで説明しようとしたのが，ド・ブロイの物質波という考え方である．

1864 年：マクスウェルは電場，磁場の研究から光も波であると予言した．
1905 年：アインシュタインは光に粒子としての性質があると考え，光量子説を提唱．
1923 年：ド・ブロイは質量があって動く物体はすべからく光と同じように波の性質を併せもっていると提案した（ド・ブロイ波あるいは物質波という）．

ド・ブロイ波の波長を λ とすると次の式が成り立つ．

$$\lambda = \frac{h}{mv} \tag{2.13}$$

ここで m は粒子の質量，v は速度である．

原子の中の電子は軌道上にこの波の定常波をつくっていると仮定すると形成可能な軌道の条件は $n = 1, 2, 3, \cdots$ として以下のようになる．

$$2\pi r = n\lambda = \frac{h}{mv}n \quad (n = 1, 2, 3, \cdots) \tag{2.14}$$

2.4 電子の波動性と粒子性

電子が粒子と波の両方の性質を示すという考えを支持する実験結果．

● **デビソン–ジャーマーの実験と電子の回折** ●

1909 年：ラウエは X 線を結晶に当てるとその結晶性物質の原子構造の特徴的なある決まった規則に基づいて X 線が散乱される現象を見出した（ラウエの斑点）．

1927 年：デビソンとジャーマーは単結晶のニッケルに電子線を当てて，X 線と同じように回折像を描くことを見出した．

● **コンプトンの実験とコンプトン効果** ●

1923 年：コンプトンは γ 線（X 線）を物質に当てたとき，物質の中に含まれる電子によって弾性散乱される現象を見出した（図 2.9）．衝突の前後で，エネルギーと運動量が保存される．

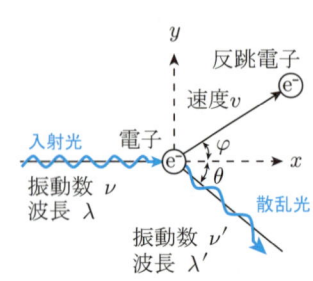

図 2.9 コンプトン効果の実験

2.4 電子の波動性と粒子性

例題 5

「原子内の電子はその軌道がド・ブロイ波の波長の整数倍であるときに限ってどのような放射波も放出せず，円軌道を描いて回る」というのがボーアの定常状態の仮定であった．このときどのような軌道が許されるのか．

[解答] 円周の長さがド・ブロイ波の波長 λ の整数倍（n 倍）になるとき，半径を r_n として

$$n\lambda = 2\pi r_n \quad (n = 1, 2, 3, \cdots)$$

$$\lambda = \frac{h}{mv} = \frac{h}{e}\sqrt{\frac{4\pi\varepsilon_0 r_n}{m_e}}$$

となる．これを半径 r_n について解くと

$$r_n = \frac{h^2 \varepsilon_0}{\pi m_e e^2} n^2 \quad (n = 1, 2, 3, \cdots)$$

となる．n が自然数である半径の軌道が許される．$n=1$ のときの半径 r_1 がボーア半径 a_0 である．

問題

2.23 水素分子は観測可能な回折パターンをつくる粒子の中では最も重い粒子の一つである．水素分子の質量を 3.4×10^{-27} kg, 速度を $1700\,\mathrm{m\,s^{-1}}$ とすると，そのときのド・ブロイ波の波長はいくらになるか．

2.24 ド・ブロイの物質波とはどのような考え方か．また，それはどのような場合に考慮すべき現象となるか．

2.25 電位差 $50\,\mathrm{V}$ で加速された電子線の運動量とド・ブロイ波の波長を計算せよ．

2.26 1 万 V で加速された電子顕微鏡での電子線の波長はいくらか．また，光学顕微鏡の可視光の波長（およそ 10^{-7} m）と比較して，電子顕微鏡の解像度の高さを求めよ．

2.27 コンプトン効果の図 2.9 を用いて以下の (1)〜(3) の式を示し，それらを使って衝突前後の X 線の波長の変化 $\Delta\lambda$ を表す式を求めよ．
 (1) 衝突前後のエネルギーの保存を表す式
 (2) x 軸方向の運動量の保存を表す式
 (3) y 軸方向の運動量の保存を表す式

2.28 電位差 V で加速された電子線の波長が $0.3\,\mathrm{nm}$ のとき，電位差 V と電子線中の電子の運動量とを計算せよ．

2.5 シュレディンガーの方程式

ド・ブロイの物質波の考え方が正しいとすると，その波はどのような形をしているのか．それを示したのがシュレディンガーである．シュレディンガーが提唱した波動方程式，いわゆるシュレディンガー方程式を解くと，その解から電子のエネルギーと電子の存在確率とを知ることができる．

電子の運動を一次元（x 軸方向）の定常的な波動と考えると，振幅を A，波長を λ，振動数を ν，時間を t として次の式が成立する．

$$\psi(x,t) = A \sin 2\pi \frac{x}{\lambda} \cos 2\pi\nu t \equiv \psi(x) \cos 2\pi\nu t \tag{2.15}$$

この $\psi(x,t)$ を x に関して 2 回微分し，波動性と粒子性を兼ね備えた電子の性質をド・ブロイの関係を用いて導入すると次の式が導かれる．

$$\left\{ -\frac{h^2}{8\pi^2 m} \frac{d^2}{dx^2} + U(x) \right\} \psi(x) = E\psi(x) \tag{2.16}$$

この式を一次元のシュレディンガー方程式という．{ } の中を $\mathscr{H}$ とおくと

$$\mathscr{H}\psi(x) = E\psi(x) \tag{2.17}$$

と表現される．この式の意味は，波動関数 $\psi(x)$ に $\mathscr{H}$ を作用させると，波動関数のエネルギー値 E が求まることを意味している．$\mathscr{H}$ はハミルトニアンとよばれる．水素原子のシュレディンガー方程式は，(2.16) を三次元に拡張し，ポテンシャルエネルギー U に，原子核と電子の間のクーロン相互作用を代入して得られる．波動方程式を解いて求まる波動関数 ψ によって，電子が存在し得る空間がわかる．波動関数には正負の符号が存在する．電子ぐらい小さい物質では，ある時刻における位置を正確に決定することはできず，存在確率でしか知ることができない．

実際の電子は核の正電荷からの静電引力を受ける．その結果生じるポテンシャルエネルギーの項が入るとシュレディンガー方程式を解くのが非常に難しくなる．その問題を避けるため，長さ L の一次元の箱（図 2.10）の中に閉じ込められた粒子にシュレディンガーの方程式を適用して，その波動関数とエネルギーを求める．

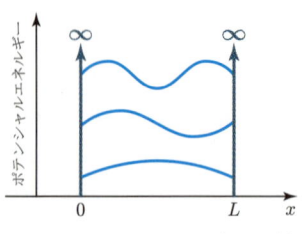

図 2.10　長さ L の一次元の箱

2.5 シュレディンガーの方程式

例題 6

長さ L の一次元の箱（図 **2.10**）の中に閉じ込められた粒子の条件で、一次元の定常状態のシュレディンガー方程式を解き、粒子のとり得るエネルギー E を求めよ。ただし、波は定常波になるとし、ポテンシャルエネルギーは $x=0$ および $x=L$ のときに無限大になり、$0<x<L$ のとき 0 とせよ。

[解答] 定常波と考えると、$x=0$ および $x=L$ のとき波の振幅は 0 なので、波動関数 $\psi(x)$ は正弦波として以下のように表すことができる。

$$\psi(x) = A\sin\left(\frac{2\pi x}{\lambda}\right)$$

ここで、$\dfrac{2\pi L}{\lambda} = n\pi$ となる。n は 0 より大きな整数である。2 階微分を求めると

$$\frac{d^2\psi(x)}{dx^2} = -\frac{4\pi^2}{\lambda^2}A\sin\left(\frac{2\pi x}{\lambda}\right) = -\frac{4\pi^2}{\lambda^2}\psi(x)$$

となる。ポテンシャルエネルギーを考慮しないシュレディンガー方程式は、(2.16) において $U(x)=0$ として、次のようになる。

$$-\frac{h^2}{8\pi^2 m}\frac{d^2\psi(x)}{dx^2} = E\psi(x)$$

$$\left(-\frac{h^2}{8\pi^2 m}\right)\left(-\frac{n^2\pi^2}{L^2}\right)\psi_n(x) = \frac{n^2 h^2}{8mL^2}\psi_n(x) = E\psi_n(x)$$

$$E_n = \frac{h^2}{8mL^2}n^2$$

となる。n は量子数で、$n = 1, 2, 3, \cdots$ の値をとる。

問題

2.29 (2.15) で $\psi(x,t)$ を x に関して 2 階微分し、ド・ブロイの関係を用いると、(2.16) が導かれることを示せ。

2.30 $\psi(x) = A\sin\left(\dfrac{2\pi x}{\lambda}\right)$ のとき、$\dfrac{d\psi(x)}{dx}$ と $\dfrac{d^2\psi(x)}{dx^2}$ を求めよ。

2.31 例題 6 で求めたエネルギーの式を用いて、1 個の電子が 1 nm の長さの箱の中にあるときと、0.1 kg の球が 0.1 m の長さの箱の中にあるときのエネルギーをそれぞれ求めよ。

2.6 原子の電子状態（原子軌道）

- **波動関数の極座標表示** 　水素原子のシュレディンガー方程式を解くには極座標系 (r, θ, φ) で計算すると扱いやすい．原子核の位置を原点とし，原子核から電子までの距離を r，原点から電子へのベクトルと z 軸とのなす角を θ，電子へのベクトルの xy 平面への射影と x 軸とのなす角を φ とする．

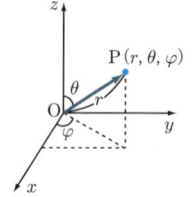

図 **2.11** 　極座標表示

$$\psi(r,\theta,\varphi) = R(r)\Theta(\theta)\Phi(\varphi) \tag{2.18}$$

$R(r)$ を動径部分，$\Theta(\theta)\Phi(\varphi) = Y(\theta,\varphi)$ を角度部分とよぶ．ハミルトニアン $\mathscr{H}$ なども極座標に変換して，3 つの変数の関数をそれぞれ解いていく．

- **量子数** 　水素原子について $R(r), \Theta(\theta), \Phi(\varphi)$ の 3 つの方程式を解く過程で，エネルギーや角運動量がとびとびの値をとるため量子数 n, l, m_l が導入される．それらは

　　　　主量子数　　　$n = 1, 2, 3, \cdots$
　　　　方位量子数　　$l = 0, 1, 2, \cdots, (n-1)$
　　　　磁気量子数　　$m_l = 0, \pm 1, \pm 2, \cdots, \pm l$

である．動径部分 $R(r)$ は n と l を含み，角度部分 $Y(\theta,\varphi)$ は l と m_l を含むので，求められる波動関数 $\psi(r,\theta,\varphi)$ は以下のようになる．

$$\psi(r,\theta,\varphi) = R_{nl}(r)\Theta_{lm_l}(\theta)\Phi_{m_l}(\varphi) \tag{2.19}$$

- **電子の原子軌道** 　量子数の組によって，軌道の空間的な形や性質が決まる（表 **2.2**）．主量子数 n によって電子殻の種類（K, L, M, N 殻）が決まり，方位量子数 l によって s, p, d, f 軌道の種類が決まる．s 軌道の波動関数に角度依存性はなく，球対称となる．波動関数には正負の符号があり，0 となる点には節面がある．

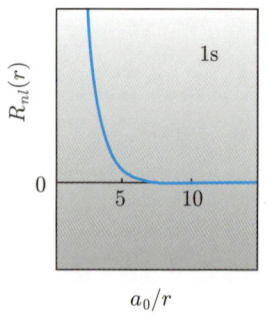 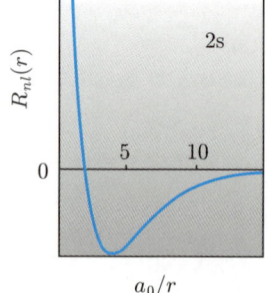 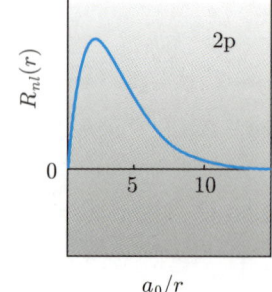

図 **2.12** 　1s, 2s, 2p 軌道の動径波動関数 $R_{nl}(r)$

2.6 原子の電子状態（原子軌道）

表 2.2 量子数 n, l, m_l と電子配置

電子殻	n	軌道名	l	m_l
K	1	1s	0	0
L	2	2s	0	0
		2p	1	$-1, 0, +1$
M	3	3s	0	0
		3p	1	$-1, 0, +1$
		3d	2	$-2, -1, 0, +1, +2$
N	4	4s	0	0
		4p	1	$-1, 0, +1$
		4d	2	$-2, -1, 0, +1, +2$
		4f	3	$-3, -2, -1, 0, +1, +2, +3$

例題 7

(1) 主量子数 n の軌道に許される方位量子数を示せ．
(2) 方位量子数 l のそれぞれに対して許される磁気量子数を示せ．
(3) 主量子数 n で規定される軌道に入り得る電子の最大数は $2n^2$ であることを示せ．

[解答] (1) 主量子数 n の軌道には方位量子数として $l = 0, 1, 2, \cdots, (n-1)$ の n 個が許される．

(2) l のそれぞれに対して，磁気量子数の $m_l = 0, \pm 1, \pm 2, \cdots, \pm l$ の $(2l+1)$ 個が許される．

(3) (1), (2) から主量子数 n の軌道の数は

$$\sum_{l=0}^{n-1}(2l+1) = 2\sum_{l=0}^{n-1}l + n = (n-1)n + n = n^2$$

となる．それぞれの軌道には電子が 2 つずつ入るから，主量子数 n の軌道に入り得る電子の最大数は $2n^2$ となる．

問題

2.32 n が 3 以上のときは，d 軌道は 5 個あることを示せ．

2.33 n が 4 以上のときは，f 軌道は 7 個あることを示せ．

2.34 水素原子軌道の波動関数と動径波動関数（図 2.12）を参考に，1s, 2s, および $2p_z$ 軌道の波動関数の概形を示せ．ただし，$2p_z$ 軌道の角度部分は

$$Y(\theta, \varphi) = \frac{1}{2}\sqrt{\frac{3}{\pi}}\cos\theta$$

と表されることを用いよ．

2 原子の構造と原子軌道

- **電子の存在確率密度** 　波動関数 $\psi(r,\theta,\varphi)$ の絶対値の 2 乗，$|\psi(r,\theta,\varphi)|^2$ は電子の存在確率密度と密接な関係をもっている．半径 r の球殻上に存在する電子の確率は動径分布関数 $D(r)$ として以下のように定義できる．

$$D(r) = r^2 R_{nl}(r)^2 \tag{2.20}$$

動径分布関数は空間における電子の存在確率を表す．軌道の概形は電子が 90% の確率で見つかる点を結んだ形で描かれることが多い．原子核周りの電子密度は 0 になる．

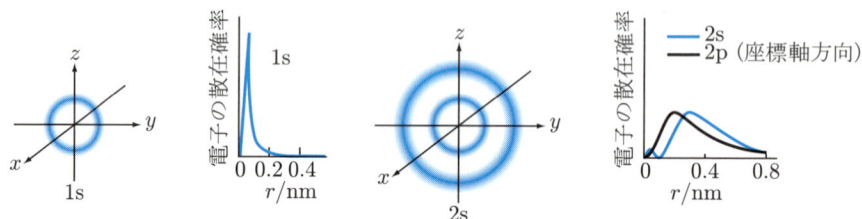

図 **2.13**　1s 軌道と 2s 軌道の確率密度分布

- **d 軌道の空間的な広がり**　方位量子数 $l=2$ に対応した波動関数（電子軌道）は d 軌道である．d 軌道の波動関数の角度部分 $Y_{lm_l}(\theta,\varphi)$ は xy, yz, zx, x^2-y^2, z^2 などの関数になっていて，$d_{xy}, d_{yz}, d_{zx}, d_{x^2-y^2}, d_{z^2}$ のように表現される．

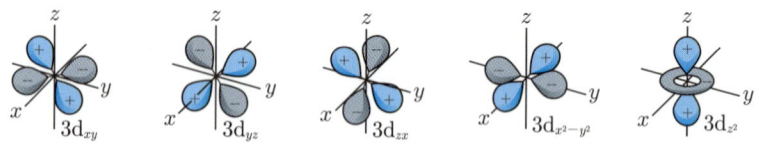

図 **2.14**　d 軌道の確率密度の概形

- **波動関数の規格化条件と直交条件**　$|\psi(r,\theta,\varphi)|^2$ は電子の存在確率を与える関数なので，全空間にわたって積分すると 1 になる．これを規格化条件という．

$$\int_{-\infty}^{\infty}\int_{-\infty}^{\infty}\int_{-\infty}^{\infty} |\psi(x,y,z)|^2 dxdydz = 1 \tag{2.21}$$

また，量子数の異なる波動関数 ψ_n と $\psi_{n'}$ は直交する．波動関数の直交条件は

$$\int_{-\infty}^{\infty}\int_{-\infty}^{\infty}\int_{-\infty}^{\infty} \psi_n^*(x,y,z)\psi_{n'}(x,y,z) dxdydz = 0 \tag{2.22}$$

と表される．* は複素共役を示す．

2.6 原子の電子状態（原子軌道）

---**例題 8**---

水素原子の 1s 軌道の波動関数の動径部分 $R_{nl}(r)$ は

$$R_{nl}(r) = 2\left(\frac{1}{a_0}\right)^{3/2} e^{-r/a_0}$$

で与えられる（a_0 はボーア半径）．電子の存在確率が最も高い距離 r を求めよ．

解答 電子の存在確率は $D(r) = r^2 R_{nl}(r)^2$ と定義された．

動径確率分布の極大を求めるためには，極大（極小）は $\frac{d}{dr}\{r^2|R(r)|^2\}$ となる r のときに起こるという事実を用いる．1s 軌道では

$$\frac{d}{dr}\left[r^2 \left\{2\left(\frac{1}{a_0}\right)^{3/2} e^{-r/a_0}\right\}^2\right] = \frac{4}{a_0^3}\frac{d}{dr}(r^2 e^{-2r/a_0})$$

$$= \frac{4}{a_0^3}\left(2r e^{-2r/a_0} - \frac{2r^2}{a_0}e^{-2r/a_0}\right)$$

となる．これが 0 になるのは

$$2r - \frac{2r^2}{a_0} = 0$$

のときである．$r = 0$ と $r = a_0$ とが得られる．このうち，極大になるのは $r = a_0$ のときである．

問 題

2.35 水素原子の 2p 軌道の動径部分 $R_{nl}(r)$ は次式で与えられる．

$$R_{nl}(r) = \frac{1}{2\sqrt{6}}\left(\frac{1}{a_0}\right)^{3/2}\frac{r}{a_0}e^{-r/2a_0}$$

動径方向の確率分布が最大になる距離 r を求めよ．

2.36 水素原子軌道の波動関数と動径波動関数（図 **2.12**）を参考に，$2p_x$, $2p_y$, および $2p_z$ 軌道の確率密度の概形を示せ．$2p_x$, $2p_y$ の波動関数の角度部分は

$$Y(\theta, \varphi) = \frac{1}{2}\sqrt{\frac{3}{\pi}}\sin\theta\cos\varphi, \quad Y(\theta, \varphi) = \frac{1}{2}\sqrt{\frac{3}{\pi}}\sin\theta\sin\varphi$$

と表されることを使用せよ．

2.37 互いに直交している 2 つの規格化された波動関数 $\varphi(x)$ と $\psi(x)$ がある．どちらも同じハミルトニアン $\mathscr{H}$ の固有関数であり，エネルギー固有値は E で等しい．
(1) $\varphi(x)$ と $\psi(x)$ とがそれぞれ規格化されているとはどういう意味か，式で表せ．
(2) $\varphi(x)$ と $\psi(x)$ が直交しているとはどういう意味か，式で表せ．

2.7 原子軌道のエネルギー準位

● **水素原子のエネルギー準位図** ● 水素原子のエネルギー準位は，方位量子数 l や磁気量子数 m_l には依存せず，主量子数 n にのみ依存する．核の正電荷が Z（水素原子の場合は 1）で，電子が 1 個だけ存在する原子のエネルギーは

$$E_n = -R_\infty \frac{Z^2}{n^2} \tag{2.23}$$

となる．ここで，R_∞ はボーアの原子模型で得られたリュードベリ定数である．

● **多電子原子のエネルギー準位図** ● 多電子原子の場合は電子が入り得る軌道は水素原子の場合と同じである，という近似を用いる．すなわち，水素原子の波動関数を用いて，多電子原子を記述する方法がとられる（ハートリー近似）．

2.8 多電子原子の構成原理

● **電子のスピン状態** ● ナトリウムの原子スペクトルの研究から電子は 2 つの状態のいずれかをとることが考えられ，電子自身がもつ固有の自由度（電子の自転と表現される）として，電子スピンと名付けられた．そのエネルギーはスピン量子数 m_s によって記述される．m_s のとり得る値は，$+1/2$ と $-1/2$ の 2 つだけである．$m_s = +1/2$ は α スピンまたは上向きスピンとよばれ，$m_s = -1/2$ は β スピンまたは下向きスピンとよばれる．図中に表示をする際には $m_s = +1/2$ は↑，$m_s = -1/2$ は↓の記号で表す（図 2.15）．電子の状態は，n, l, m_l, m_s の 4 個の量子数の組で記述することができる．

● **パウリの排他原理とフントの規則** ● 多電子原子のエネルギー準位に複数の電子を配置していく方法を構成原理という．

- エネルギーの低い軌道から順次 1 個ずつ入る．
- 同じ軌道には最大 2 個までしか入れない．4 個の量子数で決まる 1 つの量子状態には，ただ 1 個の電子しか存在することができない（パウリの排他原理）．
- s 軌道以外の，エネルギーの等しい軌道が複数ある場合，1 個ずつ別々の軌道に，かつ，スピンが互いに平行になるように入る（フントの規則）．

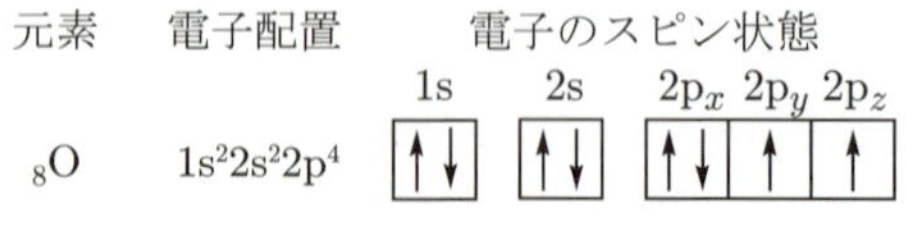

元素	電子配置	電子のスピン状態				
		1s	2s	2p$_x$	2p$_y$	2p$_z$
$_8$O	1s^{2}2s^{2}2p^4	↑↓	↑↓	↑↓	↑	↑

図 2.15 電子のスピンを考慮した酸素原子の電子配置の図

2.8 多電子原子の構成原理

---**例題 9**---
電子1個だけをもつ原子と多電子原子のエネルギー準位の違いを説明せよ．

[解答] 電子1個だけをもつ原子のエネルギー準位図（図 **2.16(a)**）は主量子数 n だけで決まるのに対し，多電子原子のエネルギー準位 **(b)** は n と方位量子数 l によって異なる．

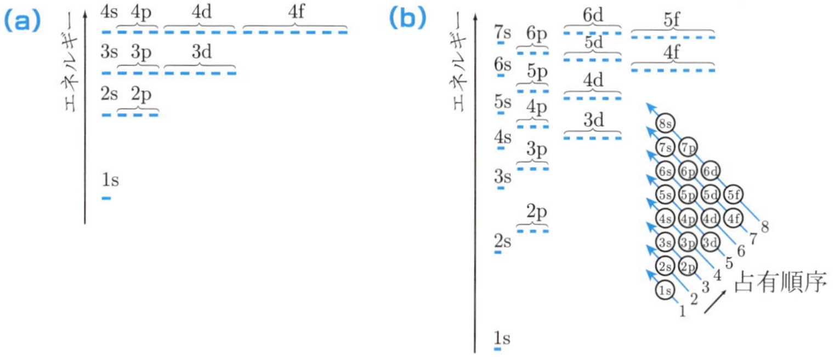

図 **2.16** 水素原子 (a) と多電子原子 (b) のエネルギー準位図と電子の入り方

問題

2.38 「シュテルンとゲルラッハは加熱して蒸発させた銀の微粒子を粒子線にして磁場中を通過させると，粒子線は磁場によってN極またはS極の方向へと曲げられることを1922年に見出した．」という歴史的事実がある．このことについて以下の問に答えよ．

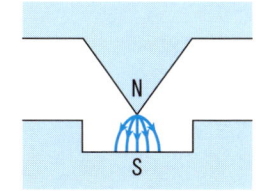

図 **2.17** シュテルンとゲルラッハが実験に用いた磁場

(1) 粒子線に掛かった力は静電気力ではない．なぜそういえるか．

(2) 粒子線に掛かった力はローレンツ力ではない．なぜそういえるか．

(3) 粒子線が磁場によってN極方向またはS極方向の2つの方向へ曲げられたということは，粒子線にどのような性質があることを示すか．

2.39 ナトリウムの原子スペクトルはD線とよばれる近接した2本のスペクトル線となって現れる．このことについて以下の問に答えよ．

(1) ナトリウムの基底状態の電子配置を書け．

(2) ナトリウムのD線の遷移はp軌道からs軌道への遷移によるものと考えられている．どのp軌道からどのs軌道への遷移と考えられるか．

(3) 2本の波長は589.6 nmと589.0 nmである．2本の光のエネルギー差を求めよ．

2.9 元素と周期律

- **電子の入り方と周期性** フントの規則やパウリの排他原理に従って電子を入れていくと価電子が周期性をもつ（図2.18）．周期表と最外殻軌道との関係から，同じ族に属する元素は互いに化学的な性質が似る．周期表と最外殻軌道との関係は図2.20にまとめられる．元素の物理化学的性質は周期表の左から右，あるいは上から下への順で変化していることが多い．イオン化エネルギーと電子親和力もそうした性質の一つである．

- **イオン化エネルギー** イオン化エネルギー I_p は，原子をイオン化するときに必要なエネルギーである．イオン化エネルギーが小さいほど電子を放出しやすく，陽イオンになりやすい．

$$M \longrightarrow M^+ + e^- \tag{2.24}$$

- **電子親和力** 原子に電子1個を付加するときに放出されるエネルギーを電子親和力 E_A という．電子親和力が大きいほど電子を引き寄せる力が大きく，陰イオンになりやすい．

$$M + e^- \longrightarrow M^- \tag{2.25}$$

- **電気陰性度** ポーリングは，電子を引き付ける目安として，各元素について相対的な値を電気陰性度 χ_A として提案した（図2.19）．

マリケンは電気陰性度の絶対値を評価する方法を考え出した．元素の電気陰性度 χ_A をそのイオン化エネルギー（I_p）と電子親和力（E_A）の相加平均で表した．

$$\chi_A = \frac{1}{2}(I_p + E_A) \tag{2.26}$$

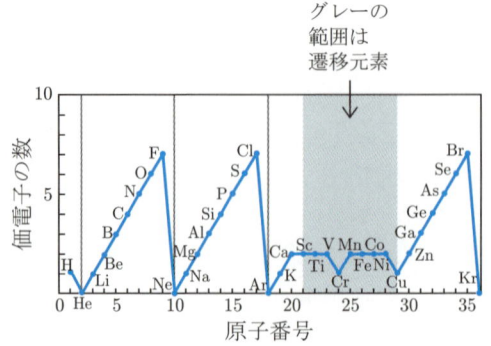

図2.18 価電子の数の周期性　　図2.19 ポーリング電気陰性度

2.9 元素と周期律

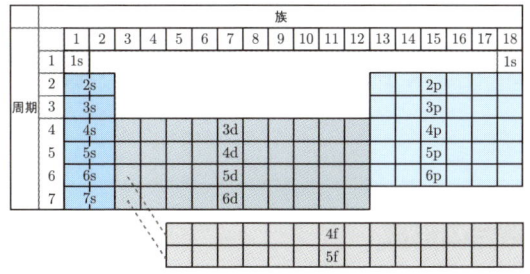

図 2.20 最外殻の軌道と周期表との関係

例題 10

1 族元素の第 1 イオン化エネルギー (I_p^1) および第 2 イオン化エネルギー (I_p^2) について，以下の問に答えよ．

(1) 原子番号の大きい元素ほど I_p^1 が小さいのはなぜか．
(2) I_p^2 が I_p^1 よりも大きいのはなぜか．
(3) 原子番号の大きい元素ほど I_p^2 が小さいのはなぜか．

表 2.3 1 族元素の I_p^1 と I_p^2

元素	I_p^1 /kJ mol^{-1}	I_p^2 /kJ mol^{-1}
Li	519	7300
Na	494	4560
K	418	3070
Rb	402	2650
Cs	376	2420

解答 (1) 原子番号が大きくなるほど，原子のサイズが大きくなり，最外殻電子が感じる<u>有効核電荷</u>（内殻電子の遮蔽の影響を除いた原子核の正電荷）が減少するから．

(2) 第 2 イオン化はエネルギーの低い軌道からの電子の放出によるものであるから．Li でその差が特に大きいのは，1s 軌道からの電子の放出だからである（他の元素は p 軌道からの放出）．

(3) 原子番号が大きくなるほど原子のサイズが大きくなり，その上，低い軌道からの電子の放出が起こるので，第 2 イオン化エネルギーの差も大きくなる．

問題

2.40 周期表では，遷移元素は常に 10 種類の族から成り立っている．なぜ 10 種類になるのか，量子数の組合せから説明せよ．

2.41 遷移元素はすべて金属元素であり，金属結合をつくり得る．金属元素としての性質が現れる理由を電子配置との関係から説明せよ．

2.42 カルシウム原子の電子親和力（$-186\,\text{kJ}\,\text{mol}^{-1}$）がカリウム原子（$+48\,\text{kJ}\,\text{mol}^{-1}$）よりもずっと小さい理由を説明せよ．

3 共有結合と分子軌道

3.1 共有結合の形成

- **電子の共有の考え方** ● 原子がどのように結合して分子ができるか永い間わからなかった.

1919年：ルイスの点電荷式　希ガス型の閉殻の電子配置をとると，原子でも分子でも安定になる.

八隅説（オクテット則）を用いると，定性的に分子の性質（結合距離や結合エネルギー E_{bond}）を説明することができる．八隅説の問題点としては，O_2 には不対電子が2個存在していて常磁性を示すことや，電子を1個しかもたない水素分子イオン H_2^+ は，なぜ安定化するのかということを説明できない（表 3.1）．

原子の結合と分子の生成を考える際に使う用語を以下にまとめておく．

電子対：対になって共有されて結合をつくる電子を共有電子対という．結合に関与していない電子対を非共有電子対または孤立電子対とよぶ．

価標：共有電子対を「–」で表したものを価標という．例えば，単結合をもつ F_2 は F–F と表し，二重結合をもつ O_2 は O=O，三重結合をもつ N_2 は N≡N となる.

不対電子：非共有電子対を形成していない1個の電子を不対電子という．不対電子が分子にあると，分子は常磁性を示す.

- **電子と原子核の静電相互作用** ● 原子と原子が結合して分子ができるとき，原子を結び付ける力は，負電荷をもつ電子と正電荷をもつ原子核との間のクーロン引力である．2つの原子核をつなぐ電子の働きを比較して図 3.1 に示す（例題 2 参照）．

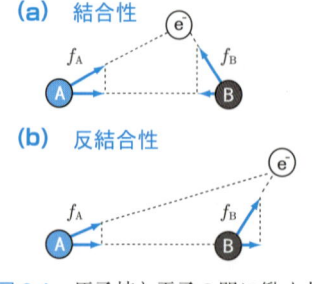

図 3.1　原子核と電子の間に働く力

表 3.1　N_2, O_2, F_2 の結合の性質

	N_2	O_2	F_2
共有電子対の数	3 三重結合	2 二重結合	1 一重結合
結合エネルギー $E/\mathrm{kJ\,mol^{-1}}$	941	493	138
結合距離 r/nm	0.110	0.121	0.142
不対電子の数	0	2	0
磁性	反磁性	常磁性	反磁性

3.1 共有結合の形成

例題 1

オゾン（O_3）をルイスの点電荷式と価標を用いて描け．

[解答] 酸素（O）の価電子数は 6 である．オゾンの電子数は計 18 個．O–O–O の形を考え，2 つの単結合に 2 つの電子対を当てはめる．残りは 14 個．両側の酸素がオクテット則をみたすように非共有電子対を 3 対ずつ配置する．残りの電子は 2 つとなるので，これを真ん中の O に配置する．真ん中の O はオクテット則をみたすのに電子が 2 つ不足しているので，最後に配置した 2 つの電子は二重結合に用いる．どちらの酸素原子と二重結合をつくっているかは判別できないので，図 3.2 のように描いて，2 つの極限構造の間の状態であることを示す．実際のオゾンの O–O 結合の距離は 0.128 nm で，二重結合より少し長く，単結合より少し短い長さである．

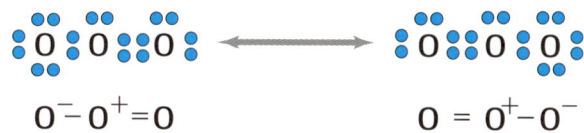

図 3.2 オゾン（O_3）のルイス点電荷式

例題 2

図 3.1 で，**等核二原子分子**（同じ原子が 2 つ結合してできる分子）の原子核 A と B を結び付けるような電子の位置（結合性の位置）を図示せよ．

[解答] 等核二原子分子の結合性領域は水色部分になり，その他の部分は反結合性領域である．

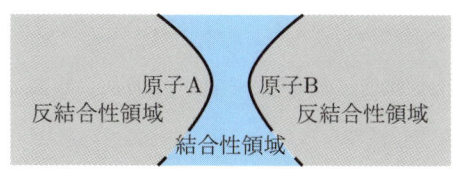

図 3.3 等核二原子分子の結合性領域と反結合性領域

問　題

3.1 四フッ化炭素（CF_4）をルイスの点電荷式を用いて描け．
3.2 四フッ化キセノン（XeF_4）をルイスの点電荷式を用いて描け．
3.3 二酸化炭素（CO_2）をルイスの点電荷式を用いて描け．
3.4 ルイスの点電荷式では，最外殻電子だけを考慮して結合を考えるがそれはなぜか．

3.2 原子軌道から形成される分子軌道

● **分子軌道** ● 共有結合が形成されるときの核と電子の相互作用は，原子軌道（AO）の線形結合（LCAO）で生じる分子軌道（MO）に電子が入ることで生じる．最も単純な分子である H_2^+ は，2つの水素原子 H_A と H_B の 1s 軌道 φ_A, φ_B から，結合性軌道 Ψ_b と反結合性軌道 Ψ_a が生じ，1つの電子が Ψ_b に入ることで安定に存在する．

同符号（同位相）の φ_A と φ_B が重なる場合に結合性軌道 Ψ_b が生じ，Ψ_b は

$$\Psi_b = c_b(\varphi_A + \varphi_B) \tag{3.1}$$

と表される．ここで，c_b は規格化定数である．異なる符号（逆位相）の波動関数が重なると反結合性軌道 Ψ_a が生じる．Ψ_a は c_a を規格化定数として以下のように表される．

$$\Psi_a = c_a(\varphi_A - \varphi_B) \tag{3.2}$$

● **分子軌道の電子密度** ● 分子軌道の波動関数の絶対値の 2 乗 $|\Psi|^2$ を求めることで，分子軌道中の電子密度を得ることができる．

● **分子軌道のエネルギー** ● H_2^+ の分子軌道のエネルギー準位と電子配置は図 3.4 のようになる．結合性軌道 Ψ_b の場合，2つの核が近付いてくると，核–電子間の引力と核間の反発力が釣り合って，$r = r_e$ で極小値をとる．この距離で結合は最も安定となり，共有結合を形成する．

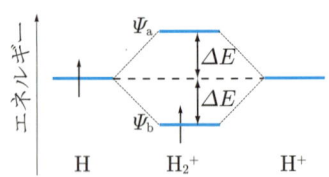

図 3.4 H_2^+ の MO のエネルギー

● **結合次数** ● 結合の強さの目安として結合次数がある．結合次数は

$$結合次数 = \frac{1}{2}\{(結合性軌道にある電子の数) - (反結合性軌道にある電子の数)\}$$

で求められ，必ずしも整数にはならない．H_2^+ の結合次数は 1/2 である．

● **σ 結合と π 結合** ● 結合軸の周りに円柱対称となる分子軌道を σ 軌道，σ 軌道により形成される結合を σ 結合とよぶ．σ 軌道と異なる対称性をもつ π 軌道とよばれる分子軌道もある．π 軌道により形成される結合を π 結合とよぶ．それぞれの反結合性軌道は，* をつけて σ^* と π^* と書かれる．

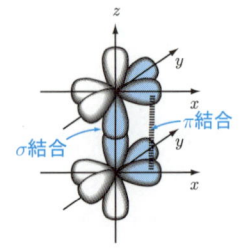

図 3.5 σ 結合と π 結合

3.2 原子軌道から形成される分子軌道

―例題 3 ―

2つの水素原子の AO (φ_A と φ_B) が近付いて H_2^+ の分子軌道 (Ψ) を形成するとき，同符号（実線）で近付いた場合は，結合性軌道 Ψ_b を形成し，異符号（破線）で近付いた場合は反結合性軌道 Ψ_a となる．Ψ_b と Ψ_a の分子軌道の概形を描け．また，それぞれの分子軌道の電子密度の概形を描け．

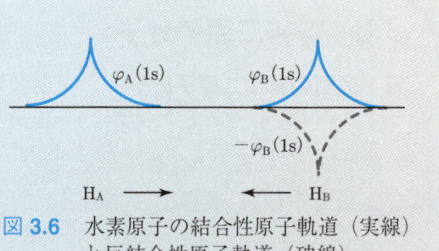

図 3.6 水素原子の結合性原子軌道（実線）と反結合性原子軌道（破線）

[解答] 分子軌道の概形と電子密度は以下のようになる．Ψ_a には中心に節面が生じる．

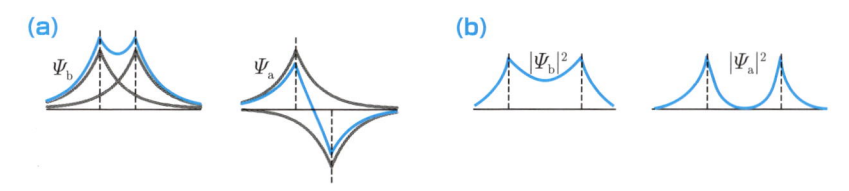

図 3.7 Ψ_b と Ψ_a の分子軌道の概形 (a) と Ψ_b と Ψ_a の電子密度の概形 (b)

問題

3.5 H_2^+ に作用する力は陽子間の反発力と陽子と電子の間の引力とである．2つの陽子が 0.106 nm 離れているとき，陽子間の反発のエネルギーはいくらか．

3.6 H_2^+ と H_2 とでは核間距離（陽子間の距離）はどちらの方が長いと考えられるか．またそれはなぜか．

3.7 H_2^+ の結合エネルギーは 267 kJ mol^{-1}，H_2 の結合エネルギーは 452 kJ mol^{-1} である．H_2 では結合に関与する電子が2倍になるのに，結合エネルギーが2倍にならないのはなぜか．

3.8 He と He$^+$ の結合次数を求めよ．

3.9 結合性分子軌道は化学結合のどのような性質に係わっているか．

3.10 分子軌道を規格化するとはどういうことか．

3.11 横軸に核間距離，縦軸にエネルギーをとり，核間距離が近付くときの分子軌道 Ψ_b と Ψ_a のエネルギーがどのように変化するかを示すグラフの概形を描け．また，$r = r_e$ となる点を示せ．

3.12 等核二原子分子について，s 軌道同士，および p 軌道同士の相互作用で生じる分子軌道のエネルギー準位と軌道の形を定性的に示せ．

3.3 等核二原子分子

● 第 2 周期の等核二原子分子 ● 標準状態で等核二原子分子になる元素は水素, 窒素, 酸素とハロゲンのみである. 2 個の 1s 軌道から σ_{1s} 軌道と σ_{1s}^* 軌道ができ, 2 個の 2s 軌道から σ_{2s} 軌道と σ_{2s}^* 軌道ができる. 2p 軌道からは, σ_{2p_z} 軌道と $\sigma_{2p_z}^*$ 軌道および π_{2p_x}, π_{2p_y} 軌道と $\pi_{2p_x}^*, \pi_{2p_y}^*$ 軌道が生じる (図 3.8). これらのエネルギーの低い軌道から順次電子が入る.

F_2 の場合は, 結合性軌道である σ_{2p_z} 軌道と π_{2p_x}, π_{2p_y} 軌道が 6 個の電子でみたされた後, 縮退した反結合性の $\pi_{2p_x}^*, \pi_{2p_y}^*$ 軌道も 4 個の電子で満たされる (図 3.9). そのため, F_2 の結合次数は

$$(1/2) \times (6-4) = 1$$

となる.

O_2 の場合, 電子配置は

$$(\sigma_{1s})^2(\sigma_{1s}^*)^2(\sigma_{2s})^2(\sigma_{2s}^*)^2(\sigma_{2p_z})^2(\pi_{2p_x})^2(\pi_{2p_y})^2(\pi_{2p_x}^*)^1(\pi_{2p_y}^*)^1$$

である.

結合性軌道である σ_{2p_z} 軌道と π_{2p_x}, π_{2p_y} 軌道が電子でみたされた後, 縮退した反結合性の $\pi_{2p_x}^*, \pi_{2p_y}^*$ 軌道に電子が 1 個ずつ入る. O_2 の結合次数は

$$(1/2) \times (6-2) = 2$$

となり, 二重結合をもつことと一致する. 酸素は不対電子をもち常磁性を示す.

N_2 の場合は結合性分子軌道 σ_{2p_z} と π_{2p_x}, π_{2p_y} のエネルギー準位が入れ替わる. 結合次数は

$$(1/2) \times (6-0) = 3$$

となる.

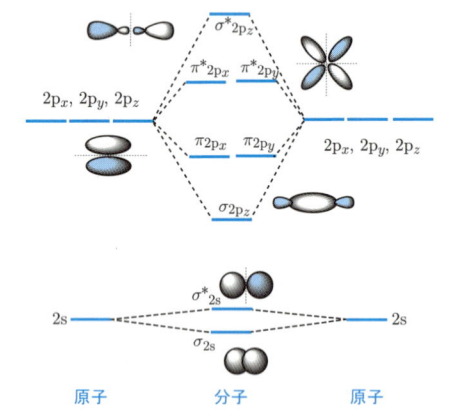

図 3.8 O_2 および F_2 の場合の分子軌道の概略のエネルギー準位図

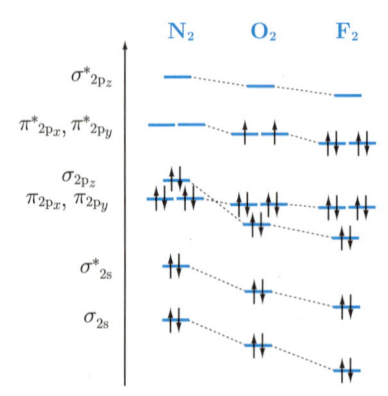

図 3.9 N_2, O_2, F_2 の場合の分子軌道のエネルギー準位と電子配置

3.3 等核二原子分子

例題 4

N_2 分子がイオンになる場合,電子を 1 個失って N_2^+ になる場合と,電子を 1 個受け取って N_2^- になる場合とがある.どちらも N_2 分子よりも結合は弱くなる.この結果を分子軌道法で説明し,結合次数を求め,磁性について述べよ.

解答 電子配置はそれぞれ以下のようになる.

$$N_2^+ : (\sigma_{1s})^2(\sigma_{1s}^*)^2(\sigma_{2s})^2(\sigma_{2s}^*)^2(\pi_{2p_x})^2(\pi_{2p_y})^2(\sigma_{2p_z})^1$$

$$N_2 : (\sigma_{1s})^2(\sigma_{1s}^*)^2(\sigma_{2s})^2(\sigma_{2s}^*)^2(\pi_{2p_x})^2(\pi_{2p_y})^2(\sigma_{2p_z})^2$$

$$N_2^- : (\sigma_{1s})^2(\sigma_{1s}^*)^2(\sigma_{2s})^2(\sigma_{2s}^*)^2(\pi_{2p_x})^2(\pi_{2p_y})^2(\sigma_{2p_z})^2(\pi_{2p_x}^*)^1$$

窒素分子 N_2 から電子を 1 つとってイオン化して N_2^+ にすると結合次数は 2.5 になり,窒素分子に比べて結合エネルギーが弱く,結合長も長くなる(表 3.2).

窒素分子 N_2 に電子を 1 つ加えて N_2^- イオンにすると,反結合性の $\pi_{2p_x}^*$ 軌道に電子が 1 つ加わることになり,結合次数はやはり 2.5 になる.原子核を結び付ける電子が増えるのにも係わらず,反結合性軌道に入ることにより,窒素分子よりも結合は弱くなり,結合長も長くなる.

N_2 は反磁性であるが,N_2^+ と N_2^- は不対電子をもつので常磁性である.

表 3.2 窒素分子とそのイオンの結合の性質

分子	結合次数	結合解離エネルギー /kJ mol^{-1}	結合長 /nm	磁性
N_2^+	2.5	841	0.112	常磁性
N_2	3	942	0.110	反磁性
N_2^-	2.5	765	0.119	常磁性

問題

3.13 F_2 と F_2^+ のどちらの結合が強いか.分子軌道への電子配置をもとに答えよ.

3.14 炭素の二原子分子 C_2 は存在することができるか.分子軌道を用いて考察せよ.

3.15 カーバイドイオン(C_2^{2-})は窒素分子 N_2 と等電子的で,同じ電子配置をもち,結合次数も 3 と同じである.しかし,カーバイドイオンの結合長(0.119 nm)は窒素分子の結合長(0.110 nm)よりも少し長い.それはなぜか,説明せよ.

3.16 硫黄蒸気の研究から,硫黄の二原子分子(S_2)が存在することが知られている.硫黄分子の結合次数を求め,磁性について述べよ.

3.4 異核二原子分子と分子の極性

● **異核二原子分子の分子軌道** ● HCl や CO など異核二原子分子の分子軌道も，等核二原子分子と同様に，LCAO-MO によって表すことができる．異核二原子分子の結合性分子軌道 Ψ_b と反結合性分子軌道 Ψ_a を原子軌道 $\varphi_\mathrm{A}, \varphi_\mathrm{B}$ で表すと

$$\Psi_\mathrm{b} = c_1 \varphi_\mathrm{A} + c_2 \varphi_\mathrm{B} \quad (3.3) \qquad \Psi_\mathrm{a} = c_2 \varphi_\mathrm{A} - c_1 \varphi_\mathrm{B} \quad (3.4)$$

と近似的に表される．異核二原子分子において，原子軌道 φ_A と原子軌道 φ_B が結合して分子軌道をつくるためには，原子軌道 $\varphi_\mathrm{A}, \varphi_\mathrm{B}$ のエネルギーが近く，波動関数の正味の重なりが 0 でないことが重要である．

● **フッ化水素の分子軌道** ● フッ化水素（HF）の電子配置は

$$(\sigma_{1\mathrm{s}})^2 (\sigma_{2\mathrm{s}})^2 (\sigma_{2\mathrm{p}_z})^2 (\pi_{2\mathrm{p}_x})^2 (\pi_{2\mathrm{p}_y})^2$$

である．H 原子の 1s 軌道とエネルギー準位の近い F 原子の $2\mathrm{p}_z$ 軌道が σ 結合して，分子軌道 $\sigma_{2\mathrm{p}_z}$ 軌道と $\sigma^*_{2\mathrm{p}_z}$ 軌道を形成する．$2\mathrm{p}_x$ と $2\mathrm{p}_y$ は 1s 軌道と正味の重なりが 0 なので結合に関与しない．F 原子の 2 つの 2p 軌道の非共有電子対は $\pi_{2\mathrm{p}_x}$ と $\pi_{2\mathrm{p}_y}$ 軌道を占有するが，これらは非結合性軌道である．

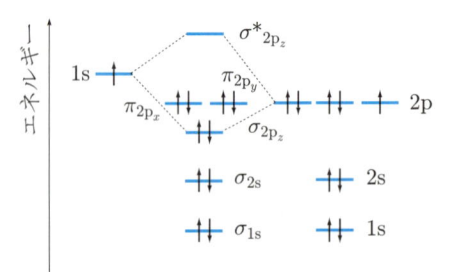

図 3.10 HF 分子の原子軌道と分子軌道

● **結合のイオン性** ● 異核二原子分子の場合，結合を形成する原子の電気陰性度は必ずしも同じでないため，共有結合にも電子密度の偏りを生じ，イオン性を帯びている．

● **分子の極性と双極子モーメント** ● 電気陰性度の異なる原子が化学結合をつくるときの電荷の偏りを極性とよび，双極子モーメント μ という数値で評価する．異核二原子分子内での電荷の偏りを $+\delta_\mathrm{e} \mathrm{C}, -\delta_\mathrm{e} \mathrm{C}$ とし，両電荷を結ぶ距離を $r\,\mathrm{m}$ とすると，μ は

$$\mu = \delta_\mathrm{e} r \quad (3.5)$$

で与えられる．この双極子モーメントの単位にはデバイ（D）が用いられ，1D は $3.33564 \times 10^{-30}\,\mathrm{C\,m}$ である．等核二原子分子では双極子モーメントは 0 である．

双極子モーメントから結合のイオン性が次の式で計算できる．

$$結合のイオン性（\%）= \frac{\mu}{er} \times 100 = \frac{\delta_\mathrm{e}}{e} \times 100 \quad (3.6)$$

多原子分子の双極子モーメントはそこに含まれる結合の双極子モーメントのベクトル和で表される．直線構造をとる CO_2 や四面体構造の CCl_4 は共有結合自身に極性があっても全体としてのベクトル和が 0 になるので，分子としての極性はない．

3.4 異核二原子分子と分子の極性

例題 5

水素化リチウム(LiH)の分子軌道のエネルギー準位と電子配置について説明し,LiH の電子の偏りとイオン性との関連を説明せよ.ただし,双極子モーメント μ は 5.88 D,核間距離は 159.5 pm とし,水素の第 1 イオン化エネルギーは 1312 kJ mol^{-1},リチウムの第 1 および第 2 イオン化エネルギーは 519, 7300 kJ mol^{-1} とせよ.

解答 Li および H の原子軌道と LiH の分子軌道のエネルギー準位と電子配置は,図 3.11 のようになる.Li の 2s と H の 1s とで結合性軌道 σ_{2s} と反結合性軌道 σ_{2s}^* をつくり,結合性軌道 σ_{2s} に 2 個の電子が入って安定化している.Li の 1s 軌道は内殻で,H の 1s 軌道よりもずっとエネルギーが低い.

Li のイオン化エネルギーは H のイオン化エネルギーよりも小さいので,Li の 2s 軌道は H の 1s 軌道よりもエネルギーが高い.

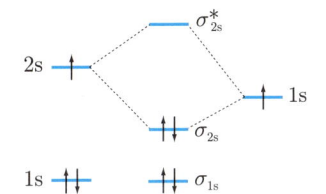

図 3.11 LiH 分子の原子軌道と分子軌道

LiH の電荷の偏りとイオン性は

$$\delta_e = \frac{\mu}{r} = \frac{5.88 \times 3.336 \times 10^{-30} \text{ C m}}{159.5 \times 10^{-12} \text{ m}} = 1.230 \times 10^{-19} \text{ C}$$

$$n = \frac{\delta_e}{e} = \frac{1.230 \times 10^{-20} \text{ C}}{1.602 \times 10^{-19} \text{ C}} = 0.768$$

となる.結合のイオン性は 77%,電子が均等な配分から 0.77 個分偏っていると考えられる.LiH の結合性軌道 σ_{2s} への寄与は H の 1s 軌道の方が大きく,共有されている電子は H 原子の方へ偏っていることが,イオン性の結果と一致する.

問題

3.17 F_2 の 1s 電子と HF の 1s 電子のイオン化エネルギーの実測値はそれぞれ 66.981 MJ mol^{-1} と 67.217 MJ mol^{-1} である.1s 電子は結合に関与していないのにも係わらずイオン化エネルギーが異なるのはなぜか.説明せよ.

3.18 窒素分子(N_2)と一酸化窒素(NO)では,どちらの第 1 イオン化エネルギーが大きいか.理由とともに述べよ.

3.19 HF と HCl の結合のイオン性は 42% と 18% である.一方,水溶液の酸性度は HF が弱酸性で,HCl は強酸性である.結合のイオン性と酸性度との関係について述べよ.

3.20 ジクロロベンゼンにはオルト (o-),メタ (m-),パラ (p-) の 3 種の異性体が存在する.o-ジクロロベンゼンの双極子モーメントは 2.25 D である.m- と p- の双極子モーメントを求めよ.

4 分子の形と混成軌道

4.1 分子の形と混成軌道

分子は様々な形をもっている．第 3 章までで学んできた量子化学の考え方を用いるとそれぞれの形を合理的に説明することができる．

4.2 メタン，エタンの形と sp^3 混成軌道

● **混成軌道という考え方** ● メタン分子（CH_4）は 4 本の等価な C–H 結合をもつ分子で，その立体構造は正四面体型である．炭素原子の 2s 軌道と 3 つの 2p 軌道が再編成されて 4 つの等価な軌道（**sp^3 混成軌道**）が生じる．この 4 つの等価な sp^3 混成軌道は，電子間反発により炭素原子を中心として正四面体の頂点の方向へと空間的に均等に広がる．炭素原子の昇位のエネルギーは $402\,\mathrm{kJ\,mol^{-1}}$ で，C–H の結合エネルギーは $416\,\mathrm{kJ\,mol^{-1}}$ なので，昇位にエネルギーを使っても十分補われる．

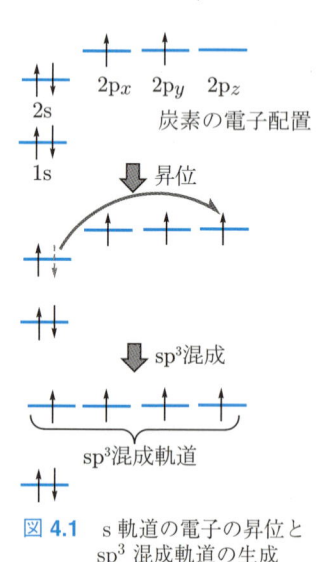

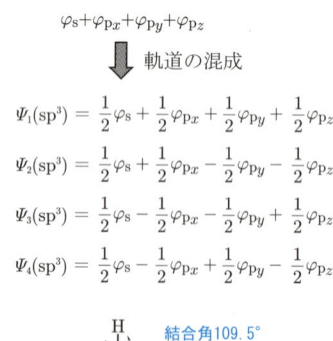

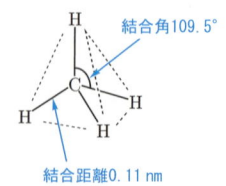

$$\Psi_1(sp^3) = \frac{1}{2}\varphi_s + \frac{1}{2}\varphi_{px} + \frac{1}{2}\varphi_{py} + \frac{1}{2}\varphi_{pz}$$

$$\Psi_2(sp^3) = \frac{1}{2}\varphi_s + \frac{1}{2}\varphi_{px} - \frac{1}{2}\varphi_{py} - \frac{1}{2}\varphi_{pz}$$

$$\Psi_3(sp^3) = \frac{1}{2}\varphi_s - \frac{1}{2}\varphi_{px} - \frac{1}{2}\varphi_{py} + \frac{1}{2}\varphi_{pz}$$

$$\Psi_4(sp^3) = \frac{1}{2}\varphi_s - \frac{1}{2}\varphi_{px} + \frac{1}{2}\varphi_{py} - \frac{1}{2}\varphi_{pz}$$

図 **4.1** s 軌道の電子の昇位と sp^3 混成軌道の生成

図 **4.2** メタン軌道の混成と sp^3 混成軌道

結合角 109.5°
結合距離 0.11 nm

4.2 メタン，エタンの形と sp³ 混成軌道

---**例題 1**---

s 軌道のエネルギーを ε_s，p 軌道のエネルギーを ε_p とするとき，sp³ 混成軌道のエネルギー $\varepsilon_{\mathrm{sp}^3}$ はどのようにして表すことができるか．

解答 sp³ 混成軌道のエネルギーは s 軌道と 3 個の p 軌道のエネルギーの重みを考慮した平均に等しく

$$\varepsilon_{\mathrm{sp}^3} = \frac{\varepsilon_\mathrm{s} + 3\varepsilon_\mathrm{p}}{4}$$

と表すことができる．

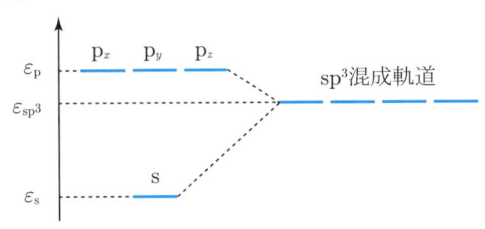

図 4.3 s 軌道，p 軌道のエネルギーと sp³ 混成軌道のエネルギー

問題

4.1 メタンの性質として，「標準状態で無色」，「無臭の可燃性気体」，「融点 $-182.48\,°\mathrm{C}$」，「沸点 $-161.49\,°\mathrm{C}$」，「比重 0.424」，「双極子モーメント 0 D」，「二置換体（例えばジクロロメタン）が 1 種類しかできない」，「核磁気共鳴スペクトルで観測される $^1\mathrm{H}$ 核が 1 種類である」，などがあげられる．このうち，正四面体型構造と係わりの深い性質はどれか．

4.2 フッ化メタン $\mathrm{CH_3F}$ の構造を混成軌道の考え方を用いて説明せよ．

4.3 sp³ 混成軌道について以下の問に答えよ．
 (1) 正四面体型分子の座標から，立方体の中心に原点をとり，各頂点を A, B, C, D とするとき，各頂点は x, y, z 方向の単位ベクトルの一次結合で表すことができる（図 4.4）．各頂点を単位ベクトルの一次結合で表し，その符号を sp³ 混成軌道の p 軌道の符号と比較せよ．
 (2) 図 4.2 の sp³ 混成軌道の表記が規格化直交系であることを示せ．

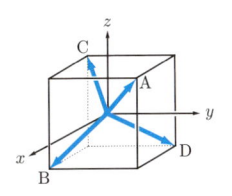

図 4.4 立方体と正四面体との関係

4.4 図 4.5 に示した化合物には 2 種類の構造が存在し得る．どのような構造で，なぜ 2 種類なのか，sp³ 混成軌道の考え方をもとに説明せよ．

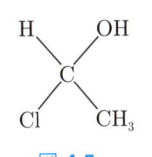

図 4.5

4.3 エチレン，ベンゼンの形とsp^2混成軌道

• **エチレン分子** • エチレン（C_2H_4）は平面状の構造をしていて，H–C=C の角度がほぼ 120° であり，sp^2 混成軌道によってその平面状構造が説明される．

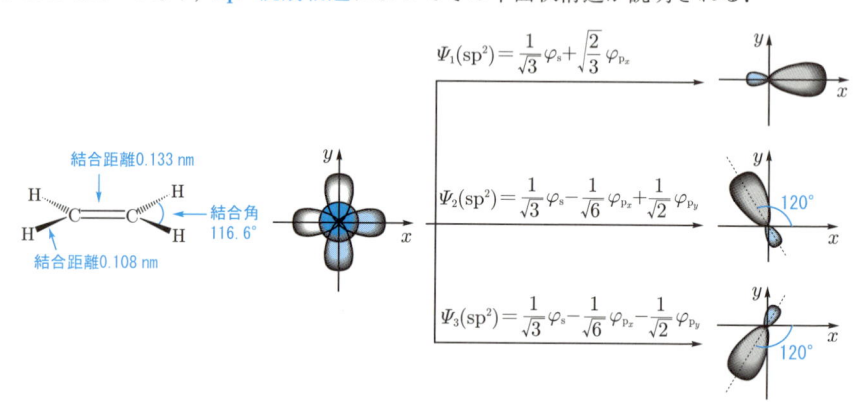

$$\Psi_1(sp^2) = \frac{1}{\sqrt{3}}\varphi_s + \sqrt{\frac{2}{3}}\varphi_{p_x}$$

$$\Psi_2(sp^2) = \frac{1}{\sqrt{3}}\varphi_s - \frac{1}{\sqrt{6}}\varphi_{p_x} + \frac{1}{\sqrt{2}}\varphi_{p_y}$$

$$\Psi_3(sp^2) = \frac{1}{\sqrt{3}}\varphi_s - \frac{1}{\sqrt{6}}\varphi_{p_x} - \frac{1}{\sqrt{2}}\varphi_{p_y}$$

結合距離 0.133 nm
結合角 116.6°
結合距離 0.108 nm

図 **4.6** エチレンの分子構造と sp^2 混成軌道

• **ブタジエン分子の構造** • 1,3-ブタジエン（$CH_2=CH-CH=CH_2$）の 4 つの炭素はいずれも sp^2 混成軌道をとり，4 つの分子軌道ができると考えられる．隣り合う炭素 1，2 と炭素 3，4 の p 軌道が π 結合をつくる．このとき，炭素 2 と 3 との間でも p 軌道が重なり合うため，二重結合の 4 つの π 電子は 4 つの炭素上に広がっている．これを電子の非局在化といい，局在化している構造より約 35 kJ mol^{-1} 安定化する（共鳴安定化）．

• **ベンゼン分子の構造** • ベンゼンの 6 個の炭素原子は sp^2 混成軌道をとり，6 個の炭素上に残った p_z 軌道はベンゼン環の平面に対して垂直に伸びていて，両隣の p_z 軌道と重なり合って π 結合を形成し得る．6 個の p_z 軌道から 6 個の分子軌道ができる．こうして形成された π 結合の電子雲は 6 員環全体にドーナツ状に広がって非局在化した構造をしている．非局在化することによる安定化エネルギーは約 150 kJ mol^{-1} である．

(a) σ結合　π結合
(b)

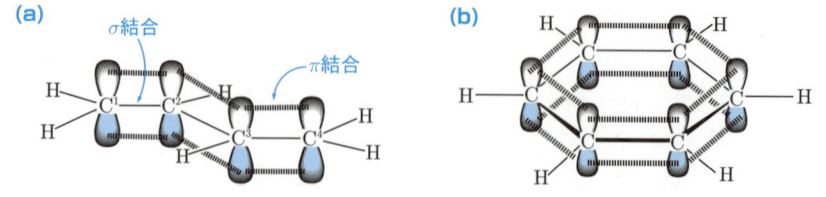

図 **4.7** 1,3-ブタジエン (a) およびベンゼン (b) の分子構造と最も安定な分子軌道における π 結合

4.3 エチレン，ベンゼンの形と sp² 混成軌道

―例題 2―

エチレンやベンゼンなどの二重結合を含む化合物は平面状構造をとる．sp³ 混成軌道の軌道の昇位を参考にして，sp² 混成軌道の平面状構造を電子の昇位とエネルギー準位との模式図を描いて説明せよ．

[解答] 基底状態の炭素の電子配置を描く．2s 軌道に入っている 2 つの電子のうち 1 つが励起して空の $2p_z$ 軌道へ入ると考える．

励起状態にある C 原子の 4 個の不対電子のうち 2s 軌道 1 個と 2p 軌道 2 個が，3 つ sp² 混成軌道をつくり，2p 軌道 1 個はそのまま残る（図 4.8）．3 つの sp² 混成軌道のエネルギー準位は等しく，また，同一平面上にあって電子間の反発をできるだけ小さくするように，正三角形の各頂点方向に伸びた形をしている．残った $2p_z$ 軌道は sp² 混成軌道平面に対して垂直に立っている．この $2p_z$ 軌道によって，π結合が形成され，C=C 二重結合ができる（図 4.9）．

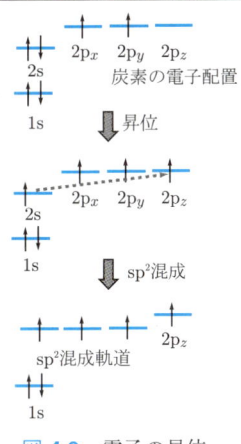

図 4.8 電子の昇位と sp² 混成軌道

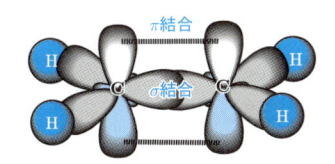

図 4.9 エチレンの構造

問題

4.5 s 軌道のエネルギーを ε_s，p 軌道のエネルギーを ε_p とするとき，sp² 混成軌道のエネルギー ε_{sp^2} はどのようにして表されるか．

4.6 図 4.6 の sp² 混成軌道の表記が規格化されていることを示せ．

4.7 メチルラジカル $CH_3\cdot$ は不対電子をもつ分子で，平面状構造をとる．混成軌道の考え方をもとに構造を考察せよ．

4.8 (1) ホルムアルデヒド HCHO の分子構造を混成軌道の概念を用いて考察せよ．
(2) エチレンの H–C–H 結合角とホルムアルデヒドの H–C–H 結合角とでは，どちらの方が大きいと考えられるか．

4.4 アセチレンの形とsp混成軌道

● **アセチレン分子** ● アセチレン（C_2H_2: H–C≡C–H）はsp混成軌道の生成により直線状構造をとることが説明される．

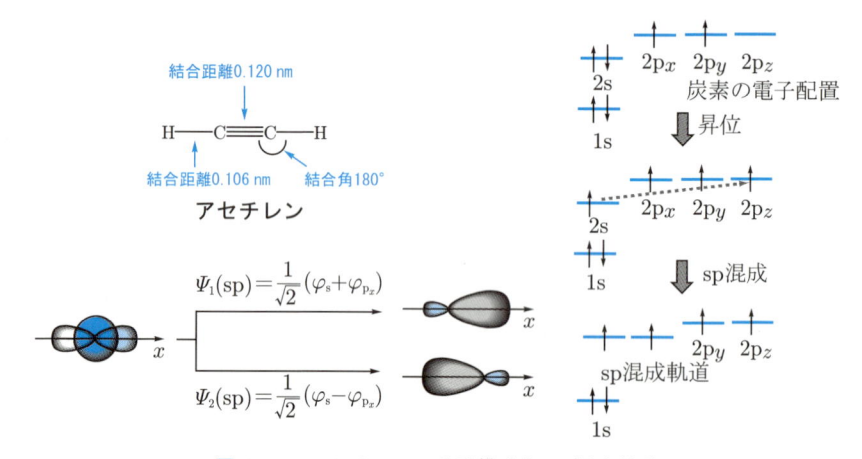

図 **4.10** アセチレンの分子構造とsp混成軌道

4.5 d軌道を含む混成軌道

d軌道を含む混成軌道も生成し，炭化水素の場合の混成軌道と同様に考える．

● **sp^3d^2 混成軌道** ● 六フッ化硫黄 SF_6 の構造は正八面体型（図 **4.11**）で，6本のS–F結合は等価である．この結合は6個の等価な混成軌道で説明できる．硫黄原子で6個の混成軌道をつくるには3s軌道，3個の3p軌道，2個の3d軌道を考え，これら6個の原子軌道から6個の sp^3d^2 混成軌道ができると考える．

● **sp^3d 混成軌道** ● 五塩化リン PCl_5 の気体状態の構造は三方両錐型で，軸方向のP–Cl結合と水平面方向のP–Cl結合は等価ではない（図 **4.12**）．リン原子の基底状態の電子配置は $[Ne]3s^23p^3$ である．PCl_5 の構造については，3s軌道から3d軌道への1個の電子の昇位を考え，sp^3d 混成軌道を考えると5個の混成軌道ができ，そこへ5個の塩素原子が電子を提供して結合を形成する，という考え方と，Pは三方両錐の底面内で sp^2 混成軌道を形成して PCl_3 と結合し，混成していない p_z 軌道を使って頂点方向へ三中心の軌道を形成している，という考えもある．

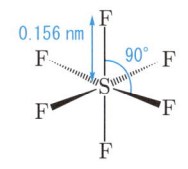

図 4.11 SF$_6$ の構造

図 4.12 PCl$_5$ の構造

---**例題 3**---

アセチレンは三重結合をもち，直線状構造をとることを sp 混成軌道をもとに説明せよ．

解答 2 つの sp 混成軌道のエネルギー準位は等しく，電子の反発をできるだけ避けるような構造をとるため直線上にある．残った 2 個の 2p 軌道は sp 混成軌道に直交している．sp 混成軌道にある 1 個の不対電子が H 原子の不対電子と結合し残りの 1 つの sp 混成軌道と 2 個の 2p 軌道がもう一方の C 原子と三重結合（1 つの σ 結合と 2 つの π 結合）をつくる（図 4.13）．よってアセチレンは直線状構造になる．

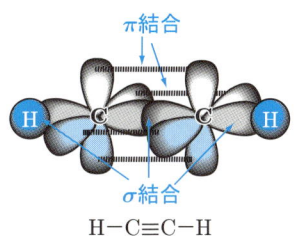

H−C≡C−H

図 4.13 アセチレンの構造

問題

4.9 s 軌道のエネルギーを ε_s，p 軌道のエネルギーを ε_p とするとき，sp 混成軌道のエネルギー ε_{sp} はどのようにして表すことができるか．

4.10 シアン化水素 HCN の構造を混成軌道の考え方を用いて説明せよ．

4.11 二酸化炭素 CO_2 は直線状構造をとっている．混成軌道の考え方を用いて，二酸化炭素の直線状構造を説明せよ．

4.12 表は混成軌道に隣接する炭素–炭素原子間距離を示している．sp^3, sp^2, sp 混成軌道の順にその横の炭素–炭素原子間距離が短くなるのはなぜか，説明せよ．

炭素–炭素原子間距離

分子	混成	C–C 原子間距離/nm
CH_3–CH_3	sp^3–sp^3	0.154
CH_3–$CH=CH_2$	sp^3–sp^2	0.151
CH_3–$CH\equiv CH$	sp^3–sp	0.146

4.13 六フッ化硫黄 SF$_6$ は安定に存在するのに，六フッ化酸素 OF$_6$ が安定に存在できないのはなぜか．

4.6 電子対反発則

● **電子対の反発による分子構造の推定** ● ルイスの点電荷式をもとに，分子やイオンの電子配置を考え，結合電子対も非共有電子対も同等に扱い，電子対のすべてを最も高い対称性を与えるように配置すると目的の分子またはイオンの形が決まる（表4.1）．電子対反発則は原子価殻電子対反発理論（**VSEPR**）ともよばれる．

表 4.1 電子対反発則と構造との関係

中心原子周りの結合原子と非共有電子対の総数	電子配置	分子の形状
2	直線	CO_2（直線）
3	正三角形	BF_3（正三角形），NO_2^-（折れ線）
4	正四面体	CH_4（正四面体），NH_3（三角錐），H_2O（折れ線）
6	正八面体	SF_6（正八面体）

● **電子対の反発と結合角の関係** ● 立体構造は電子対の反発である程度予測できるが，結合角については，実際に観測される中心原子の周りの電子対間の反発をもとに次のような順になっている．

$$\text{非共有電子対間} > \text{非共有電子対と結合電子対間} > \text{結合電子対間}$$

結合電子対は相手原子にも引かれるので，中心からの距離は 結合電子対 > 非共有電子対 になり，上のような順序が得られると説明されている．

4.7 水，アンモニアの形

水（H_2O）やアンモニア（NH_3）の構造は混成軌道をもとに VSEPR で予測されるが，電子対反発則を考えに入れると，非共有電子対の存在によって分子構造が微妙に変化する．H_2O の場合では（図4.14），中心の酸素は2つのHとの結合電子対と2つの非共有電子対の計4組を空間に配置すると四面体配置となり，見かけはH–O–Hの折れ曲がった形になる．四面体配置なのでH–O–Hの角度は109.5°となることが予想されるが，非共有電子対間の反発により実際は104.5°である．

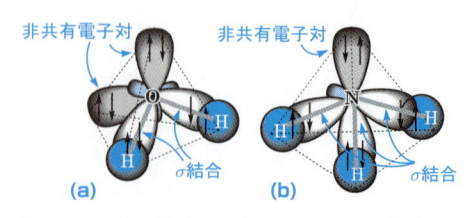

図 4.14 水の構造(a)とアンモニアの構造(b)

4.7 水，アンモニアの形

例題 4

BF_3 と NH_3 の構造はどのように違うと考えられるか．

解答　BF_3 は sp^2 混成軌道で平面状の三角形の構造をとる．
　NH_3 は sp^3 混成で，四面体型の配置をとり，4番目の頂点方向には非共有電子対の入った混成軌道が向いている．分子の形としては三角錐型をとる．

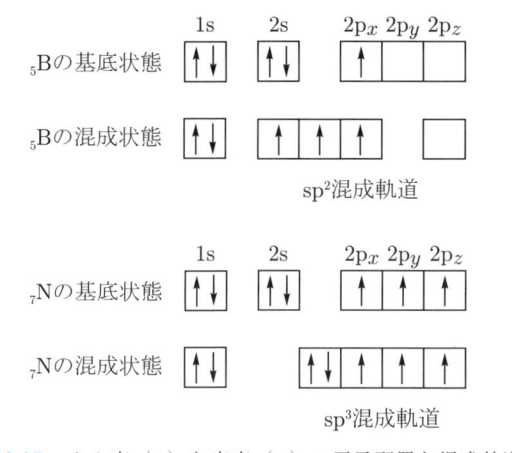

図 **4.15**　ホウ素（B）と窒素（N）の電子配置と混成軌道

問題

4.14 XeF_4 は平面構造をとる．一方，CCl_4 は正四面体型構造である．この構造の違いを説明せよ（第3章の問題 3.2 参照）．

4.15 NH_3 の結合角は H_2O の結合角よりも大きい．それはなぜか，説明せよ．

4.16 SiH_4 の H-Si-H，PH_3 の H-P-H，SH_2 の H-S-H の結合角を大きい順に並べ，なぜそう考えるのか説明せよ．

4.17 水，硫化水素，セレン化水素の結合角は以下のように変化する．結合角の違いを定性的に説明せよ．

分子	結合角/°
H_2O	104.5
H_2S	92.2
H_2Se	90.9

4.18 $BeCl_2$，BCl_3，CCl_4 の一連の化合物では塩素原子はベリリウム，ホウ素，炭素の原子と単純な二電子結合で結ばれていると考えることができる．これらの結合電子対間の反発で構造が決まるとすると，それぞれどのような構造になると考えられるか．

5 共有結合以外の化学結合

5.1 原子，分子間に働く力

原子，分子間に共有結合がない場合でも相互作用が働く場合がある．その相互作用は分子の電子状態やその動的挙動に基づいている．

● **ファンデルワールス力** ● ファンデルワールス力を生じる原因は主として以下の 3 種に分類される．

(1) 双極子 - 双極子相互作用のポテンシャルエネルギー（図 **5.1(a)**） 2 つの分子の双極子モーメントを μ_1, μ_2，分子間の距離を r，ボルツマン定数を k，真空の誘電率を ε_0，絶対温度を T とする．

$$U_{\text{d-d}} = -\frac{2}{3kT}\left(\frac{\mu_1\mu_2}{4\pi\varepsilon_0}\right)^2\frac{1}{r^6} \quad (5.1)$$

(2) 双極子 - 誘起双極子相互作用のポテンシャルエネルギー（図 **(b)**） 分子 1 の永久双極子モーメントを μ_1，分子 2 の分極率を α_2 とする．

$$U_{\text{ind}} = -\frac{\mu_1^2\alpha_2}{(4\pi\varepsilon_0)^2}\frac{1}{r^6} \quad (5.2)$$

(3) 分散力（誘起双極子 - 誘起双極子相互作用）のポテンシャルエネルギー（図 **(c)**） それぞれの分子のイオン化ポテンシャルを I_1, I_2，分極率を α_1, α_2 とする．

$$U_{\text{dis}} = -\frac{3\alpha_1\alpha_2}{2(4\pi\varepsilon_0)^2}\left(\frac{I_1I_2}{I_1+I_2}\right)\frac{1}{r^6} \quad (5.3)$$

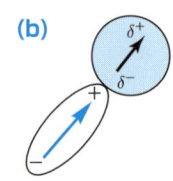

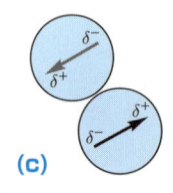

図 **5.1** ファンデルワールス力の模式図

● **レナード - ジョーンズポテンシャル** ● ε は 2 つの原子間の結合エネルギー，σ はポテンシャルエネルギーが 0 になる原子間距離とする．反発項を含めたポテンシャルは

$$U(r) = 4\varepsilon\left\{\left(\frac{\sigma}{r}\right)^{12}-\left(\frac{\sigma}{r}\right)^6\right\} \quad (5.4)$$

第 1 項が反発項で，第 2 項が引力の項である．反発項は経験的に得られたものである．

例題 1

レナード–ジョーンズポテンシャルが最小になる距離とそのときのポテンシャルエネルギーを求めよ．

解答 レナード–ジョーンズポテンシャル (5.4) を r で微分すると

$$\frac{dU(r)}{dr} = 4\varepsilon \left(-\frac{12\sigma^{12}}{r^{13}} + \frac{6\sigma^6}{r^7}\right)$$

これを 0 とおくと，$r_{\min}^6 = 2\sigma^6$ となり，$r_{\min} = \sqrt[6]{2}\,\sigma = 1.12\sigma$

これを元の式 (5.4) に代入すると

$$U(r)_{\min} = 4\varepsilon \left\{ \left(\frac{\sigma}{\sqrt[6]{2}\,\sigma}\right)^{12} - \left(\frac{\sigma}{\sqrt[6]{2}\,\sigma}\right)^6 \right\}$$
$$= 4\varepsilon \left(\frac{1}{2^2} - \frac{1}{2}\right) = -\varepsilon$$

となり，このポテンシャルはおよそ $\sigma(1.1\sigma)$ で最小となり，最小値は $-\varepsilon$ である．

問 題

5.1 双極子-双極子相互作用のポテンシャルエネルギーを表す (5.1) の右辺はエネルギーの単位をもつことを示せ．

5.2 次の表を参考に以下の問に答えよ．

レナード–ジョーンズポテンシャルの ε および σ

気体	$\varepsilon \times 10^{21}$/J molecule^{-1}	σ/nm
H$_2$	0.52	0.292
N$_2$	1.28	0.369
He	0.14	0.256
CH$_4$	1.96	0.385

(1) 水素分子の原子間距離 r を求めよ．

(2) メタン分子のレナード–ジョーンズポテンシャル曲線を描け．

(3) 表の σ の値を比較すると，ヘリウム，水素，窒素，メタンの順に大きくなっている．この値は分子の何と関連する値か．

5.3 窒素分子のレナード–ジョーンズパラメーター ε は 1.28×10^{-21} J molecule^{-1} である．1 mol あたりのレナード–ジョーンズポテンシャルの深さを求め，窒素分子の結合エネルギー（およそ 945 kJ mol^{-1}）と比較せよ．

5.2 配位結合

結合を形成する電子対が一方の原子のみから供給されてできる結合を配位結合という．配位結合は成り立ちの異なる共有結合であるともいえる．

● **ルイスの酸・塩基の考え方と配位結合** ● 化学における酸と塩基には，アレニウス，ブレンステッド–ローリーの定義などがあるが，ルイスは，電子対を受け取る物質を酸，電子対を与える物質を塩基とした．ルイスの考え方による酸と塩基の反応は，電子対を供与できる分子またはイオン（供与体）と電子対を受け取ることのできる分子またはイオン（受容体）との間の配位結合の生成反応であるともいえる（図 5.2）．

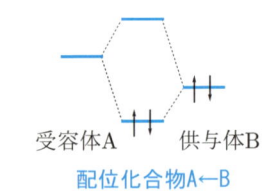

図 5.2 配位結合のエネルギー

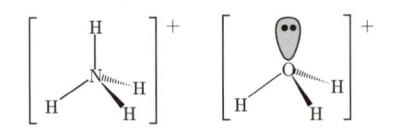

● **典型元素の配位結合** ● 配位結合が形成されると共有結合と区別がつかない．アンモニウムイオン（NH_4^+）は正四面体型をしていて，4本の N–H 結合がすべて等価であり，オキソニウムイオン（H_3O^+）も 3本の O–H 結合は等価であり，三角錐型の構造をとる（図 5.3）．

図 5.3 NH_4^+ と H_3O^+ の構造

● **錯体と錯イオン** ● 遷移金属元素あるいはそのイオンは d 軌道の空軌道に電子対を受け入れて，非共有電子対をもつ分子やイオンと配位結合を形成することが多い．このようにして生成する配位化合物を錯体または錯イオンという．金属イオンに配位結合する分子やイオンを配位子といい，金属に配位した配位子の数を配位数という．

● **錯イオンの配位構造と立体構造** ● 遷移金属元素が形成する錯体または錯イオンは 4 配位と 6 配位のものが多い．4 配位の錯体の構造は，正四面体型か平面 4 配位（正方形型）であり，6 配位の錯体の構造は正八面体型である．Zn^{2+} は 3d 軌道がすべて詰まっているため sp^3 混成軌道をとり，正四面体型をとる．Ni^{2+} や Cu^{2+} は，空の d 軌道 1 つと 4s と 2 つの 4p 軌道が混成した dsp^2 混成軌道をとり，正方形型をとる（図 5.4）．テトラアンミン銅(II)イオン（$[Cu^{II}(NH_3)_4]^{2+}$ イオン）は dsp^2 混成軌道をとって正方形型の分子構造となっているところに，NH_3 分子が配位結合している（例題 2 参照）．正八面体型構造を形成する Fe^{3+} イオンは，空の d 軌道 6 つを用いて d^2sp^3 混成軌道をとって，そこへ H_2O が配位結合して $[Fe(H_2O)_6]^{3+}$ 錯イオンを形成する．

5.2 配位結合

Zn²⁺ の電子配置　　　　　　　　　Ni²⁺ の電子配置

（3d, 4s, 4p 軌道の図）
sp³混成軌道をつくる　　　　　dsp²混成軌道をつくる

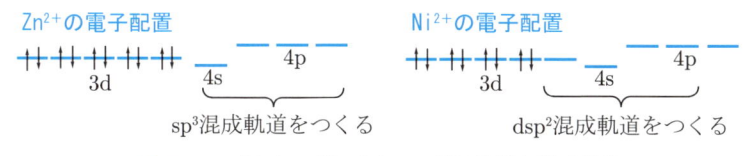

図 5.4　Zn²⁺ と Ni²⁺ イオンの電子配置と混成軌道

例題 2

テトラアンミン銅 (II) イオン（$[Cu^{II}(NH_3)_4]^{2+}$ イオン）は dsp² 混成軌道で正方形型構造をとる．正方形の中心から各頂点に向いて dsp² 混成軌道ができるとき，その軌道はどのようになるか．Cu^{2+} の電子配置をもとに軌道の混成を説明せよ．

解答　Cu の基底状態の電子配置は $1s^2 2s^2 2p^6 3s^2 3p^6 3d^{10} 4s^1$ である．Cu^{2+} になると電子が 2 つ少なくなり，$1s^2 2s^2 2p^6 3s^2 3p^6 3d^9 4s^0$ となる．3d 軌道の 1 つの電子が 4p 軌道へ昇位し，3d 軌道の空軌道と 4s 軌道および 2 つの 4p 軌道とで dsp² 混成軌道ができる．4p 軌道の 1 つは平面 4 配位構造と直交する軌道で，そこに電子が 1 つ入っている．

dsp² 混成軌道は，正方形の中心を原点とし，平面状に広がる軌道なので d 軌道は $d_{x^2-y^2}$ 軌道，p 軌道は p_x 軌道と p_y 軌道を使う．混成軌道を形成するのは 1 個の d 軌道，1 個の s 軌道と 2 個の p 軌道で，その足し合わせになる．各係数の 2 乗の比は 1 : 1 : 2 で，係数の絶対値は d 軌道と s 軌道については $\sqrt{\frac{1}{1+1+2}} = \frac{1}{2}$ となり，p 軌道については $\sqrt{\frac{2}{1+1+2}} = \frac{1}{\sqrt{2}}$ となる．このことから以下の 4 種の混成軌道を考えることができる．

$$\psi_{1,2}(\text{dsp}^2) = \frac{1}{2}\varphi_s \pm \frac{\sqrt{2}}{2}\varphi_{p_x} + \frac{1}{2}\varphi_{d_{x^2-y^2}}$$

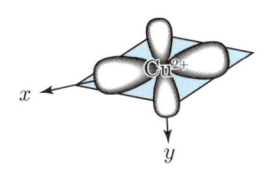

$$\psi_{3,4}(\text{dsp}^2) = \frac{1}{2}\varphi_s \pm \frac{\sqrt{2}}{2}\varphi_{p_y} + \frac{1}{2}\varphi_{d_{x^2-y^2}}$$

この 4 つの dsp² 混成空軌道に NH_3 が配位する．

図 5.5　Cu^{2+} の dsp² 混成軌道

問題

5.4　NH_3BF_3 の結合を説明せよ．

5.5　NH_4^+ の結合と電子構造をもとに，正四面体型構造をとることを説明せよ．

5.6　H_3O^+ について以下の問に答えよ．
(1)　H_3O^+ は三角錐型をしている．H_3O^+ の電子構造をもとに説明せよ．
(2)　H_3O^+ の H–O–H 角は H_2O の H–O–H 角よりも大きいか小さいか．それはなぜか．

5.7　テトラアンミン亜鉛 (II)（$[Zn^{II}(NH_3)_4]^{2+}$）の錯イオンの構造は正四面体型である．一方，テトラアンミン銅 (II)（$[Cu^{II}(NH_3)_4]^{2+}$）の錯イオンは正方形型である．この構造の違いの理由を，電子配置の図をもとに説明せよ．

5.3 水素結合

水素原子より電気陰性度の大きな原子 X, Y（窒素，酸素，リン，硫黄，ハロゲンなど）が水素原子を介して弱く結び付く結合 X–H⋯Y を水素結合という．X–H⋯Y の中で X–H はイオン性を帯びた共有結合，H⋯Y が水素結合である．水素結合の結合エネルギーは $10 \sim 30 \, \text{kJ mol}^{-1}$ 程度（表 5.1）で，共有結合に比べて小さいが，分子内，分子間の構造を保つには有効で，しかも明確な方向性をもっている．水素結合は分子の沸点・融点・蒸発熱などに影響を及ぼす（図 5.6）．

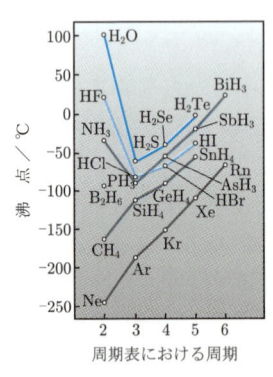

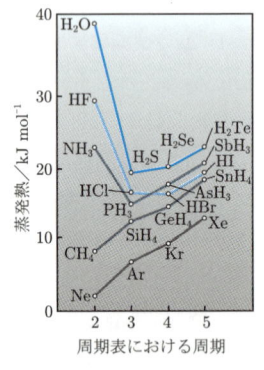

表 5.1 水素結合の結合エネルギー

分子	結合エネルギー /kJ mol^{-1}
HF	29
H_2O	21
NH_3	18

図 5.6 14～17 族元素の水素化合物の沸点と蒸発熱

5.4 電荷移動力と電荷移動錯体

電子を与えやすい（電子供与性）化合物 D と電子を受け取りやすい（電子受容性）化合物 A との間で電荷移動の移動が起こることがある．電荷移動によって生成する化合物を電荷移動錯体とよぶ．供与対の最高被占軌道（HOMO）と受容体の最低空軌道（LUMO）との間の HOMO–LUMO 相互作用が生じて，電子移動を伴って電子対を共有して結合ができると考えられる（図 5.7）．電荷移動錯体 $\Psi(D^+ \cdot A^-)$ が生成すると，元のそれぞれの分子とは全く異なる色を示すことがある．電荷移動力が働き，電荷移動錯体ができるとき，電子が移ったり，反応が起こったりするわけではなく，もともと電子供与体にあった電荷が電子受容体の方へと移り，電荷分布の重心が移動する．

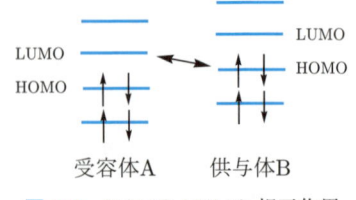

図 5.7 HOMO-LUMO 相互作用

5.4 電荷移動力と電荷移動錯体

表 **5.2** 電荷移動錯体の例

電子受容体	電子供与体	双極子モーメント/D	安定化エネルギー /kJ mol^{-1}
I_2	C_6H_6	0.7	5.4
I_2	Et_3N	6.9	51.1
p-ベンゾキノン	ヒドロキノン	—	12.2

例題 3

氷の中で水素結合はどのような役割を果たしているか，説明せよ．

[解答] それぞれの H_2O 分子が，酸素原子の結合方向が正四面体型となる形で，H–O⋯H の水素結合を形成する．液体の水中でも同様の水素結合を形成する．水中よりも氷の中の方が構造上の規則性は高く，規則正しい構造をとる．そのため，凍ると液体のときより約 9% 体積が増加する．そのため，例えば 0°C では氷の密度は水より小さくなり，水に浮く．

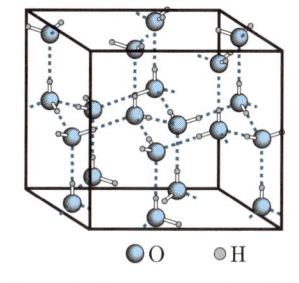

図 **5.8** 氷の中の水分子の水素結合

問題

5.8 水の中でも氷の中でも水素結合が働いていることはどのようにしてわかるか．

5.9 もし H_2O に水素結合が働かないとすると，沸点はどれくらいになると考えられるか．また，水と氷の密度はどちらの方が大きくなると考えられるか．

5.10 下の現象 (a) と (b) はいずれも水素結合によるものである．どのような水素結合によるものか，説明せよ．
   (a) フッ化水素の沸点が他のハロゲン化水素よりも高い．
   (b) 酢酸の分子量を凝固点降下法で測定すると本来の分子量よりも大きい．

5.11 人類が初めてつくり出した合成繊維である 6,6-ナイロンの構造を下に示す．6,6-ナイロンはアミド結合でつながったポリアミド構造をしていて，非常に丈夫な繊維である．その丈夫さは分子間の水素結合によるものと考えられている．どのように水素結合が働くのか説明せよ．

5.5 結晶とその形

● **結晶とその構造** ● 結晶はイオン結晶，金属結晶，共有結合結晶，分子結晶，水素結合結晶などに分類することができる．結晶の内部の原子の配列の様式はごく限られた結晶形によって分類されている．簡単のために1種類の原子からなる結晶を考えると，各原子の位置を点で示してできる三次元の網目状の格子を空間格子，それぞれの点を格子点，空間格子の最小繰り返し単位を単位格子とよぶ．単位格子は3本の稜の長さ a, b, c とそれぞれのなす角度 α, β, γ で規定され，これらの値は格子定数とよばれる（図 5.9）．

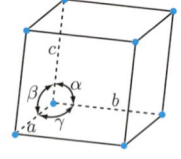

図 5.9　単位格子

結晶の内部構造はX線回折法により明らかにできる．図 5.10 のように波長 λ のX線が結晶の格子面に角度 θ で入射するとき，2本のX線の行路差は，格子面間距離を d とすると反射されたX線が干渉して強め合うのは次の式がみたされるときである．これをブラッグの反射の式という．

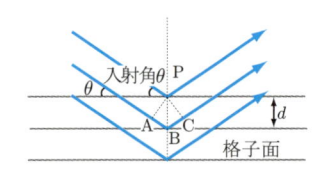

図 5.10　ブラッグの反射の条件

$$2d\sin\theta = n\lambda \quad (n = 1, 2, 3, \cdots) \tag{5.5}$$

この式から面間隔が求められ，単位格子の格子定数を決めることができる．

代表的な結晶格子には，体心立方格子，面心立方格子，六方最密格子（図 5.11）などがある．多くの金属やイオン結晶はこれらの結晶格子である．

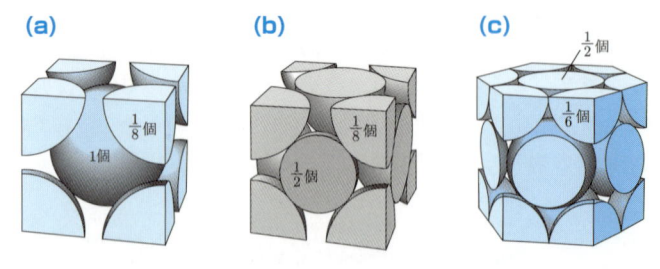

図 5.11　代表的な結晶格子　体心立方格子 (a)，面心立方格子 (b)，六方最密格子 (c)

例題 4

結晶格子には特定の原子を結ぶことによってできる結晶面が存在する．単純立方格子を例にとって結晶面を考えることができる．格子定数を a としたとき，以下の各面間の距離はどのように表されるか．

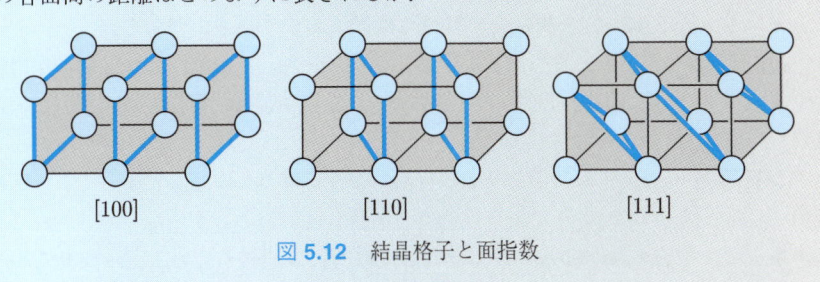

図 5.12 結晶格子と面指数

解答 [100] 面間の距離は格子定数と同じなので a．

[110] 面間の距離は底面の対角線の長さの半分に等しいので $\frac{\sqrt{2}}{2}a$．

[111] 面間の距離は立方体の一番長い対角線（体対角線）の 3 分の 1 なので $\frac{\sqrt{3}}{3}a$．

このように，結晶面を整数の組で表したものをミラー指数，その面をミラー面という．

問題

5.12 体心立方格子において，各原子が互いに接しているとして以下の問に答えよ．

(1) 単位格子の中に含まれる原子の数はいくらか．

(2) 単位格子の長さ a を原子半径 r で表せ．

(3) 単位格子の体積を r で表せ．

(4) 単位格子の中で，原子で占められている体積は何％か．

5.13 面心立方格子について，問題 5.12 と同じ問に答えよ．

5.14 (1) 図 5.10 のように X 線が反射するとき

$$AB + BC = 2d\sin\theta$$

と表されることを示せ．

(2) (1) の結果をもとに，異なる結晶面で反射した X 線が強め合う干渉を起こして回折図形が観測されるためには (5.5) がみたされるときであることを示せ．

5.6 金属結合と金属結晶

　自由電子が正電荷をもつ金属イオンを規則正しく結び付けているような結合を金属結合という（図 5.13）．金属結合の特徴には以下のようなものがある．
(1) 金属光沢がある，(2) 熱や電気の伝導性が高い，(3) 光や熱によって電子が飛び出しやすい，(4) 展性（平たく箔状に引き伸ばされる）や延性（細長く線状に引き伸ばされる）に富んでいる，(5) 密度が大きい．

• **バンド理論** •　金属の固体としての特徴的な性質はバンド理論によってより明確に説明される．図 5.14 のように結合性軌道と反結合性軌道の数が増加して許される軌道のエネルギー準位の数が非常に多くなり，近似的には連続しているとみなせるようになる．これによって Li 金属は高い電気伝導性をもつようになる．

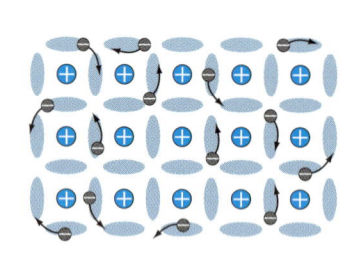

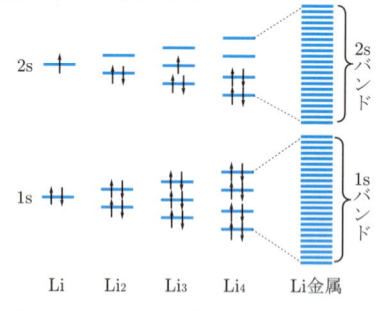

図 5.13　金属結合と自由電子の模式図

図 5.14　リチウム金属のバンドの形成

• **金属結晶** •　金属原子は球対称の構造で，それが結晶として最も密に詰まった構造をとるため密度が高い．金属の結晶格子は体心立方格子，面心立方格子，六方最密格子（図 5.11）のどれかをとる場合が多い．

• **最密充填と充填率** •　金属原子を最もすき間なく詰める詰め方は球の配列様式によって六方最密充填と立方最密充填の 2 種類である（図 5.15）．単位空間に占める球の割合を充填率という．充填率は以下の式で示される．

$$\text{充填率} = \frac{\text{球の占める体積}}{\text{単位格子の体積}} \times 100 \tag{5.6}$$

　六方最密充填，立方最密充填の充填率は等しく 74% である．一方，体心立方格子の充填率は 68% である．

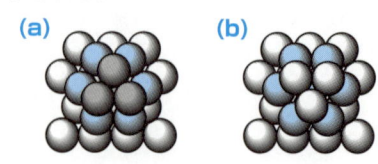

図 5.15　立方最密充填 (a) と六方最密充填 (b)

5.6 金属結合と金属結晶

― 例題 5 ―

銅は面心立方格子として結晶になる．以下の問に答えよ．
(1) 単位格子あたりの質量を求めよ．
(2) 銅の密度を $8.96\,\mathrm{g\,cm^{-3}}$（20°C）とすると，単位格子の体積はいくらになるか．

解答 (1) 銅の原子量は 63.55，単位格子あたり 4 個の原子があるので，単位格子あたりの質量は

$$\frac{4 \times (63.55\,\mathrm{g\,mol^{-1}})}{6.022 \times 10^{23}\,\mathrm{mol^{-1}}} = 4.22 \times 10^{-22}\,\mathrm{g}$$

(2) 単位格子あたりの質量と密度から格子の体積は

$$\frac{4.221 \times 10^{-22}\,\mathrm{g}}{8.96\,\mathrm{g\,cm^{-3}}} = 4.73 \times 10^{-23}\,\mathrm{cm^3}$$

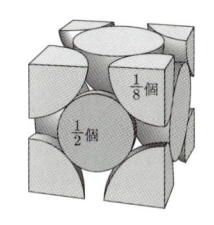

図 **5.16** 銅の結晶格子

問題

5.15 例題 5 の結果から，単位格子の 1 辺の長さを求め，その結果から銅原子を球と考えてその半径を求めよ．

5.16 金属に特有の展性や延性は自由電子の働きによるものである．自由電子がどのように働くと展性や延性が出るのか，説明せよ．

5.17 銅とナトリウムはいずれも金属結合で結ばれている．ナトリウムは銅よりも柔らかい．このことを金属結合の観点から説明せよ．

5.18 ニッケルの結晶は面心立方格子の構造をとり，$a = 351.8\,\mathrm{pm}$ である．以下の問に答えよ．
 (1) ニッケル原子が球であるとしてその半径を求めよ．
 (2) ニッケルの密度を求めよ．

5.19 鉄は密度が $7.8740\,\mathrm{g\,cm^{-3}}$ で，鉄原子の半径は $126\,\mathrm{pm}$ である．鉄は体心立方格子をとることが知られている．以下の問に答えよ．
 (1) 単位格子の 1 辺の長さを求めよ．
 (2) 単位格子の辺の長さから格子の体積を求めよ．
 (3) 単位格子の体積と密度とから単位格子の質量を求めよ．
 (4) 単位格子の質量と鉄原子 1 個の質量とを比較して，単位格子中に鉄原子が 2 個含まれることを示せ．

5.7 イオン結合とイオン結晶

陽イオンと陰イオンとの間に働くクーロン力による結合を イオン結合 という．イオン結合はイオン化エネルギーの小さい原子と電子親和力の大きな原子との間に生じやすい．

• **イオン結合のエネルギー** • 静電引力によって引き付けられたイオン間には，イオン間の距離を r として以下の静電的なポテンシャル U が生じる．

$$U = -\frac{e^2}{4\pi\varepsilon_0 r} \tag{5.7}$$

陽イオンと陰イオンが近付いてイオン結合ができるとき静電的な引力だけでなく，反発力も生じる．反発力は b/r^n で与えられる．b と n はイオンの種類によって決まる定数である．両イオンの電荷を z_+, z_- とするとイオン結合のポテンシャルエネルギーは以下のように書ける．

$$U(r) = -\frac{z_+ z_- e^2}{4\pi\varepsilon_0 r} + \frac{b}{r^n} \tag{5.8}$$

• **イオン結晶とその構造** • イオン結合により構成されている固体を イオン結晶 とよぶ．イオン結晶は全方位型のイオン結合でつながったイオンによって構成されるため，繰返し単位が3次元的につながった構造となっている．反対符号のイオン同士ができるだけ多く接近して配置しようとする．

1価のイオン結晶は 塩化ナトリウム（NaCl）型 か 塩化セシウム（CsCl）型 のどちらかの結晶構造をとることが多い（図 5.17）．

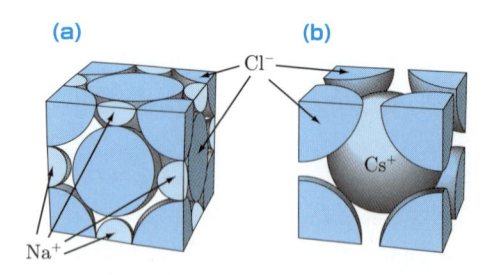

図 5.17 NaCl (a) と CsCl (b) のイオン結晶の構造

5.7 イオン結合とイオン結晶

― 例題 6 ―

NaCl 型の結晶構造は，Cl^- を面心立方格子の形に並べたとき，Na^+ は立方体の各辺の中点と立方体の中心に置いた形になっている．NaCl 型の結晶について以下の問に答えよ．

(1) 単位格子あたりの Na^+ と Cl^- の数はそれぞれいくつか．

(2) Na^+ のイオン半径を r_1，Cl^- のイオン半径を r_2 としたとき，Na^+ と Cl^- とが接し，Cl^- と Cl^- が接しないのは，r_1 と r_2 がどのような条件をみたすときか．

[解答] (1) Cl^- イオンは面心立方格子なので，単位格子あたり 4 個含まれる．Na^+ イオンは辺の中心にあるものが 12 個と立方体の中心に 1 個あるので，$12 \times (1/4) + 1 = 4$ 個．どちらも 4 個ずつ含まれている．

(2) 単位格子の立方体の辺方向に Na^+ と Cl^- が接しているので

$$2(r_1 + r_2) = a \quad \cdots ①$$

また，面心立方格子を形成するためには，面上の対角線方向に Cl^- が隣接する Cl^- と接しないことが必要であるので，（対角線の長さ）$> 4r_2$，つまり

$$\sqrt{2}a > 4r_2 \quad \cdots ②$$

となることが必要である．$\sqrt{2} \times ②$ に ① を代入して $2(r_1 + r_2) > 2\sqrt{2}r_2$ より

$$r_1 > (\sqrt{2} - 1)r_2$$

問題

5.20 塩化ナトリウムのようなイオン結晶は金槌でたたくような強い衝撃を与えると簡単に崩れるが，純金は金属結合でできていて，たたくとつぶれながら延び，広がって金箔になる．イオン結合と金属結合のモデルの図（図 **5.11** と図 **5.15**）を参考にして，イオン結合と金属結合の衝撃に対する変化の違いを説明せよ．

5.21 CsCl は体心立方格子の頂点を Cl^- が，体心を Cs^+ が占める構造をしている（図 **5.17**）．

(1) 単位格子中に Cl^- と Cs^+ はそれぞれ何個含まれるか．

(2) Cs^+ は何個の Cl^- に囲まれているか．

(3) Cs^+ のイオン半径を r_1，Cl^- のイオン半径を r_2 とすると，Cs^+ と Cl^- とが接し，Cl^- と Cl^- が接しないのは，r_1 と r_2 がどのような条件をみたすときか．

6 物質の三態と化学ポテンシャル

6.1 気体の性質

● **理想気体の状態方程式** ● 物質量 $n\,\mathrm{mol}$ の理想気体の状態方程式は，圧力 P，体積 V，絶対温度 T の 3 つの変数を用いて次式で表される．

$$PV = nRT \tag{6.1}$$

ここで R は気体定数とよばれる，物質によらない定数で

$$R = 8.31441\,\mathrm{J\,K^{-1}\,mol^{-1}} \quad (= 8.20568 \times 10^{-2}\,\mathrm{L\,atm\,K^{-1}\,mol^{-1}})$$

と表記される．$1\,\mathrm{mol}$ あたりの体積（モル体積）を V_m とすると (6.1) は

$$PV_\mathrm{m} = RT \tag{6.2}$$

と表され，$273.15\,\mathrm{K}\,(= 0^\circ\mathrm{C})$，$1.01325 \times 10^5\,\mathrm{Pa}\,(= 1\,\mathrm{atm})$ において

$$V_\mathrm{m} = 0.022414\,\mathrm{m^3\,mol^{-1}} \quad (= 22.414\,\mathrm{L\,mol^{-1}})$$

である．P, V_m, T の関係は図 **6.1** の曲面上の点の集合となる．PVT 曲面の一定温度 T における断面は直角双曲線（等温線）となり，ボイルの法則を示す．PVT 曲面の一定圧力 P における断面は直線（等圧線）となり，シャルル–ゲイリュサックの法則を示す．この直線を低温方向に伸ばすとすべて $T = 0, V = 0$ を通過する．

● **気体分子運動論** ● 1 辺の長さ l，体積 V の立方体の容器に，質量 m の分子 N 個からなる理想気体の圧力 P は

$$P = \frac{Nm\overline{u^2}}{3V} \tag{6.3}$$

と表される．ここで $\overline{u^2}$ は 1 つの気体分子の速度を u_i としたときの，N 個の分子の u_i^2 の平均である．$n\,\mathrm{mol}$ の気体分子の並進エネルギー $\overline{E}$ は

$$\overline{E} = \frac{1}{2}m\overline{u^2} \times N = \frac{3}{2}PV = \frac{3}{2}nRT \tag{6.4}$$

となる．気体分子 1 個の平均運動エネルギー $\overline{\varepsilon}$ は，アボガドロ定数 N_A を用いて

$$\overline{\varepsilon} = \frac{1}{2}m\overline{u^2} = \frac{3R}{2N_\mathrm{A}}T = \frac{3}{2}kT \tag{6.5}$$

となり，k はボルツマン定数 $(= R/N_\mathrm{A} = 1.380649 \times 10^{-23}\,\mathrm{J\,K^{-1}})$ とよばれる．(6.4) から理想気体では平均運動エネルギーが気体の種類によらず，温度だけで決まり，絶対温度に比例することが示される（ジュールの法則）．

6.1 気体の性質

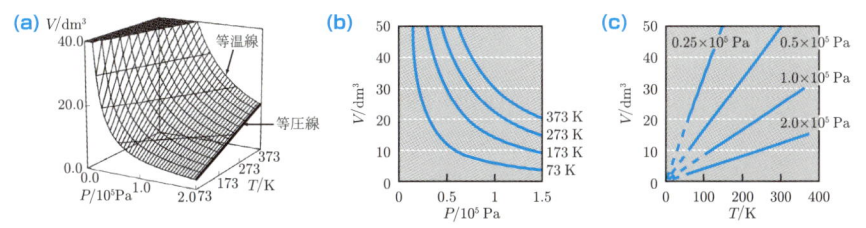

図 6.1 理想気体分子 1 mol の PVT 曲面 (a) とその等温線 (b) と等圧線 (c)

例題 1

質量 m の理想気体分子 N 個が入った，1 辺の長さ l，体積 V の立方体の容器がある（図 6.2）．1 つの分子の速度を $u_i = (u_{xi}, u_{yi}, u_{zi})$ としたとき，気体の圧力 P が N 個の分子の u_i^2 の平均 $\overline{u^2}$ を用いて，(6.3) で表されることを導出せよ．

[解答] yz 平面への圧力を求めるため x 軸方向の速度成分 u_{xi} を考える．気体分子 1 個が，1 回の完全弾性衝突で壁から受ける力積は運動量変化 $2mu_{xi}$ に等しい．分子が反対の壁にあたって再び戻ってくる時間は $2l/u_{xi}$ であるので，単位時間あたりの運動量変化は，mu_{xi}^2/l である．これの N 個の分子の運動量変化の総和は，単位時間に壁が受ける平均の力 F_x に等しいので

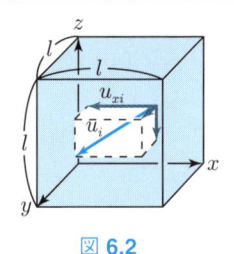

$$F_x = \sum_{i=1}^{N} 2mu_{xi} \times \frac{u_{xi}}{2l} = \frac{m}{l}\sum_{i=1}^{N} u_{xi}^2$$

となる．N 個の分子の u_{xi}^2 の平均 $\overline{u_{xi}^2}$ を用いて表すと

$$F_x = \frac{mN}{l}\overline{u_{xi}^2}$$

となる．$\overline{u^2} = \overline{u_{xi}^2} + \overline{u_{yi}^2} + \overline{u_{zi}^2}$ であり，理想気体は無秩序に運動しているので，$\overline{u_{xi}^2} = \overline{u_{yi}^2} = \overline{u_{zi}^2}$ より，$\overline{u_{xi}^2} = \frac{1}{3}\overline{u^2}$ となる．よって

$$F_x = \frac{Nm\overline{u^2}}{3l}$$

が導出される．気体の圧力 P は F_x/l^2 で，$l^3 = V$ であるので，(6.3) が得られる．

図 6.2

問題

6.1 気体定数 $R = 8.31446\,\mathrm{J\,K^{-1}\,mol^{-1}}$ を単位換算して $\mathrm{L\,atm\,K^{-1}\,mol^{-1}}$ で表せ．

6.2 1 atm は高さ 76 cm の水銀柱がおよぼす圧力で定義される．Hg の密度を $13.595\,\mathrm{g\,cm^{-3}}$，重力加速度を $9.8067\,\mathrm{m\,s^{-2}}$ とし，$760\,\mathrm{mmHg} = 1.013 \times 10^5\,\mathrm{Pa}$ を導出せよ．

6.3 25°C, 1 atm において 1 mol の気体は何 L か．

6.4 25°C における理想気体 1 分子と 1 mol の並進エネルギー $\overline{\varepsilon}$, $\overline{E}$ を求めよ．

6 物質の三態と化学ポテンシャル

● **気体分子の速さ** ● 　気体分子の平均の速さ $\sqrt{\overline{u^2}}$（根平均 2 乗速度）は気体の分子量 M を用いて次式で表される．

$$\sqrt{\overline{u^2}} = \sqrt{\frac{3RT}{M \times 10^{-3}}} \tag{6.6}$$

この式は，気体分子の平均の速さは温度の平方根 $\sqrt{T}$ に比例し，気体の分子量の平方根 $\sqrt{M}$ に逆比例することを示している．

● **グラハムの法則** ● 　同温・同圧において気体が細孔から流出するとき，単位時間あたり流出する気体分子の数は，分子量の平方根 $\sqrt{M}$ に逆比例する（グラハムの法則）．流出する気体分子の数は気体分子の速さ u に比例し，同じ体積の気体が流出するのに要する時間 t は u に反比例するので，2 種類の気体分子 1, 2 について次式が成り立つ．

$$\frac{t_1}{t_2} = \frac{u_2}{u_1} = \sqrt{\frac{M_1}{M_2}} \tag{6.7}$$

● **マクスウェル–ボルツマン分布** ● 　気体分子の速さ u には分布がある．この分布を表す式はマクスウェル–ボルツマンの速度分布則とよばれ，速度分布関数 $F(u)$ によって速さ u の分子の割合がわかる．

$$F(u) = 4\pi u^2 \left(\frac{m}{2\pi kT}\right)^{3/2} \exp\left(-\frac{mu^2}{2kT}\right) \tag{6.8}$$

m は気体分子の質量である．$F(u)$ の指数関数部分において運動エネルギー $\frac{1}{2}mu^2$ を ε とおくと，$\exp\left(-\dfrac{\varepsilon}{kT}\right)$ という表現になる．これをボルツマン因子とよぶ．温度が上昇すると，平均速度の上昇とともに，速さの分布の幅が広くなる．分子量が小さい気体になれば，平均速度の上昇とともに，速さの分布が広くなる．これらの速度分布関数 $F(u)$ の $0 \to \infty$ の積分値はすべて 1 で等しい．

$$\int_0^\infty F(u)du = 1$$

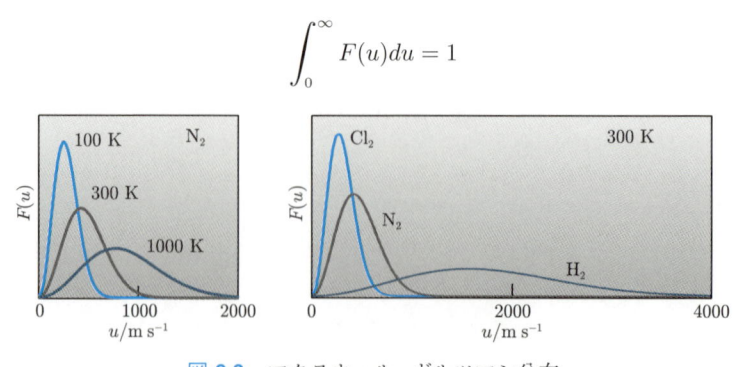

図 **6.3**　マクスウェル–ボルツマン分布

6.1 気体の性質

---**例題 2**---

気体分子の根平均 2 乗速度 $\sqrt{\overline{u^2}}$ は温度 T と気体の分子量 M を用いて (6.6) のように表されることを導出して，グラハムの法則について説明せよ．

解答 気体分子運動論より導き出される (6.4) より (6.6) は導出される．

$$\overline{u^2} = \frac{3RT}{mN_A} \quad \text{より} \quad \sqrt{\overline{u^2}} = \sqrt{\frac{3RT}{mN_A}} = \sqrt{\frac{3RT}{M \times 10^{-3}}}$$

単位時間あたり流出する気体分子の数 n は，気体分子の速さ u に比例するので，2 種類の気体分子の間に成り立つグラハムの法則が導出される．

$$\frac{n_2}{n_1} = \frac{u_2}{u_1} = \sqrt{\frac{3RT}{M_2 \times 10^{-3}}} \Big/ \sqrt{\frac{3RT}{M_1 \times 10^{-3}}} = \sqrt{\frac{M_1}{M_2}}$$

---**例題 3**---

マクスウェル – ボルツマンの速度分布則の極大点を与える速度 u を求めよ．

解答 速度分布関数 $F(u)$ を u で微分すると

$$\frac{dF(u)}{du} = 4\pi \left(\frac{m}{2\pi kT}\right)^{3/2} \left\{ 2u \exp\left(-\frac{mu^2}{2kT}\right) + u^2 \left(-\frac{mu}{kT}\right) \exp\left(-\frac{mu^2}{2kT}\right) \right\}$$

$$= 4\pi u \left(\frac{m}{2\pi kT}\right)^{3/2} \left(2 - \frac{mu^2}{kT}\right) \exp\left(-\frac{mu^2}{2kT}\right)$$

$\frac{dF(u)}{du} = 0$ となる u で極大値をとるので，$2 - \frac{mu^2}{kT} = 0$ より

$$u = \sqrt{\frac{2kT}{m}} = \sqrt{\frac{2RT}{M \times 10^{-3}}}$$

この u を最大確率速度とよぶ．これは根平均 2 乗速度より小さいが，温度の平方根 $\sqrt{T}$ に比例し，気体の分子量の平方根 $\sqrt{M}$ に逆比例することは同じである．

――― **問 題** ―――

6.5 25°C における二酸化炭素分子(分子量 44.0)の根平均 2 乗速度 $\sqrt{\overline{u^2}}$ は何 $\mathrm{m\,s^{-1}}$ か．

6.6 太陽 (6000°C) と地球 (25°C) 上におけるヘリウムの速さの比の値を求めよ．

6.7 水素，窒素，塩素分子の根平均 2 乗速度の比を求めよ．

6.8 細孔のある容器に窒素分子を閉じこめたところ，40 cm³ の気体が 30 s で流出した．同温，同圧において同じ容器に，ある等核二原子分子を入れたところ，同じ体積が流出するのに 48 s かかった．この二原子分子を答えよ．

6.9 気体分子の速さの平均 $\overline{u}$ （期待値）は次式で表される．これを導出せよ．

$$\overline{u} = \int_0^\infty u F(u) du \Big/ \int_0^\infty F(u) du = \sqrt{\frac{8RT}{\pi M \times 10^{-3}}}$$

● **ボルツマン分布** ● ボルツマン因子は，気体分子の速度分布だけでなく，粒子のもつ全エネルギーが一定である状態（熱平衡状態）における粒子のエネルギー分布を決める．これを<u>ボルツマン分布則</u>という．粒子が熱平衡状態にあるとき，2 つの状態 i と j のエネルギー準位を ε_i および $\varepsilon_j (\varepsilon_i < \varepsilon_j)$ とすると，2 つの状態にある粒子の数（<u>占有数</u>）の比 N_j/N_i は，エネルギー差 $\Delta\varepsilon = \varepsilon_j - \varepsilon_i$ を用いて

$$\frac{N_j}{N_i} = \exp\left(-\frac{\varepsilon_j - \varepsilon_i}{kT}\right) = \exp\left(-\frac{\Delta\varepsilon}{kT}\right) \tag{6.9}$$

と表される．$\Delta\varepsilon \gg kT$ の場合，占有数の比は 0 となり，上のエネルギー準位にある粒子はほとんどないことを示す．逆に，$\Delta\varepsilon \ll kT$ の場合，占有数の比は 1 となり，2 つのエネルギー準位にある粒子数はほぼ等しい．粒子 1 mol あたりのエネルギーを考えて，2 つの状態のエネルギー差を $\Delta E\,\mathrm{J\,mol^{-1}}$ とすれば，気体定数 $R\,(= kN_\mathrm{A})$ を用いて

$$\frac{N_j}{N_i} = \exp\left(-\frac{\Delta E}{RT}\right) \tag{6.10}$$

と表すこともできる．すべての状態の粒子数の和を N とすると，エネルギー値 ε_i をもつ状態の割合は次式で与えられる．

$$\frac{N_i}{N} = \frac{1}{q}\exp\left(-\frac{\varepsilon_i}{kT}\right) \tag{6.11}$$

q は，エネルギーが最も低い状態の占有数を 1 としたときの，すべての状態の相対的占有数の和であり，<u>分配関数</u>とよばれる．エネルギーが最も低い状態の占有数を 1 とすることは，ボルツマン因子の中のエネルギー値を 0（基準）とすることを意味する．

$$q = 1 + \exp\left(-\frac{\varepsilon_i}{kT}\right) + \exp\left(-\frac{\varepsilon_j}{kT}\right) + \exp\left(-\frac{\varepsilon_k}{kT}\right) + \cdots \tag{6.12}$$

分配関数は，熱平衡状態においてエネルギー準位の下からいくつが占有されているかの指標である（例題 4 を参照）．同じエネルギー値をもつ異なる状態（縮退している状態）の数 g_i を考慮したボルツマン分布則は

$$\frac{N_i}{N} = \frac{g_i}{q}\exp\left(\frac{\varepsilon_i}{kT}\right), \quad q = \sum_i g_i \exp\left(\frac{\varepsilon_i}{kT}\right) \tag{6.13}$$

となる．縮退がある場合，占有数の比 N_j/N_i は，次式のようになる．

$$\frac{N_j}{N_i} = \frac{g_j}{g_i}\exp\left(-\frac{\Delta\varepsilon}{kT}\right) \tag{6.14}$$

例題 4

以下の条件における，等エネルギー間隔で縮退のないボルツマン分布の分配関数 q を求め，1番下を0として $0 \sim 15\,\mathrm{kJ\,mol^{-1}}$ の間で N_i/N をグラフにせよ．

(1) 1000 K において，エネルギー間隔が $1\,\mathrm{kJ\,mol^{-1}}$
(2) 300 K において，エネルギー間隔が $1\,\mathrm{kJ\,mol^{-1}}$
(3) 300 K において，エネルギー間隔が $5\,\mathrm{kJ\,mol^{-1}}$

解答 エネルギーの最も低い状態から順に $i=1,2,3,\cdots$ とする．

(1) 1000 K においてエネルギー間隔が $1\,\mathrm{kJ\,mol^{-1}}$ の場合，i 番目と $i+1$ 番目の状態の粒子数の比はすべて

$$\frac{N_{i+1}}{N_i} = \exp\left(-\frac{\Delta E}{RT}\right) = \exp\left(-\frac{1000}{8.31 \times 1000}\right) = 0.886$$

である．1番目の状態の占有数を1とすると，2番目は 0.886，3番目は $(0.886)^2$ となる．$1\sim\infty$ までの状態の相対的占有数の和 q は，初項1，公比 0.886 の無限等比級数となり

$$q = 1 + 0.886 + (0.886)^2 + (0.886)^3 + \cdots = \frac{1}{1-0.886} = 8.8$$

分配関数は 8.8 である．$N_1/N = 1/8.8 = 11\%, N_2/N = 10\%, \cdots, N_{16}/N = 2\%$ と計算できる．

(2) 300 K においてエネルギー間隔が $1\,\mathrm{kJ\,mol^{-1}}$ の場合，$N_{i+1}/N_i = 0.67, q = 3.0$
(3) 300 K においてエネルギー間隔が $5\,\mathrm{kJ\,mol^{-1}}$ の場合，$N_{i+1}/N_i = 0.13, q = 1.1$

エネルギー準位を占める粒子の割合をグラフにすると図 6.4 のようになる．温度が高くなると上の準位まで占有されるようになり，分配関数の値も大きくなる．エネルギー間隔が広くなると，ほとんど一番低いエネルギー準位だけが占有されることになる．

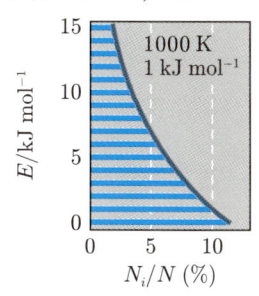

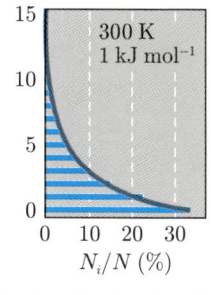

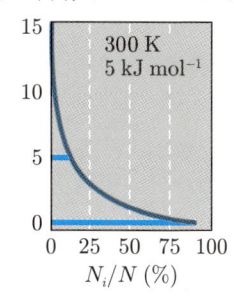

図 6.4 ボルツマン分布

問題

6.10 室温 300 K における kT の値は $4\times10^{-21}\,\mathrm{J}$ であり，ボルツマン分布の目安となる．

(1) 室温 300 K における 1 mol あたりのエネルギー値である RT を求めよ．
(2) $\Delta\varepsilon$ が $100\,kT, 10\,kT, kT, 10^{-1}kT, 10^{-2}kT$ の場合の N_{i+1}/N_i を求めよ．

● **実在気体** ● 温度 T において，$n\,\mathrm{mol}$ の実在気体の圧力 P' と体積 V' は，圧力と体積に補正項を含むファンデルワールスの状態方程式で次式のように表される．

$$\left\{P' + a\left(\frac{n}{V'}\right)^2\right\}(V' - nb) = nRT \tag{6.15}$$

a は分子間力の大きさに関係する定数で，n/V' は気体の濃度であるので，気体分子間の相互作用による圧力の減少は気体濃度の 2 乗に比例することを意味している．b は排除体積とよばれ，他の分子が入り込めない空間の体積のことである．気体分子の直径を d とすると，気体分子 1 個あたりの排除体積は $2\pi d^3/3$ である．モル体積 V'_m を用いるとファンデルワールスの状態方程式は簡単になる．

$$\left(P' + \frac{a}{V'^2_\mathrm{m}}\right)(V'_\mathrm{m} - b) = RT \tag{6.16}$$

(6.16) を P' について解く．

$$P' = \frac{RT}{V'_\mathrm{m} - b} - \frac{a}{V'^2_\mathrm{m}} \tag{6.17}$$

この式は，$P' = 0$ と $V' = b$ が漸近線となる双曲線（図 6.5）を示す．温度が高いときは単調減少となりボイルの法則と同じ形になるが，温度が低くなってくると，双曲線中に極小と極大点が生じる．この近辺の体積では気体と液体が共存しており，体積が変化しても圧力は変化しない（図中の青線）．ファンデルワールスの状態方程式の適用限界である．

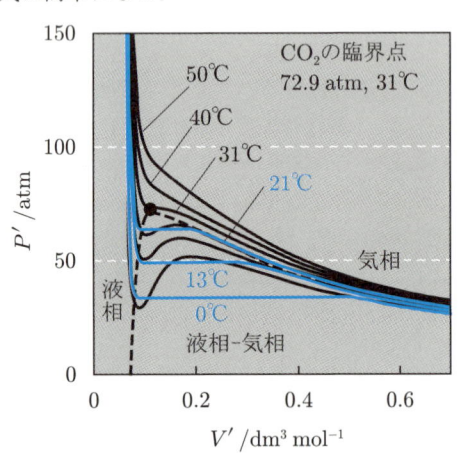

図 6.5　CO_2 の等温線

● **圧縮因子** ● 実在気体の理想気体からのずれは圧縮因子 Z で与えられる．

$$Z = \frac{P'V'}{nRT} = \frac{P'V'_\mathrm{m}}{RT} \tag{6.18}$$

理想気体では $Z = 1$ で一定である．実在気体の Z は，(6.17) を (6.18) に代入すると

$$Z = \frac{V'}{V' - nb} - \frac{a}{RT}\frac{n}{V'} = \frac{V'_\mathrm{m}}{V'_\mathrm{m} - b} - \frac{a}{RTV'_\mathrm{m}} \tag{6.19}$$

となる．圧力 P' を変化させたときの Z の変化は図 6.6 のようになる．どの気体も，大気圧近辺（0.1 MPa, 298 K）では理想気体として取り扱えるが，高圧の条件下では，排除体積 b の効果により Z の値は 1 より大きくなる．室温以下の温度で圧力を上昇させると，相互作用 a の効果により 0〜30 MPa 付近で Z の値が 1 より小さくなる気体がある．分子量の大きな気体や，低温において顕著である．

6.1 気体の性質

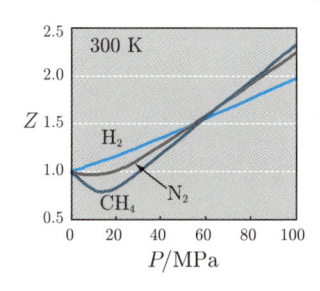

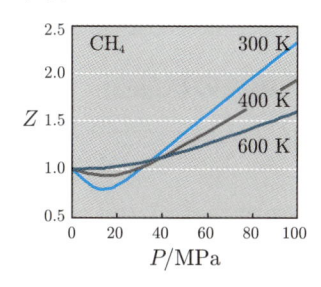

図 6.6 圧縮因子 Z の圧力変化

---**例題 5**---

ファンデルワールスの状態方程式 (6.15) の補正項について説明せよ．

解答 温度 T における n mol の実在気体の圧力 P' と体積 V' の数値を理想気体の状態方程式にそのまま代入すると，$P'V' \neq nRT$ となる．その理由と状態方程式を成立させるための P' および V' に対する補正項の意味を以下に示す．

- 実在気体の圧力 P' は，気体分子間の相互作用により理想気体の圧力より低くなっているため，圧力 P' に補正分 $a(n/V')^2$ を加えて理想気体の状態方程式の圧力項に代入する．
- 実在気体の体積 V' は，気体分子自身の体積 b を含んでいるため，"理想気体として振る舞える体積"（$V' - nb$）を理想気体の状態方程式の体積項に代入する．

問題

6.11 排除体積 $b = 2\pi d^3/3$ を導出し，分子の実体積の 4 倍であることを示せ．

6.12 4 K における液体ヘリウム（モル質量 4.00 g mol^{-1}）の密度は 0.145 g cm^{-3} である．1 mol の液体ヘリウムの体積が排除体積に等しいと仮定して，ヘリウム分子のファンデルワールス半径を求めよ．

6.13 10.00 g の CO_2（モル質量 44.0 g mol^{-1}）は 323 K, 93.1 cm^3 である．以下の条件において圧力を計算し，実測値 50 atm と比較して論述せよ．(1) 理想気体，(2) ファンデルワールスの状態方程式（$a = 0.366$ Pa m^6 mol^{-2}, $b = 4.29 \times 10^{-5}$ m^3 mol^{-1}）

6.14 CO_2 を 31°C で圧縮していくと 72.9 atm において気体と液体の体積が等しくなる．この点を臨界点とよび，そのときの PVT を臨界圧力 P_c, 臨界体積 V_c, 臨界温度 T_c とよぶ（p.64 参照）．臨界点において等温線は停留点（1 次微分，2 次微分ともに 0）となることを用いて，P_c, V_c, T_c をファンデルワールスの状態方程式の a, b を用いて表せ．また，CO_2 のファンデルワールスの状態方程式の a, b（$a = 0.366$ Pa m^6 mol^{-2}, $b = 4.29 \times 10^{-5}$ m^3 mol^{-1}）を代入して P_c, T_c を計算せよ．

6.15 図 6.6 において，Z の値が 1 からずれる理由について説明せよ．

6.2 純物質の状態図

● **状態の変化** ● 物質は気体, 液体, 固体の 3 つの状態に分類できる. これを**物質の三態**という. このように異なる存在状態を**相**とよび, 3 つの状態を**気相**, **液相**, **固相**とよぶ (図 **6.7**). 温度を変化させたり, 圧力を変化させたりすると, ある相から別の相に変化する. これを**相転移**という.

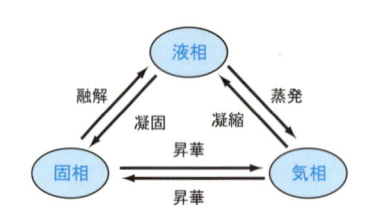

図 6.7 物質の三態と相転移の名称

図 6.8 水の蒸気圧曲線

外部圧一定において, 体積が可変の容器に入った純物質を加熱して状態変化させる場合, 異なる相が共存するときには温度変化は生じない. 固体と液体が共存する温度が融点であり, 液体と気体が共存する温度が沸点である. 融点において固体を融解するために加えられた熱量を**融解熱**といい, 沸点において液体をすべて蒸発するために加えられた熱量を**蒸発熱**（**気化熱**）という. 固体から気体, 気体から固体の変化はともに**昇華**という. 固体が昇華するときに加えられた熱量を**昇華熱**といい, 融解熱と蒸発熱の和に等しい.

● **蒸気圧曲線** ● 様々な一定外圧 P に対して液相と気相が共存できる温度 T をグラフにしたものが**蒸気圧曲線**（図 **6.8**）である. 蒸気圧曲線より下側の点では気相のみが存在し, 上側の点においては液相のみが存在する. 外圧が蒸気圧より低ければ, ピストンは液体がすべて気体になるまで押されていき, 外圧が蒸気圧より高ければ, 気体がすべて液体になるまでピストンは移動する. 水蒸気と水が安定に存在できるのは, 外圧が水蒸気圧に等しいときだけである. また, 一定体積の容器中で液相と気相が安定に存在している状態において, 様々な温度 T に対して内圧 P をグラフにしても蒸気圧曲線は得られる. 蒸気圧曲線上の点 (T, P) において, 気相と液相は**気液平衡**にあるという.

● **沸騰** ● 開放容器中で液体を加熱すると, 液面近くの蒸気圧は外圧（一般には大気圧）と等しくなり, 液体の表面だけでなく, 液体内部からも気化が起こる. この現象が**沸騰**である. 液体内部では大気圧に加え, 水圧も掛かっているので, 沸騰状態は気液平衡状態ではない. 沸騰状態では, 局所的に蒸気圧曲線の点よりも高い温度になっている.

6.2 純物質の状態図

---例題 6---

外部圧が 1 atm において氷 18.0 g を真空状態のピストン付き容器の中に入れ，ゆっくり同じ仕事率で加熱する．$-20°C$ の氷から $120°C$ の水蒸気にするまでの，温度−時間のグラフを描け．ただし，融解熱は $6.0 \,\mathrm{kJ\,mol^{-1}}$，蒸発熱は $40.7 \,\mathrm{kJ\,mol^{-1}}$，氷（固体），水（液体），水蒸気（気体）のそれぞれの比熱容量は，2.1, 4.2, 1.9 $\mathrm{kJ\,K^{-1}\,kg^{-1}}$ である．

解答 $-20°C$ の氷を加熱して $120°C$ の水蒸気にするまでに必要な熱量は，それぞれの過程において以下の通りである．

$-20°C$ 氷 → $0°C$ 氷 ： $2.1 \,\mathrm{kJ\,K^{-1}\,mol^{-1}} \times (273 - 253) \,\mathrm{K} \times 18.0 \times 10^{-3} \,\mathrm{kg}$
$0°C$ 氷 → $0°C$ 水 ： $6.0 \,\mathrm{kJ\,mol^{-1}} \times 1 \,\mathrm{mol}$
$0°C$ 水 → $100°C$ 水 ： $4.2 \,\mathrm{kJ\,K^{-1}\,kg^{-1}} \times (373 - 273) \,\mathrm{K} \times 18.0 \times 10^{-3} \,\mathrm{kg}$
$100°C$ 水 → $100°C$ 水蒸気 ： $40.7 \,\mathrm{kJ\,mol^{-1}} \times 1 \,\mathrm{mol}$
$100°C$ 水蒸気 → $120°C$ 水蒸気 ： $1.9 \,\mathrm{kJ\,K^{-1}\,kg^{-1}} \times (393 - 373) \,\mathrm{K} \times 18.0 \times 10^{-3} \,\mathrm{kg}$

これらをすべて加えると，求める熱量は 55.7 kJ となる．図 **6.9** の加熱時間は各過程に必要な熱量に比例している．

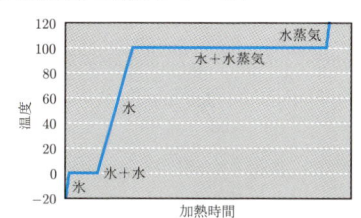

図 **6.9**
1 atm 下で加熱したときの水の状態変化

〜〜〜 **問 題** 〜〜〜

6.16 $30°C$ において体積可変の容器に水だけを入れ，温度を一定に保って以下の圧力を加えたときの状態変化を述べよ．$30°C$ における水の蒸気圧は 4.2 kPa である．
　　(1) 4.0 kPa　　(2) 4.2 kPa　　(3) 5.0 kPa

6.17 $50°C$ において $10.0 \,\mathrm{dm^3}$ の容器に，水 0.200 mol だけを入れて気液平衡となった．このとき容器内部の圧力は 12.3 kPa であった．温度を一定に保ち，この容器の内容積をゆっくりと変化させて，$5.0 \,\mathrm{dm^3}$ にした場合と $50.0 \,\mathrm{dm^3}$ にした場合のそれぞれについて容器内部の圧力を求めよ．ただし，液体の水の体積は無視せよ．

6.18 一定体積の $50.0 \,\mathrm{dm^3}$ の容器に，水 0.200 mol を入れて $30°C$ から $60°C$ まで温度変化させたときの容器内部の圧力の変化を以下の水の蒸気圧を参考にしてグラフに描け．ただし，液体の水の体積は無視せよ．

水の蒸気圧 P^*/kPa

$T/°C$	30	40	50	60
P^*/kPa	4.2	7.4	12.3	19.9

- **状態図** 固液平衡を示す融解曲線と，固気平衡を示す昇華曲線を，蒸気圧曲線と同様に求めて，同じ圧力−温度のグラフに表したものを状態図（図 6.10）という．蒸気圧曲線の説明と同じく，固相と液相が平衡に存在し得る点 (T, P) の集合が融解曲線であり，融解曲線の左側（低温側）の点では固相のみが，右側（高温側）の点は液相のみが存在する．融解曲線は，ほとんどの物質において右に傾いた直線であるが，水の場合は左に傾いた直線になる（図 6.11）．

蒸気圧曲線，融解曲線，昇華曲線は 1 点で交わる．この点を三重点という．三重点は気相，液相，固相が平衡に存在できる点であり，物質に固有の点である．「平衡に存在できる」とは，外部と熱のやりとりがなければ，3 相のまま安定に存在し続けることであり，1 atm, 25°C で，水に氷を浮かべて蒸発している状態は平衡状態ではない．三重点以下の圧力では，液相は存在することができなくなり，固相と気相の相転移，昇華だけが生じる．蒸気圧曲線の高温，高圧側で，気相と液相の密度が等しくなり，両相の界面が消滅する点を臨界点という．その点における温度は臨界温度，圧力は臨界圧力，体積は臨界体積とよばれる（p.61 参照）．それらよりも高温，高圧の領域は，超臨界流体とよばれ，一般の気体とは区別される．

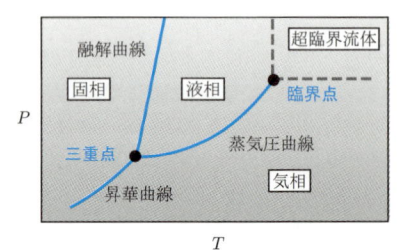

図 6.10 物質の状態図の概要

- **ギブズの相律** 安定に観測されている相（phase）の数が p である純物質の圧力と温度が決められるかどうかは，ギブズの相律を示す次の関係式でわかる．

$$f = c - p + 2 \tag{6.20}$$

f は自由度（freedom）とよばれ，温度と圧力が決定できるかどうかの指標である．c（component）は系の成分の個数であり，純物質の場合は $c = 1$ なので

$$f = 3 - p \tag{6.21}$$

例えば，2 つの相（$p = 2$）が安定に観測されている状態（蒸気圧曲線，融解曲線，昇華曲線上の点）では，$f = 1$ となり，温度か圧力のどちらか一方を指定すると，他方の値は決まることを意味している．1 つの相（$p = 1$）だけが安定に存在している状態は $f = 2$ となり，圧力を決めたとしても温度を決めることはできない．これを「$f = 2$ なので，温度，圧力の両方を自由に変えられる」と表現されることもある．ギブズの相律は，純物質でない混合物の場合にも成立し，その場合には，組成が自由度に加わる．

6.2 純物質の状態図

例題 7

水は，1 atm での沸点が 373.15 K，融点が 273.15 K である．三重点が 6.03×10^{-3} atm で 273.16 K であり，臨界圧力が 218.3 atm，臨界温度が 647 K である．これらの数値を入れて水の状態図の概略を描け．また以下の問に答えよ．
(1) 圧力を掛けると氷が溶けて水になる理由を述べよ．
(2) 水の昇華（氷 → 水蒸気，水蒸気 → 氷）の現象をあげよ．

解答 (1) 水の状態図の概略は図 **6.11** の通りで，融解曲線が左に傾いているため，三重点より少し低い温度において，固体の圧力を上昇させると液相へと相転移する．すなわち，圧力を掛けると氷は水へと融解する．

(2) 氷 → 水蒸気 は，凍結乾燥（フリーズドライ）などにおいて観測される．水分を含んだ食品などを，−30°C 程度で急速に凍結し，さらに減圧して真空状態にすると，水は昇華して食品などは乾燥する．

水蒸気 → 氷 は，よく晴れた朝，気温が −10°C 程度，無風の状態のときに発生する「細氷」（ダイヤモンドダスト）として自然界で観測される．大気中の水蒸気が昇華してできた，小さな氷の結晶が降る現象である．

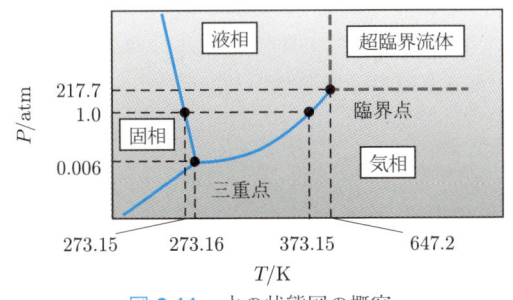

図 **6.11** 水の状態図の概容

問題

6.19 1.0 atm，374°C の水蒸気を，体積一定の条件で 100°C まで冷却したときの変化を状態図（図 **6.11**）に描き入れよ．ただし，水蒸気を理想気体とせよ．

6.20 二酸化炭素は，三重点が 5.11 atm で 216.8 K であり，臨界圧力が 72.9 atm，臨界温度が 304.2 K である．二酸化炭素の状態図の概略を描き，大気圧下でドライアイスが昇華する理由を述べよ．また，二酸化炭素を液体にするためには，圧力，温度をどのようにすればよいか答えよ．

6.21 純物質の三重点では温度も圧力も決まった値をもつ．これをギブズの相律を用いて論ぜよ．

6.22 純物質の状態において四重点が存在しないことをギブズの相律を用いて論ぜよ．

6.3 化学ポテンシャル

ある純物質が，温度 T，圧力 P においてどのような相になるかは，それぞれの相がもつ**化学ポテンシャル**（$\overset{\text{ミュー}}{\mu}$）とよばれる値で決まる．同じ物質でも，任意の点 (T, P) において，固相，液相，気相で異なる化学ポテンシャル値，$\mu_\text{固}, \mu_\text{液}, \mu_\text{気}$ をもち，3 相のうちで化学ポテンシャルの最も低い相が安定相として現れる．化学ポテンシャルの温度および圧力依存性から $\mu_\text{固}, \mu_\text{液}, \mu_\text{気}$ のいずれが最も小さい値をとるかがわかる．

$$P：一定，\quad \frac{d\mu}{dT} = -S_\text{m} \quad (6.22) \qquad T：一定，\quad \frac{d\mu}{dP} = V_\text{m} \quad (6.23)$$

① **μ の温度依存性**：圧力一定の条件下，温度が上がると μ は減少する．(図 **6.12(a)**) その減少の傾きは各相の「乱雑さ S」(後でモルエントロピー S_m という正の数値であることを学ぶ) である．$S_\text{固} < S_\text{液} < S_\text{気}$ であるので，傾きの絶対値はこの順番で大きくなる．$\mu_\text{固}$ と $\mu_\text{液}$ の直線の交点が融点 T_f であり，$\mu_\text{液}$ と $\mu_\text{気}$ の直線の交点が沸点 T_b である．

② **μ の圧力依存性**：温度一定の条件下，圧力が上がるほど μ は増加する．(図 **6.12(c)**) その傾きは各相の「モル体積 V_m」である．体積の圧力依存性が小さい $\mu_\text{固}$ と $\mu_\text{液}$ は緩やかに直線的に増加するが，$V = RT/P$ である $\mu_\text{気}$ は対数カーブを描いて増加する．

すべての温度，圧力に対して，3 相のうち最も低くなる化学ポテンシャル面を，三次元グラフで描き (図 **6.12(b)**)，状態図との関係を示すと図 **6.12** のようになる．

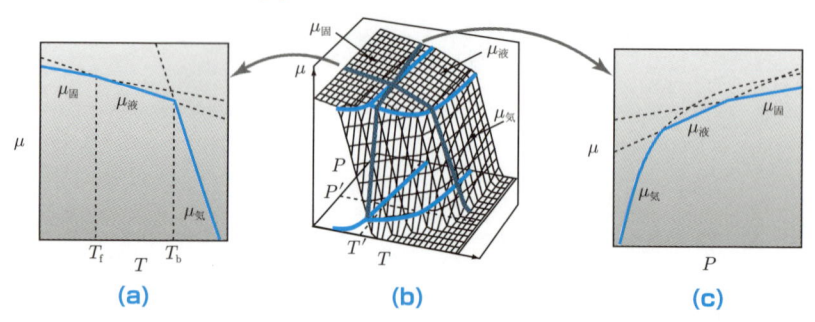

図 **6.12** 水以外の純物質の μPT 曲面と状態図とその μ-T 面 (a) と μ-P 面 (c)

3 つの面の交線を P-T 平面に射影したものが，融解曲線，蒸気圧曲線，昇華曲線である．三次元グラフの $P = P'$ の断面が図 **6.12(a)** であり $T = T'$ の断面が図 **6.12(c)** となる．

- **水の特異性**　水は，固体のモル体積 $V_\text{固}$ が液体のモル体積 $V_\text{液}$ より大きい ($V_\text{固} > V_\text{液}$) ので，水の状態図の $T = T'$ での μ-P 面において，$\mu_\text{固}$ の直線の傾きの方が $\mu_\text{液}$ の直線の傾きより大きい (図 **6.13**)．$\mu_\text{固}$ と $\mu_\text{液}$ の 2 つの平面の交線は左に傾くため，状態図において水の融解曲線は左に傾く (図 **6.14**)．

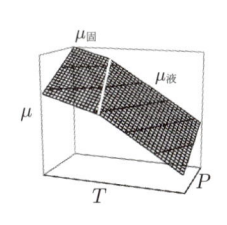

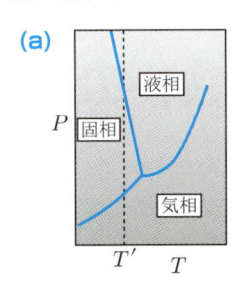

図 6.13　水の $\mu_\text{固}$ と $\mu_\text{液}$ の交線 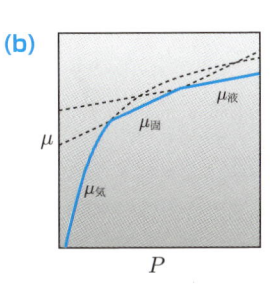　　図 6.14　水の状態図と $T=T'$ での μ-P 面

例題 8

温度一定のとき $\mu_\text{気}$ の圧力依存性は対数カーブを描くことを示せ．

[解答]　気体のモル体積は $V_\text{m}=RT/P$ となるので (6.23) に代入すると

$$\frac{d\mu}{dP}=V_\text{m}=\frac{RT}{P}$$

となる．両辺を積分すると

$$\int d\mu = \int \frac{RT}{P}dP$$
$$\mu = RT\ln P + C \quad (\text{ただし } C \text{ は積分定数})$$

よって，気体の化学ポテンシャル $\mu_\text{気}$ は圧力に対して対数カーブを描く．

～～～　問　題　～～～

6.23 25°C, 1 atm において水の三態の化学ポテンシャル（$\mu_\text{固}, \mu_\text{液}, \mu_\text{気}$）のうち最も小さいものを答えよ．

6.24 30°C における水の蒸気圧は 4.2 kPa である．30°C での以下の圧力における水の三態の化学ポテンシャル（$\mu_\text{固}, \mu_\text{液}, \mu_\text{気}$）の大小関係について述べよ．
　　(1)　4.0 kPa　　(2)　4.2 kPa　　(3)　5.0 kPa

6.25 融点，沸点，三重点，臨界点における，物質の三態の化学ポテンシャル（$\mu_\text{固}, \mu_\text{液}, \mu_\text{気}$）の大小関係について答えよ．

6.26 三重点の圧力以下の一定圧力における，μ-T 面の $\mu_\text{固}, \mu_\text{液}, \mu_\text{気}$ の変化を描き，その大小関係から生じる相転移について述べよ．

6.27 三重点の温度における，μ-P 面の $\mu_\text{固}, \mu_\text{液}, \mu_\text{気}$ の変化を，水以外の物質と水の両方について描け．

6.28 水の融解直線が左に傾くことを，圧力 P_1 から P_2 へと変化したときの，μ-T 面での化学ポテンシャルの変化を示して説明せよ．

7 混合物の状態変化

7.1 濃度

- **質量パーセント濃度** ある成分の質量を全成分の総質量で割ったものに 100 を掛け，％で表した濃度を質量パーセント濃度，10^6 を掛けたものを ppm 濃度という．

$$質量パーセント濃度 = \frac{溶質の質量}{溶液の質量} \times 100 \tag{7.1}$$

- **モル濃度** 溶液 $1\,\mathrm{dm^3}$（1 L）あたりに含まれる溶質の物質量（mol）を表した濃度を容量モル濃度または単にモル濃度という．単位は $\mathrm{mol\,dm^{-3}}$（M）である．

$$モル濃度 = \frac{溶質の物質量}{溶媒の体積} \tag{7.2}$$

- **質量モル濃度** 溶媒 1 kg あたりに含まれる溶質の物質量（mol）を表した濃度を質量モル濃度という．単位は $\mathrm{mol\,kg^{-1}}$ である．

$$質量モル濃度 = \frac{溶質の物質量}{溶媒の質量} \tag{7.3}$$

- **モル分率** ある成分の物質量（mol）を全成分の総物質量（mol）で割ったものをモル分率という．すべての物質のモル分率の総和や純物質のモル分率は 1 である．

7.2 気体の混合物

- **ドルトンの分圧の法則** 一定温度 T で一定体積 V の容器に n_A mol の気体 A と n_B mol の気体 B を入れたとき，容器内の気体の圧力（全圧 P）は，それぞれの分圧の和（$P_\mathrm{A} + P_\mathrm{B}$）に等しい．これをドルトンの分圧の法則という．

$$P = P_\mathrm{A} + P_\mathrm{B} \tag{7.4}$$

ここで，気体の分圧とは，その気体が単独で一定体積 V を占めたときの圧力である．

$$P_\mathrm{A} = \frac{n_\mathrm{A} RT}{V}, \quad P_\mathrm{B} = \frac{n_\mathrm{B} RT}{V} \tag{7.5}$$

モル分率 X_A と X_B で分圧 P_A と P_B を表記すると以下のようになる．

$$P_\mathrm{A} = X_\mathrm{A} P, \quad P_\mathrm{B} = X_\mathrm{B} P, \quad X_\mathrm{A} = \frac{n_\mathrm{A}}{n_\mathrm{A} + n_\mathrm{B}}, \quad X_\mathrm{B} = \frac{n_\mathrm{B}}{n_\mathrm{A} + n_\mathrm{B}} \tag{7.6}$$

どちらの気体も，もう一方の気体によって影響されないことを意味している．

7.2 気体の混合物

---**例題 1**---

400 ppm の Fe(II) 水溶液を 250 mL 調製するためには、モール塩 $Fe(NH_4)_2(SO_4)_2 \cdot 6H_2O$ を何 g 秤量し、何 mM の溶液を調製すればよいか。溶液の密度は $1\,\mathrm{g\,cm^{-3}}$ とせよ。ただし、mM は $\mathrm{mmol\,dm^{-3}}$ である。

[解答] モール塩のモル質量は $392.14\,\mathrm{g\,mol^{-1}}$ で Fe の原子量は 55.85 である。必要なモール塩の質量を $x\,\mathrm{g}$ とすると

$$\frac{x\,\mathrm{g} \times \frac{55.85\,\mathrm{g\,mol^{-1}}}{392.14\,\mathrm{g\,mol^{-1}}}}{250\,\mathrm{cm^3} \times 1\,\mathrm{g\,cm^{-3}}} \times 10^6 = 400 \quad \therefore \quad x = 0.702\,\mathrm{g}$$

モール塩 $0.702\,\mathrm{g}$ を $250\,\mathrm{mL}$ の水に溶解したときのモル濃度は

$$\frac{0.702\,\mathrm{g}}{392.14\,\mathrm{g\,mol^{-1}}} \times \frac{1}{250\,\mathrm{mL}} = \frac{0.702}{392.14} \times \frac{1000}{250}\,\mathrm{mol\,L^{-1}} = 0.00716\,\mathrm{M} = 7.16\,\mathrm{mM}$$

---**例題 2**---

$1\,\mathrm{mol}$ の N_2O_4 をピストン付き容器に入れ、温度一定にして外圧を $P\,\mathrm{atm}$ としたとき、分解反応 $N_2O_4(g) \longrightarrow 2NO_2(g)$ が生じ、$\xi\,\mathrm{mol}$ の N_2O_4 が分解した。そのときの N_2O_4, NO_2 それぞれの物質量、モル分率、分圧を ξ および P で表せ。

[解答] $\xi\,\mathrm{mol}$ の N_2O_4 から、生じる NO_2 は $2\xi\,\mathrm{mol}$ である。よって、それぞれの物質量 n_i, モル分率 X_i, 分圧 P_i は右表の通りである。

物質量	$n_{N_2O_4} = (1-\xi)\,\mathrm{mol}$	$n_{NO_2} = 2\xi\,\mathrm{mol}$
モル分率	$X_{N_2O_4} = \frac{1-\xi}{1+\xi}$	$X_{NO_2} = \frac{2\xi}{1+\xi}$
分圧	$P_{N_2O_4} = \frac{1-\xi}{1+\xi} P\,\mathrm{atm}$	$P_{NO_2} = \frac{2\xi}{1+\xi} P\,\mathrm{atm}$

問題

7.1 $1.067\,\mathrm{mol\,L^{-1}}$ の塩化ナトリウム水溶液（密度 $1.04\,\mathrm{g\,cm^{-3}}$）について、質量パーセント濃度、質量モル濃度、モル分率を求めよ。NaCl の式量は 58.5, H_2O の分子量を 18.0 とせよ。

7.2 空気は窒素、酸素の他に、微量成分としてアルゴンと二酸化炭素を含む。それらの組成は、質量パーセント濃度で、窒素 75.52%, 酸素 23.14%, アルゴン 1.28%, 二酸化炭素 0.06% である。それぞれのモル分率を求めよ。また、全圧力が $101.3\,\mathrm{kPa}$ であるときのそれぞれの分圧を求めよ。

7.3 $1\,\mathrm{mol}$ の N_2 と $3\,\mathrm{mol}$ の H_2 をピストン付き容器に入れ、温度一定にして外圧を $P\,\mathrm{atm}$ としたとき、アンモニアの合成反応 $N_2(g) + 3H_2(g) \longrightarrow 2NH_3(g)$ が生じ、$\xi\,\mathrm{mol}$ の N_2 が反応した。そのときの N_2, H_2, NH_3 それぞれの物質量、モル分率、分圧を ξ および P で表せ。

7.4 気体 A, B の混合物において温度と圧力が決まっても組成は決定できない。これをギブズの相律によって論ぜよ。

7.3 混合した液体とその蒸気圧

● **ラウールの法則** ● 液体状態で均一に混合する 2 つの揮発性の液体 A と B を一定温度に保ち，十分時間が経過して気相と液相が安定に存在する状態に達したとする．A の分圧 P_A は，純成分 A の蒸気圧 P_A^* と，液相中の A のモル分率 X_A^ℓ とすれば

$$P_A = X_A^\ell P_A^* \tag{7.7}$$

と表される．これを**ラウールの法則**という．B についても同様に

$$P_B = X_B^\ell P_B^* \tag{7.8}$$

となる．P_B^* は純成分 B の蒸気圧であり，$X_A^\ell + X_B^\ell = 1$ である．全蒸気圧 P は

$$P = P_A + P_B = X_A^\ell P_A^* + X_B^\ell P_B^* = (P_A^* - P_B^*)X_A^\ell + P_B^* \tag{7.9}$$

と表され，P と液相のモル分率 X_A^ℓ は直線関係となる．

● **理想溶液** ● ベンゼンとトルエンは，ラウールの法則が組成の全領域において成立する．このような溶液のことを**理想溶液**とよぶ．理想溶液が成立する条件は，A と B の大きさが等しく，A と A，B と B，A と B の間の相互作用が等しいことがあげられる．

● **圧力-組成図** ● ラウールの法則の成り立つ A と B の混合溶液が気液平衡にあるとき，A の液相のモル分率 X_A^ℓ と X_A^g は，P, P_A^*, P_B^* を用いて以下のように表される．

$$X_A^\ell = \frac{P - P_B^*}{P_A^* - P_B^*} \tag{7.10}$$

$$X_A^g = \frac{P_A}{P} = \frac{X_A^\ell P_A^*}{P} = \frac{P - P_B^*}{P_A^* - P_B^*} \times \frac{P_A^*}{P} \tag{7.11}$$

圧力 P に対し X_A^ℓ（●）と X_A^g（○）を同じ横軸にプロットしたグラフ（**図 7.1**）を**圧力-組成図**という．(X_A^ℓ, P) からなる●印の直線を**液相線**とよび，(X_A^g, P) からなる○印の曲線を**気相線**とよぶ．液相線が直線になることは (7.9) から明らかである．

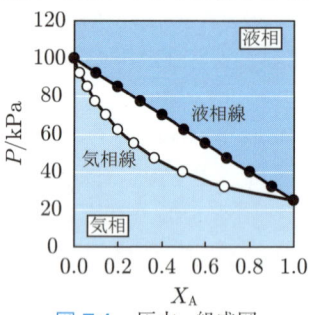

図 7.1 圧力-組成図
$P_A^* = 25.0\,\text{kPa}, P_B^* = 100.0\,\text{kPa}$

● **圧力変化による気液平衡状態の変化** ● 圧力-組成図においては，液相線より上の範囲では液相だけが存在し，気相線より下の範囲では気相のみが存在する．一定温度で，圧力を上昇させて組成 X_A の気体を圧縮した場合，気相線と交わる圧力において，初めて極少量の液相が生じる．さらに加圧していくと，蒸気組成 X_A^g と溶液組成 X_A^ℓ はともに減少していく．X_A と液相線が交わる点での圧力では，気相は極少量となる．それ以上の圧力になると，組成 X_A の液だけとなる．

7.3 混合した液体とその蒸気圧

─ 例題 3 ─

80°C でベンゼンの蒸気圧は 749 mmHg, トルエンの蒸気圧は 289 mmHg である. トルエンとベンゼンの混合溶液が理想溶液を形成するとして, 溶液中のベンゼンのモル分率が 0.545 のときの以下の値を求めよ.
(1) ベンゼンの分圧 $P_{ベンゼン}$ (2) 全圧 P
(3) 気相中のベンゼンのモル分率 X^g

解答 (1) ラウールの法則より $P_{ベンゼン} = 749 \times 0.545 = 408$ mmHg
(2) 全圧 $P = P_{ベンゼン} + P_{トルエン}$ より $P = 749 \times 0.545 + 289 \times 0.455 = 539$ mmHg
(3) 気相中のベンゼンのモル分率 X^g は, ドルトンの分圧の法則より
$$X^g = P_{ベンゼン}/P = 0.757$$

問 題

7.5 80°C でベンゼンとトルエン 2 成分の混合溶液における全圧 P とベンゼンのモル分率 $X^\ell_{ベンゼン}$ を下表に示す. ベンゼンとトルエンが理想溶液を形成することを圧力–組成図を描いて示せ.

P/mmHg	289	342	393	443	487	538	579	625	668	711	749
$X^\ell_{ベンゼン}$/%	0	12	23	34	44	55	63	73	82	92	100

7.6 2 成分 A, B からなる理想溶液が気液平衡にあるとき以下の問に答えよ. ただし, $P^*_A = 25.0$ kPa, $P^*_B = 100.0$ kPa とせよ.
(1) $X^\ell_A = 0.80$ における全圧 P, P_A, P_B はいくらか.
(2) 圧力が 50 kPa のときの液相のモル分率 X^ℓ_A, X^ℓ_B, 分圧 P_A, P_B, 気相のモル分率 X^g_A, X^g_B を計算せよ.
(3) 4 種類の組成 $X_A = 0.20, 0.40, 0.60, 0.80$ をもつ溶液を準備し, 圧力 101.3 kPa から下げていく. $P = 50$ kPa になったときの X^ℓ_A と X^g_A を, それぞれの組成について求めよ.

7.7 問 7.6 において, $P = 50$ kPa になったとき, 組成 $X_A = 0.40$ と 0.60 の溶液はともに同じ X^ℓ_A と X^g_A を示す. $X_A = 0.40$ と 0.60 のそれぞれについて, $P = 50$ kPa のときの液相の A の物質量 n^ℓ_A と気相の A の物質量 n^g_A の比の値 n^ℓ_A/n^g_A を求めよ.

7.8 液体状態で均一に混合する, 2 つの揮発性の液体 A と B がある. 以下の状態についてギブズの相律を用いて論ぜよ.
(1) 混合物が気液平衡にある状態では, 温度と圧力が決まると組成も決まる.
(2) 混合物が液相だけ, もしくは, 気相だけの状態では, 温度と圧力を決めても組成は決められない.

7 混合物の状態変化

● **温度−組成図** ● 温度 T での純成分の蒸気圧 P_A^* と P_B^* の値を用いて，大気圧 1 atm（101.3 kPa）に等しい圧力を与える液相のモル分率 (X_A^ℓ, X_B^ℓ) を決定でき，それらを用いて，気相のモル分率 (X_A^g, X_B^g) も求めることができる．

$$101.3 \times 10^3 = X_A^\ell P_A^* + X_B^\ell P_B^* = (P_A^* - P_B^*)X_A^\ell + P_B^* \tag{7.12}$$

$$P_A = X_A^\ell P_A^* = 101.3 \times 10^3 \times X_A^g \tag{7.13}$$

温度 T を縦軸にとって X_A^ℓ と X_A^g を横軸にプロットしたグラフ（図 **7.2**）を **温度−組成図** という．温度−組成図は，2 成分 A, B からなる理想溶液が気液平衡にあり，その全蒸気圧が大気圧（101.3 kPa）に等しいときの，各温度における液相と気相のモル分率を与える．圧力−組成図同様，縦軸の温度に対しての横軸の値を読むグラフになっていて，横軸は，●印では液相の A のモル分率 X_A^ℓ であり **液相線** とよばれ，○印は気相の A のモル分率 X_A^g で **気相線** とよばれる．

● **蒸留** ● 大気圧に等しい 101.3 kPa 下で気液平衡にある理想溶液を開放系にして加熱すると沸騰する．そのため温度−組成図は，一般には「沸点図」とよばれ，各温度で沸騰する液相と気相のモル分率を与える．そのため，温度−組成図の下側にある液相線は，**沸騰曲線** とよばれる．上側にある気相線は，沸騰している混合溶液の蒸気組成を与え，その蒸気を冷やして得られる液体の組成を与えることになるので，**凝縮曲線** とよばれる．

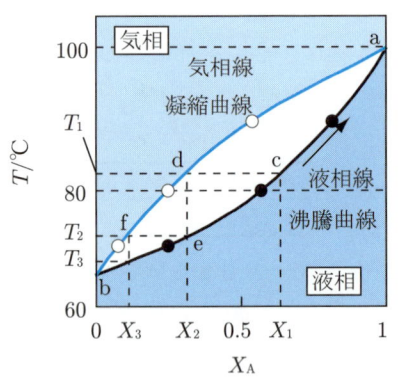

図 **7.2** 理想溶液の温度−組成図（沸点図）

温度−組成図は，液体 A（沸点 a）と液体 B（沸点 b）の混合物の沸点は，組成により変化することを示している．溶液組成 X_1 の溶液を加熱すると c 点の温度 T_1 で沸騰し，溶液組成 X_2 の溶液を加熱すると e 点の温度 T_2 で沸騰する．溶液組成 X_1 の溶液を加熱して c 点の温度 T_1 で沸騰しているとき，蒸気組成は d 点から X_2 とわかる．この蒸気は低沸点の成分 B を多く含んでいて，d 点の蒸気を冷却すると組成 X_2 の溶液が得られる．この溶液を再び加熱すると，e 点の温度 T_2 で沸騰し，そのときの蒸気組成は f 点から X_3 とわかる．この操作を何度も繰り返すと凝縮液は低沸点の B が 100％の b 点に近付いていく．この操作を **分留** という．この分留の作業を，温度勾配を利用して連続的に行う実験装置が図 **7.3** の蒸留装置である．原油などの分留には蒸留塔とよばれる，もっと大がかりな装置が使用される．

7.3 混合した液体とその蒸気圧

例題 4

蒸留装置の概要を描いて，温度–組成図（図 7.2）を用いて高沸点の液体 A（沸点 a）と低沸点の液体 B（沸点 b）の混合物の蒸留について説明せよ．

解答 蒸留装置は，フラスコ，ト型管，冷却管などからなる（図 7.3）．フラスコの溶液（組成 X_1）の温度が T_1 近辺になると，沸騰が始まる．フラスコ上部の気相部分に温度勾配ができているため，図 7.2 の温度–組成図の c → d → e → f → ⋯ → b までが連続的に同時に起こる．温度勾配における気液平衡が完全であれば，ト型管の分岐点の温度計は低沸点の成分 B の沸点を示す．B の蒸気は冷却管で凝縮して受けのフラスコにたまる．蒸留が進むとフラスコ内の残液は高沸点の成分 A の割合が高くなり，液相線に沿って c → a のように沸点は徐々に上昇していく．

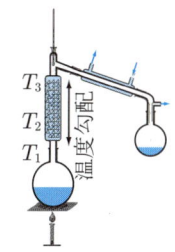

図 7.3 蒸留装置
内側に突起のあるビグリュー管などをト型管とフラスコの間に入れる．

理想的な状況であれば，液相に B が残っている間は，温度計の目盛りは B の沸点であり，冷却されて出てくる液体の組成は B 100% のはずである．だが実際には蒸留の最後の留分には A がかなり含まれてくる．そのため，フラスコの溶液の中に B がかなり残っている状態で蒸留を終了しなければならない．蒸留を続けると，最終的には液相に B がなくなり，残液の温度も a 点に到達して A 100% の溶液が沸騰する．

問題

7.9 表のベンゼンとトルエンの純成分の蒸気圧を用いて，これらが理想溶液を形成するとして 760 mmHg での温度–組成図の概要を示せ．

$T/°C$	80	90	100	110
$P^*_{ベンゼン}/\text{mmHg}$	760	1040	1400	1840
$P^*_{トルエン}/\text{mmHg}$	290	400	550	760

7.10 2 成分 A, B からなる理想溶液について 4 種類の組成 $X_A = 0.20, 0.40, 0.60, 0.80$ をもつ溶液を準備し，101.3 kPa のもとで，60°C から温度を上げていく．$T = 80°C$ になったときの X_A^l と X_A^g を，それぞれの組成について求めよ．ただし，80°C で純成分の蒸気圧は $P_A^* = 47.0 \text{ kPa}, P_B^* = 189.0 \text{ kPa}$ とせよ．

7.11 問題 7.10 において，80°C になったとき，$X_A = 0.40$ と 0.60 のそれぞれについて液相の物質量 n^l と気相の物質量 n^g の比の値 n^l/n^g を求めよ．

7.12 2 成分 A, B からなる理想溶液が，大気圧（= 101.3 kPa）のもとで，75°C で沸騰するときの，液相の A および B のモル分率を求めよ．ただし，75°C での純成分の蒸気圧は $P_A^* = 40.0 \text{ kPa}, P_B^* = 160.0 \text{ kPa}$ とせよ．

● **ラウールの法則からのずれ** ● ラウールの法則が限られた領域でしか成立しない溶液を非理想溶液という．非理想溶液には，蒸気圧-組成図の直線関係から蒸気圧が大きい方にずれる（正のずれ）ものと，蒸気圧が小さい方にずれる（負のずれ）ものの2種類に分類される（表7.1）．

表 7.1 2種類の非理想溶液の特徴

	正のずれ	負のずれ
蒸気圧-組成図 点線は理想溶液の場合の分圧と全圧 矢印は蒸気圧のずれる方向を示す．		
蒸気圧の特徴	異分子間に反発する相互作用が働き蒸気圧上昇，液相線が極大値をとる．	異分子間に引き合う相互作用が働き蒸気圧低下，液相線が極小値をとる．
温度-組成図 （沸点図）		
沸点図の特徴	蒸気圧が極大になる組成で，沸点は極小値をとる	蒸気圧が極小になる組成で，沸点は極大値をとる
例	アセトン-二硫化炭素 水-エタノール 酢酸-ヘキサン	アセトン-クロロホルム 水-塩酸 酢酸-ピリジン

● **共沸現象** ● 非理想溶液の極小値もしくは極大値の組成の溶液を加熱して沸騰させると，液相と気相で同じ組成が得られる．このような組成の溶液を共沸混合物とよび，その組成を共沸組成という．共沸混合物が沸騰している間，温度は一定に保たれ，液相と気相の成分が同じであるため，組成が変化せずに沸騰し続ける．

7.3 混合した液体とその蒸気圧

─ 例題 5 ─

水−エタノールの混合物を蒸留しても 95%エタノールしか得られない理由を，温度−組成図を描いて説明せよ．

[解答] 水−エタノールの混合物は，ラウールの法則からずれている非理想溶液であり，蒸気圧−組成図において正のずれを示し，共沸点（共沸組成 X_e）において極大点が生じる（表 7.1）．温度−組成図においては，共沸点において極小点を示す（図 7.4）．

理想溶液の場合と同じく蒸留装置（図 7.3）を用いて，蒸留開始時の溶液組成が X_e より大きい X_1 の溶液を加熱して蒸留する場合について考察する．温度を上昇させると，c 点に相当する温度で沸騰する．温度勾配における気液平衡が完全であれば，枝付きフラスコの分岐点の温度は共沸温度 T_e を示す．その気相を冷却して得られる液体は，e 点で示される共沸組成 X_e を示し，純粋な B ではない．このため，共沸組成以上の B を含む液体は蒸留だけではえられない．よって，ラウールの法則から正のずれを示す，水−エタノールの混合物を蒸留しても純粋なエタノールは得られない．

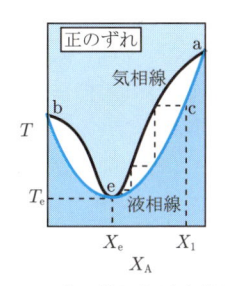

図 7.4 正のずれを示す非理想溶液の温度−組成図

問 題

7.13 次の文章の (a)〜(e) に適切な語句を入れよ．蒸気圧−組成図においてラウールの法則から正のずれを示す 2 成分を混合した場合，異種成分間の凝集力が純液体（同種成分）間のものより (a) し，各成分は混合しにくくなる．よって，混合による体積の (b) や熱の (c) を伴うことが期待される．逆に，負のずれを示す 2 成分の混合においては体積の (d) や熱の (e) が期待される．

7.14 ラウールの法則から正のずれを示す 2 成分 A,B からなる非理想溶液から，純粋な A もしくは B を得る方法を述べよ．

7.15 蒸気圧−組成図において負のずれを示す 2 成分 A,B からなる非理想溶液の温度−組成図を図 7.5 に示す．溶液組成が X_e より小さい X_1 の溶液を加熱して蒸留する場合と，溶液組成が X_e より大きい X_2 の溶液を蒸留する場合について説明せよ．

7.16 共沸組成をもつ混合物を蒸留すると，あたかも純物質を蒸留するように見える．その共通点と相違点を述べよ．

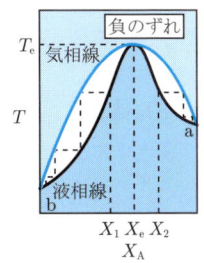

図 7.5 負のずれを示す非理想溶液の温度−組成図

7 混合物の状態変化

● **ヘンリーの法則** ● ラウールの法則からずれている非理想溶液であっても，溶質のモル分率 X_B が 0 に近い，希薄溶液の範囲では原点を通る直線で近似できる（図 **7.6**）．これを**ヘンリーの法則**という．その直線の近似式は比例定数を k_H とすると

$$P_B = k_H X_B \tag{7.14}$$

となる．ラウールの法則（$P_B = X_B P_B^*$）からずれているので，比例定数 k_H は純成分 B の蒸気圧とは一致しない．k_H は A-B 間の相互作用に依存する数値で，実験的に決定される．この関係式が成立するためには，希薄溶液で，溶質 B は溶媒 A に完全に取り囲まれていることが必要である．このような溶液を**理想希薄溶液**という．点線はラウールの法則が成立する場合の蒸気圧で，曲線はラウールの法則から正のずれを示す A と B の蒸気分圧である．ヘンリーの法則（1 点破線）は非常に狭い範囲だけで成立する．ヘンリーの法則は，気体の溶解度に関する法則として，「一定温度のもとで，溶解度の小さい気体が一定量の溶媒に溶けるとき，気体の溶解度（質量，物質量）は，その気体の圧力に比例する」とも表現される．

● **水蒸気蒸留** ● 液体状態で均一に混合しない，2 つの揮発性の液体 A と B が温度 T で気液平衡にある場合，圧力 P はその温度での純成分の蒸気圧 P_A^* と P_B^* の和になる．

$$P = P_A^* + P_B^* \tag{7.15}$$

蒸気圧は各成分の蒸気圧の和になるので，この混合溶液は，大気圧下で 100°C よりも低い温度で沸騰する．これを利用して，沸点の高い有機化合物を水に混ぜて蒸留する**水蒸気蒸留**によって，100°C 以下で高沸点の化合物を蒸留することができる．

● **混合溶液の体積** ● 2 種類の液体 A と B を混合したときに体積には加成性が成立しない．例えば，水-エタノールのいろいろな混合比の試料溶液について，エタノールの質量パーセント濃度（$w\%$）に対して混合溶液の密度 d をプロットすると，図 **7.7** のような密度-混合比曲線が得られる．体積に加成性が成立するとすれば，図中の破線のようになるはずであるが，上にずれているということは，混合したときに体積が純物質の体積の和より減少していることを意味する．

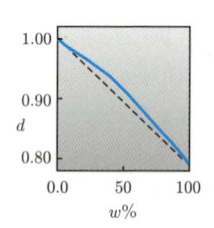

図 **7.7** エタノール/水系の密度-混合比曲線

● **部分モル体積** ● 物質 1 mol が占有する体積であるモル体積は，他成分の存在量によって変化する．他の成分が存在しているときの物質 1 mol が占める体積を**部分モル体積**という．混合溶液の体積 V は各成分の物質量 n と部分モル体積 $\overline{V}$ を用いて次式で求められる．

$$V = n_A \overline{V_A} + n_B \overline{V_B} \tag{7.16}$$

この部分モル体積の考え方は，他の示量変数における部分モル量に適用できる．

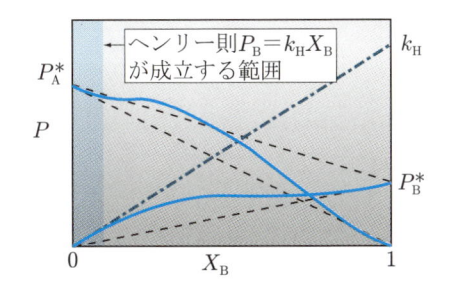

図 7.6 非理想溶液のヘンリーの法則

例題 6

各種気体の水に対するヘンリーの比例定数 k_H の値は，温度 0°C から 30°C へ上昇させるとどのように変化すると考えられるか．また，同じ温度において，溶解度が低い N_2 や O_2 と溶解度の高い CO_2 を比べると k_H はどちらが大きいか答えよ．

[解答] 温度を上昇させると水への気体の溶解度は減少する．すなわち，温度が上昇すると理想希薄溶液と平衡にある気体の圧力は高くなるので，k_H は大きくなる．また，溶解度の低い気体と高い気体が，同じモル分率で平衡になるためには，溶解度の低い気体の方が高い圧力が必要である．よって，溶解度の低い窒素や酸素の k_H は，溶解度の高い二酸化炭素の k_H より大きい．

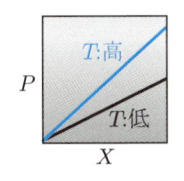

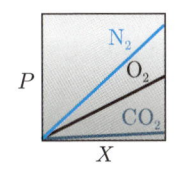

図 7.8 気体の溶解度と圧力

問題

7.17 0°C, 1 atm のとき，水 1 L に対して窒素は 23 cm³，酸素は 49 cm³ 溶解する．0°C, 10 atm において水 5 L に空気を溶かしたとき，溶けた窒素と酸素は 0°C, 1 atm に換算するとそれぞれ何 cm³ か．ただし，大気中の空気は体積比で窒素 80%，酸素 20% とし，水蒸気は無視せよ．

7.18 ジエチルアニリン（分子量 149）を水蒸気蒸留すると，大気圧 1013 hPa のもとで 99.4°C で沸騰した．この温度での水の蒸気圧は 993 hPa である．水 180 g が留出したときに，ジエチルアニリンは何 g 留出するか．

7.19 液体状態で均一に混合しない，2 つの揮発性の液体 A と B が気液平衡にある場合では，温度を決めれば圧力が決まる．これをギブズの相律を用いて論ぜよ．

7.20 水 4 mol（72.06 g, 72.20 cm³）とエタノール 1 mol（46.07 g, 58.37 cm³）を混合した溶液の体積と密度を求め，混合によって体積はどのように変化するか述べよ．ただし，このモル分率における水とエタノールの部分モル体積は，それぞれ 17.70 および 55.20 cm³ mol⁻¹ とせよ．

7.4 固体と液体

- **溶解度曲線と温度−組成図** 溶媒 100 g に溶け得る溶質の質量 (g) を溶解度といい,溶解度の温度変化を示したグラフ (図 7.9) を溶解度曲線という.一般に,固体の溶解度は温度が高くなるほど増加するものが多い.

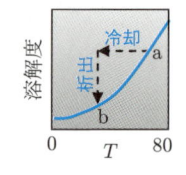

図 7.9 溶解度曲線

- **共融混合物の固液平衡** 固体同士は全く混じり合わず,別々の相として存在するような混合物を共融混合物とよぶ.共融混合物の成分 A, B の固液平衡は,温度−組成図 (図 7.10) で示される.$X_A = 1$ の点 a の温度は純粋な A の融点であり,$X_A = 0$ の点 b の温度は B の融点である.点 a から e および点 b から e への 2 つの曲線は,A および B の溶解度曲線であり,A の溶解度曲線上の点により A の飽和溶液のモル分率 X_A が与えられ,B の溶解度曲線上の点により B の飽和溶液でのモル分率 X_B $(= 1 - X_A)$ が与えられる.これらの溶解度曲線より上の範囲の条件 (X_A, T) では液相のみが存在する.2 つの溶解度曲線が交わる点 $e(X_e, T_e)$ を共融点といい,X_e を共融組成という.T_e より低い温度では,A, B ともに固体となる.

- **共融混合物の温度変化** 共融混合物となる無機塩と水を例にとって説明する (図 7.10).温度 T_0 から組成 X_0 の固体 A と氷の共融混合物を加熱する.温度 T_e になったところで共融組成 X_e の A の飽和水溶液が生じ始める.加熱を続けても氷が溶けて飽和水溶液 (組成 X_e) の量が増えるだけで温度は T_e のままである.氷がすべて溶けて,固体 A と A の飽和水溶液のみになって初めて温度が上昇し始める.温度が上昇するにしたがって溶液組成は溶解度曲線に沿って上昇し液相中の A が増え,固体 A の量は少なくなる.そして無機塩の溶解度曲線と交わる T_1 の温度で固体 A はすべて溶解して液相のみとなる.固体混合物の組成が X_e より低い状態 X'_0 を温度上昇させていった場合にも,温度 T_e で共融組成 X_e をもつ液相が生じ始め,「氷の浮かんだ,無機塩がすべて溶けた水溶液」となるまでは温度は変化しない.温度が T_e から上昇し始めたとき,残っている固体は氷だけである.さらに温度を上昇させていくと,温度 T_2 以上で氷はすべて溶けて,無機塩水溶液だけとなる.

- **固溶体を形成する固体混合物** 2 つの金属が合金をつくる場合などは,固体中で A, B が均一に混ざる.固体状態が均一に混ざった状態を固溶体とよぶ.固溶体を形成する固液平衡の場合の温度−組成図は図 7.10(b) のようになる.組成 X_0 の液相の温度を T_0 から下げていくと,温度 T_1 で固相が析出し始め,その固相の組成は X_1^s である.さらに温度を下げると固相線と液相線に沿って組成は変化し,T_2 で組成 X_2^s の固相と組成 X_2^l の液相の 2 相が観測される.温度 T_3 で極微量の液相 (組成 X_3^l) を残してほとんどが固相となる.それ以下の温度では均一な固体混合物になる.

7.4 固体と液体

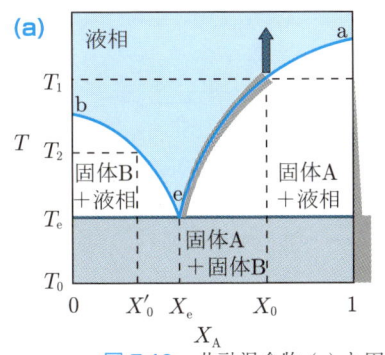

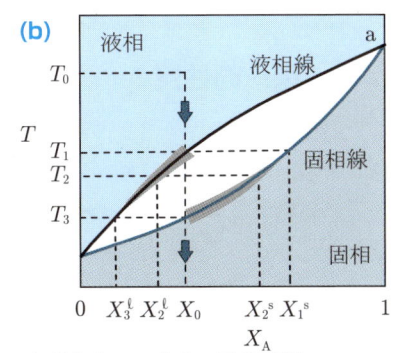

図 7.10 共融混合物 (a) と固溶体 (b) を形成する 2 成分の固液平衡
（灰色線の線幅は各相のモル分率における A の物質量に対応）

―例題 7―

共融組成をもつ固体混合物を加熱した場合に生じる現象を述べよ．

[解答] 温度を上げて共融点の温度 T_e に達したとき，固体混合物は溶解し始める．生じる溶液の組成も共融組成であり，固体混合物が溶解している間，温度は一定に保たれる．最終的には，2 つの固相が同時になくなり，すべてが共融組成の液相となってから温度が再び上昇し始める．そのため，共融組成をもつ共融混合物の融解は，あたかも融点が T_e の純物質の融解のように見える．

問題

7.21 KNO_3（式量 101）の水への溶解度は 60°C で 109 g，10°C で 22 g である．60°C の KNO_3 飽和水溶液を 10°C に冷却する．
 (1) 60°C の飽和水溶液の KNO_3 のモル分率 X_a を求めよ．
 (2) 10°C での液相と固相の KNO_3 のモル分率 X^ℓ, X^s を求めよ．
 (3) 10°C での固相の物質量 n^s と液相の物質量 n^ℓ の比 n^s/n^ℓ を求めよ．

7.22 大気圧下において，固体状態で均一に混合しない，2 つの固体 A と B がある．以下の状態についてギブズの相律を用いて論ぜよ．
 (1) A の固相と B の固相が共に固液平衡にある場合，その温度と組成は決まる．
 (2) 一方の固相だけが固液平衡にある場合，温度を決めれば組成は決まる．
 (3) A と B が溶解した液相しかない場合，温度を決めても組成は決まらない．

7.23 図 **7.10(a)** において温度 T_0 から組成 X_0 の固体 A と固体 B の共融混合物をゆっくり同じ仕事率で加熱した場合の温度変化の概要をグラフで示せ．

7.24 図 **7.10(b)** において温度 T_0 から組成 X_0 の固体 A と固体 B の固溶体を形成する混合物をゆっくり同じ仕事率で冷却した場合の温度変化の概要をグラフで示せ．また，温度 T_2 における固相と液相の物質量の比 n^s/n^ℓ を求めよ．

7.5 束一的性質

溶質の種類に関係なく溶質の濃度（モル分率）だけによって変化する性質を束一的性質とよぶ．束一的性質には，蒸気圧降下，沸点上昇，凝固点降下，浸透圧などがある．これらの現象はすべて，「溶媒 A に少量の溶質 B が溶けると，溶液から他の相へ拡散していく A の数が，純溶媒 A のときより少なくなるにも係わらず，溶液に入ってくる A 分子の数は変化しない」ことにより生じる．

- **蒸気圧降下** ラウールの法則から，溶媒 A に不揮発性の物質 B を少量溶かすと，液相から気相に蒸発する数が少なくなるが，気相から液相に凝縮する数は変化しないため，溶液の蒸気圧 P_A は純成分 A の蒸気圧 P_A^* より低くなる．その蒸気圧降下 ΔP $(= P_A^* - P_A)$ は溶質のモル分率 X_B^ℓ に比例する．

$$\Delta P = P_A^* - P_A = (1 - X_A^\ell)P_A^* = X_B^\ell P_A^* \tag{7.17}$$

- **沸点上昇と凝固点降下** 状態図において大気圧 $P = 1\,\mathrm{atm}$ と，蒸気圧曲線の交点の温度が沸点 T_b であり，融解曲線との交点の温度が融点 T_f である（図 **7.11(a)**）．気液平衡にある溶媒 A に不揮発性の物質 B を少量溶かすと蒸気圧が ΔP だけ下がるが，温度を ΔT_b 上げれば，再び同じ圧力で気液平衡に達する．これを大気圧下，開放系において観測したものが沸点上昇である．固液平衡にある溶媒 A に不揮発性の物質 B を少量溶かすと凝固点降下が生じるのは，液相から固相に凝固する A の数が少なくなるが，固相から液相に融解する A の数は変化しないためである．そのままの温度であれば固体はすべて溶解するが，温度を ΔT_f だけ下げることで再び固液平衡となる．状態図においては，$P = 1\,\mathrm{atm}$ との交点が左にずれて融点が ΔT_f だけ下がる．ΔT_b と ΔT_f は，溶質の質量モル濃度 m と以下のような関係がある．

$$\Delta T_b = K_b m \tag{7.18} \qquad \Delta T_f = K_f m \tag{7.19}$$

ここで，K_b はモル沸点上昇定数，K_f はモル凝固点降下定数とよばれる定数で，溶媒によって異なる．

- **束一的性質と化学ポテンシャル** 一定圧力下での溶媒 A の化学ポテンシャル μ の温度依存性は図 **7.11(b)** のようになり，固相と液相の交点の温度が融点 T_f で，液相と気相の交点の横軸の値が沸点 T_b である．溶媒 A に不揮発性物質 B が溶解すると，各温度において，溶液の化学ポテンシャル $\mu_\text{溶液}$ は，純溶媒の $\mu_\text{溶媒}$ より低下し，その低下幅は $\ln X_A$ に比例する．

$$\mu_\text{溶液} - \mu_\text{溶媒} = RT \ln X_A = RT \ln(1 - X_B) \tag{7.20}$$

固相と気相の A の化学ポテンシャルは B の溶解前後で変化しないため，純溶媒と比べて，$\mu_\text{固}$ と $\mu_\text{溶液}$ との交点は低温側にずれ，$\mu_\text{気}$ と $\mu_\text{溶液}$ との交点は高温側にずれる．それぞれのずれが，凝固点降下 ΔT_f と沸点上昇 ΔT_b である．

7.5 束一的性質

例題 8

不揮発性の溶質を溶かした水溶液では，蒸気圧降下（ΔP），凝固点降下（ΔT_f）および沸点上昇（ΔT_b）が起こる．この現象を水の状態図（温度–圧力図）の変化と，定圧における化学ポテンシャル（$\mu_\text{固}, \mu_\text{液}, \mu_\text{気}$）–温度図の変化によって説明せよ．

解答 不揮発性物質を水溶液に溶かすと蒸気圧曲線が下へ移動し，融解曲線は左へ移動する．そのため，圧力が 1 atm との交点である沸点は右へ移動して沸点が ΔT_b 上昇し，融点は左に移動して凝固点が ΔT_f 降下する．化学ポテンシャルの三次元表示（図 6.12）では，$\mu_\text{液}$ 面が下に移動することで，液相–固相および液相–気相の交線が移動することに相当する．μ-T 面での変化で説明すると，図 (b) のように $\mu_\text{固}$ と $\mu_\text{液}$ の直線の交点が融点 T_f であり，$\mu_\text{液}$ と $\mu_\text{気}$ の直線の交点が沸点 T_b である．液相が純溶媒から溶液となることで，液相の化学ポテンシャルが $|RT \ln X_A|$ だけ下がり融点は左へ沸点は右へと移動する．

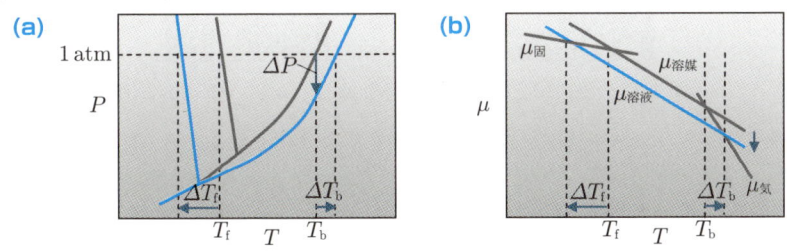

図 7.11 不揮発性物質の水溶液に溶かしたときの状態図の変化 (a) と μ-T 面での化学ポテンシャルの変化 (b)

問題

7.25 溶媒 A に溶質 B を溶かしたとき，蒸気圧降下が生じる理由について間違っているものを選べ．
  (i) 分子 B が分子 A の蒸発を妨げるから
  (ii) 凝結する分子 A の数が多くなるから
  (iii) 蒸発する分子 A の数が少なくなるから
  (iv) A–B 分子間の相互作用が A–A 分子間より強いから

7.26 $-5°C$ で凍らないような溶液にするためには，500 g の水にジエチレングリコール（$C_4H_{10}O_3$）を何 g 加える必要があるか．水の K_f は $1.86 \text{ K kg mol}^{-1}$ とせよ．

7.27 同じ物質のモル沸点上昇定数 K_b とモル凝固点降下定数 K_f は $K_b < K_f$ であることを図 7.11(b) の μ-T 面での変化を用いて説明せよ．

7.28 溶媒 A に溶質 B を溶かした，理想溶液の化学ポテンシャルが $|RT \ln X_A|$ だけ下がることを導出せよ．ただし，気相はドルトンの分圧の法則が成り立つとせよ．

7 混合物の状態変化

- **浸透圧** ● セロハンなどのように，一定の大きさ以下の粒子のみを透過する膜を半透性膜という．半透性膜で区切られた管の左右に純水とブドウ糖水溶液をいれて放置すると，純水側から水溶液側に浸透し，2つの溶液の間に浸透圧 π が生じる．半透性膜を通過できない溶質 B（＝ブドウ糖）を片側の溶媒 A（＝水）に少量溶かして溶液にすると，溶液側から溶媒側に拡散する A の分子数が少なくなるが，溶媒側から溶液側に移動する A の数は変化しないために浸透圧が生じる（図 7.12）．よって，浸透圧も束一的性質の1つである．左右の圧力が同じままだと溶媒側（左）から溶液側（右）へ A は移動し続ける．溶液側へ浸透圧 π を加えると，A の移動数は釣り合って平衡状態となる．

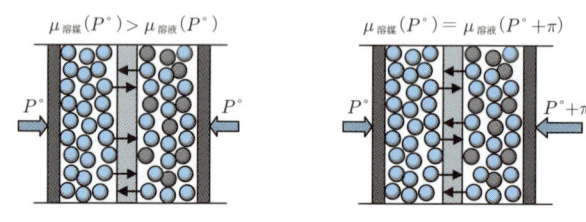

図 7.12 浸透圧を生じる模式図 （○は溶媒 A，●は溶質 B）

化学ポテンシャルで浸透圧を説明する．同じ圧力（$P°$）であれば，B が混ざっている溶液側の A の化学ポテンシャル $\mu_{溶液}(P°)$ は，純溶媒 A の化学ポテンシャル $\mu_{溶媒}(P°)$ より $|RT\ln X_A|$ だけ低いので平衡にならない．

$$\mu_{溶液}(P°) = \mu_{溶媒}(P°) + RT\ln X_A < \mu_{溶媒}(P°) \tag{7.21}$$

一定温度で圧力を上げると化学ポテンシャルは上昇するので，溶液側の圧力を π だけ高くすることで両側の化学ポテンシャルは等しくなり平衡状態となる．

$$\mu_{溶媒}(P°) = \mu_{溶液}(P° + \pi) = \mu_{溶媒}(P° + \pi) + RT\ln X_A \tag{7.22}$$

- **ファントホフの式** ● 浸透圧 π はファントホフの式を用いて求めることができる．

$$\pi = CRT = \frac{n}{V}RT \tag{7.23}$$

V は溶液の体積であり，n は溶質の物質量，R は気体定数である．溶質が電解質のときにはファントホフ係数 i を入れて

$$\pi = iCRT \tag{7.24}$$

と表される．強電解質では，i は生じるイオンの数に等しくなり，NaCl では $i = 2$，K_2SO_4 では $i = 3$ である．沸点上昇と凝固点降下についても，電解質を溶解した場合はファントホフ係数を入れて求める．

$$\Delta T_b = iK_b m \tag{7.25} \qquad \Delta T_f = iK_f m \tag{7.26}$$

7.5 束一的性質

例題 9

溶媒 A に少量の溶質 B を溶かした希薄溶液のファントホフの式 (7.23) を，展開式 $\ln(1+x) = x - \dfrac{x^2}{2} + \dfrac{x^3}{3} - \cdots$ を使用して導出せよ．

解答 温度一定で A の μ の圧力依存性は部分モル体積 $\overline{V_A}$ に等しいので $\dfrac{d\mu}{dP} = \overline{V_A}$ 圧力を $P°$ から $(P° + \pi)$ まで上昇させたとき，A の化学ポテンシャルは $\mu(P°)$ から $\mu(P° + \pi)$ へ変化する．$d\mu = \overline{V_A}dP$ をこの範囲で積分すると次式のようになる．

$$\int_{\mu(P°)}^{\mu(P°+\pi)} d\mu = \int_{P°}^{P°+\pi} \overline{V_A} dP$$

ここで，$\overline{V_A}$ は溶液の体積なので圧力変化が小さいと仮定すると

$$\mu(P° + \pi) - \mu(P°) = \pi \overline{V_A}$$

上式と (7.22) を比較し，$\ln X_A = \ln(1 - X_B)$ および $-\ln(1-x) = x + \dfrac{x^2}{2} + \dfrac{x^3}{3} + \cdots$ を使用して

$$\pi = -\frac{RT}{\overline{V_A}} \ln X_A = \frac{RT}{\overline{V_A}} \left(X_B + \frac{X_B^2}{2} + \frac{X_B^3}{3} + \cdots \right)$$

希薄溶液なので括弧内の第 2 項以降は無視でき，$n_A \overline{V_A}$ は溶液の体積 V に近似できる．

$$\pi = \frac{RT}{\overline{V_A}} X_B = \frac{RT}{\overline{V_A}} \frac{n_B}{n_A + n_B} \cong \frac{RT}{\overline{V_A}} \frac{n_B}{n_A} \cong \frac{n_B}{V} RT = CRT$$

問題

7.29 あるタンパク質 198 mg を溶解した水溶液 10.0 mL の 27°C での浸透圧が 750 Pa であった．このタンパク質の濃度は何 mol dm^{-3} か．また，このタンパク質の分子量を求めよ．

7.30 氷結防止のために塩化カルシウム $CaCl_2$ が道路にまかれる．水 1 t に対して純度 70% の $CaCl_2$ を 100 kg 加えれば，水の凝固点降下はどれだけか．水の K_f は $1.86 \text{ K kg mol}^{-1}$ とせよ．

7.31 水 10.0 g に以下の溶質を溶かしたときの凝固点降下を計算し，高分子の分子量決定の手法として適当かどうかを論ぜよ．水の K_f は $1.86 \text{ K kg mol}^{-1}$ とせよ．
(1) 硫酸アンモニウム 0.1 g（式量 132）
(2) 分子量 42,000 のタンパク質 0.1 g
(3) (1) と (2) の混合物

7.32 酢酸（分子量 60）はベンゼン中では一部が二量体として存在する．50 g のベンゼンに 0.75 g の酢酸を溶かすと，溶液の凝固点が 1.024°C 下がった．単量体で存在する酢酸の割合を求めよ．ベンゼンの K_f は $5.12 \text{ K kg mol}^{-1}$ とせよ．

8 熱力学第一法則とエンタルピー

8.1 熱力学第一法則

「宇宙のエネルギーは，その形態を変えても全体として保存される」

これがエネルギー保存の法則とよばれる熱力学第一法則である．

- **熱力学の語句の定義** ● 熱力学で用いられる語句は厳密に定義されている．

  系　　：観察あるいは考察しようとする対象
  外界　：系を取り囲む環境
  境界面：系と外界を隔てる面
  宇宙　：系と外界を合わせた全体
  性質　：温度，圧力，エネルギーなど系を記述するもの

図 8.1　熱力学の定義

系と外界は境界面を通して熱やエネルギー，仕事，物質のやり取りが行われる．それらの出入りが可能かどうかによって，開放系，閉鎖系，断熱系，孤立系に分類される．系と外界を合わせた宇宙は，孤立系と考えられる．

- **系を記述する性質，変数** ● 系は状態量あるいは状態変数という変数によって記述される．状態量は示量性変数と示強性変数の 2 つに分類される．示量性変数は系を分割したときに変化するが，示強性変数は変化しない．

- **内部エネルギー** ● 系に加えられる仕事 w と熱 q を用いて熱力学第一法則を表すと

$$\Delta U = q + w \tag{8.1}$$

となる．U は内部エネルギーとよばれる示量性状態量で，系がもっているエネルギーである．ΔU は内部エネルギーの変化量で，始状態と終状態で決まる．

$$\Delta U = U_{終状態} - U_{始状態} \tag{8.2}$$

w が体積変化による仕事のみならば $w = -\int_{V_{始状態}}^{V_{終状態}} P_{外圧} dV$ であり，$P_{系} = P_{外圧}$ の場合

$$\Delta U = q + \left(-\int_{V_{始状態}}^{V_{終状態}} P_{系} dV \right) \tag{8.3}$$

となる．体積一定のふたの動かない容器に気体を入れ，これに熱 q_v を加えると，系は外界に仕事をしないので，内部エネルギー変化 ΔU は q_v に等しくなり，系に加えられた熱量はすべて内部エネルギーの増加となる．

例題 1

600 K, 2.0×10^5 Pa, 単原子分子の理想気体をピストン付き円筒容器に入れたとき，体積は 4.0×10^{-3} m³ であった．この状態を A として，図 8.2 の線に沿って A → B → C → A とゆっくり状態を変化させた．過程 A → B は等温変化，過程 B → C は等圧変化，過程 C → A は定積変化である．各過程における (8.1) の ΔU, q, w を符号を明示して求めよ．

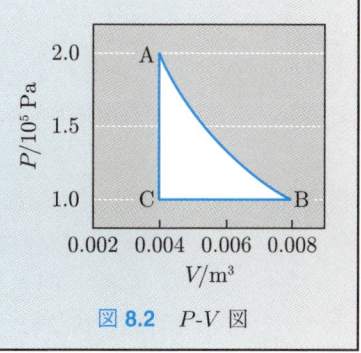

図 8.2 *P-V* 図

解答 ジュールの法則（6.1 節）から単原子分子の理想気体の内部エネルギーは温度だけの関数なので $\Delta U = \frac{3}{2}nR\Delta T$ と表される．

A → B は等温変化 $\Delta T_{A \to B} = 0$ なので $\Delta U_{A \to B} = 0$ である．系は，曲線 AB に沿って仕事の形でエネルギーを失い（$w_{A \to B} < 0$），$\Delta U_{A \to B} = 0$ より $q_{A \to B} = -w_{A \to B}$ である．

$$w_{A \to B} = -\int_{V_A}^{V_B} \frac{nRT}{V}dV = -800 \text{ J} \times \ln \frac{0.008}{0.004} = -5.5 \times 10^2 \text{ J}, \quad q_{A \to B} = -w_{A \to B} = +5.5 \times 10^2 \text{ J}$$

B → C では，外界から系へ仕事の形でエネルギーが入ってきたので $w_{B \to C} > 0$ である．

$$w_{B \to C} = -\int_{V_B}^{V_C} PdV = -P\int_{0.008}^{0.004} dV = -1.0 \times 10^5 \times (0.004 - 0.008) = +4.0 \times 10^2 \text{ J}$$

$\Delta T_{B \to C}$ はシャルル–ゲイリュサックの法則（6.1 節）から求めることができる．

$$\frac{0.008}{600} = \frac{0.004}{600 + \Delta T_{B \to C}} \text{ より } \Delta T_{B \to C} = -300 \text{ K}, \quad \Delta U_{B \to C} = \frac{3}{2}nR\Delta T = -6.0 \times 10^2 \text{ J}$$

または，等圧条件から $nR\Delta T = \Delta(PV) = P\Delta V$ となるので

$$\Delta U_{B \to C} = \tfrac{3}{2}nR\Delta T = \tfrac{3}{2}P\Delta V = \tfrac{3}{2} \times 1.0 \times 10^5 \times (0.004 - 0.008) = -6.0 \times 10^2 \text{ J}$$

$$q_{B \to C} = \Delta U_{B \to C} - w_{B \to C} = -6.0 \times 10^2 - 4.0 \times 10^2 = -1.0 \times 10^3 \text{ J}$$

C → A は定積変化で，$w_{C \to A} = 0$ より $\Delta U_{C \to A} = q_{C \to A}$, $\Delta T_{C \to A} = +300$ K より

$$\Delta U_{C \to A} = -\Delta U_{B \to C} = +6.0 \times 10^2 \text{ J}, \quad q_{C \to A} = \Delta U_{C \to A} = +6.0 \times 10^2 \text{ J}$$

問題

8.1 開放系，閉鎖系，断熱系，孤立系における物質，仕事，熱の出入りの有無を述べよ．

8.2 以下の状態量について，示量性変数か示強性変数か答えよ．
(1) 体積　(2) 圧力　(3) 温度　(4) 質量　(5) 内部エネルギー　(6) 濃度

8.3 例題 1 において状態 A から断熱条件で体積 8.0×10^{-3} m³ まで膨張させると，温度は 378 K になった．ΔU, q, w を求め，この断熱過程において気体がする仕事と，例題 1 の等温過程で気体がする仕事との大小を比べよ（問題 8.7 参照）．

- **エンタルピー**　ピストン付きの体積可変の容器に気体を入れ，一定圧力に保つ．これに熱 q_p を加えた場合，気体は膨張して，一定の外圧 P を押すことになるので系は外界に仕事をする．系の体積変化を ΔV（$= V_{終状態} - V_{始状態}$）とすると，仕事をしたことによって $P\Delta V$ だけ内部エネルギーは減少する．よって内部エネルギー変化 ΔU は

$$\Delta U = q_p + (-P\Delta V) \tag{8.4}$$

となる．この一定圧力下で系に流入する熱 q_p をエンタルピー変化 ΔH と定義する．

$$q_p = \Delta H = H_{終状態} - H_{始状態} = \Delta U + P\Delta V \tag{8.5}$$

エンタルピー H（$= U + PV$）は，体積変化による仕事を含んだ系のエネルギーであり，U と同じく示量性状態量である．ΔH と ΔU の大小は ΔV によって決まる．

$$\Delta V > 0 \text{ のとき } \Delta H > \Delta U, \quad \Delta V < 0 \text{ のとき } \Delta H < \Delta U \tag{8.6}$$

液体や固体などのように ΔV が小さい場合では，ΔH と ΔU はほぼ等しいことになる．

- **反応熱**　化学反応に伴って系から出入りする熱を反応熱とよぶ．熱は状態量ではないが，定積や定圧という条件が加わると，状態量の変化量と熱量が等しくなる．

$$\text{定積反応熱} \quad q_v = \Delta U \tag{8.7} \qquad \text{定圧反応熱} \quad q_p = \Delta H \tag{8.8}$$

q_v は定積反応熱とよばれ内部エネルギー変化に等しく，q_p は定圧反応熱とよばれエンタルピー変化に等しい．これらから物質の熱容量が定義される．

$$\Delta U = C_v \Delta T \tag{8.9} \qquad \Delta H = C_p \Delta T \tag{8.10}$$

これらの熱容量は一般に 1 mol あたりの物質について定義されるので C_v は定積モル熱容量，C_p は定圧モル熱容量とよばれる．単原子分子の理想気体（不活性ガス）においては $\Delta U = \frac{3}{2} nR\Delta T$ より $C_v = \frac{3}{2} R$ であり，$C_p = C_v + R = \frac{5}{2} R$ である（問題 8.4 参照）．

- **反応熱の符号**　化学反応では，大気圧のもとで起こるエネルギーの変化を扱うことが多いので，ΔU より ΔH の方をエネルギーの出入りを表す状態量として用いる．定圧下で反応が起こったとき，系が吸収もしくは放出する熱量は ΔH からわかる．化学反応のエンタルピー変化は反応エンタルピー $\Delta_r H$ とよばれ

$$aA(g) + bB(g) \longrightarrow cC(g) + dD(g), \quad \Delta_r H = Q \text{ kJ}$$

と表記する．$\Delta_r H$ は，定圧下で a mol の A と b mol の B がすべて反応して，c mol の C と d mol の D に変化したときに系に出入りする熱量であり，$\Delta_r H > 0$ ならば吸熱反応，$\Delta_r H < 0$ ならば発熱反応である．高校までの熱化学方程式での反応熱の符号と逆である．大学において「この反応の反応熱は正である」といえば，$\Delta_r H > 0$ を意味しているので吸熱反応である．

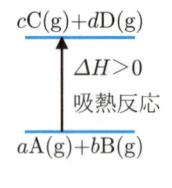

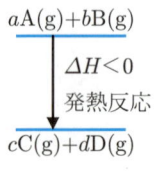

図 8.3　吸熱反応と発熱反応のエンタルピー

8.1 熱力学第一法則

例題 2

理想気体 1.0 mol をピストン付き円筒容器（断面積 $5.0 \times 10^2\,\mathrm{cm}^2$）に入れ，$0\,°\mathrm{C}, 1.013 \times 10^5\,\mathrm{Pa}$ にした．圧力を一定に保って $5.0 \times 10^2\,\mathrm{J}$ の熱量 q を与えると，気体はピストンをゆっくりと 4.0 cm 動かした．次の値を求めよ．

(1) 外部にした仕事 w' (2) 温度変化 ΔT (3) ΔH
(4) C_p (5) ΔU (6) C_v

解答 (1) $w' = 1.013 \times 10^5\,\mathrm{Pa} \times 5.0 \times 10^2\,\mathrm{cm}^2 \times 4.0\,\mathrm{cm} = 2.0 \times 10^2\,\mathrm{J}$ $(w' = -w)$

(2) 加熱前の気体の体積は $0.0224\,\mathrm{m}^3$ である．シャルル–ゲイリュサックの法則から

$$\frac{0.0224}{273} = \frac{0.0224 + 0.050 \times 0.040}{273 + \Delta T} \quad \text{より} \quad \Delta T = 24\,\mathrm{K}$$

(3) $\Delta H = q = 5.0 \times 10^2\,\mathrm{J}$ (4) $C_p = \dfrac{q}{\Delta T} = \dfrac{5.0 \times 10^2}{24} = 20.8\,\mathrm{J\,K^{-1}\,mol^{-1}}$

(5) $\Delta U = q + w = 5.0 \times 10^2 + (-2.0 \times 10^2) = 3.0 \times 10^2\,\mathrm{J}$

(6) $C_v = \dfrac{\Delta U}{\Delta T} = \dfrac{3.0 \times 10^2}{24} = 12.5\,\mathrm{J\,K^{-1}\,mol^{-1}}$

例題 3

黒鉛と水素ガスを混合してメタンができる反応

$$\mathrm{C(s) + 2H_2(g) \longrightarrow CH_4(g)} \quad \Delta_r H = x\,\mathrm{kJ}$$

の $\Delta_r H$ を以下の3つの反応エンタルピーから求め，吸熱反応か発熱反応か述べよ．

$\mathrm{C(s) + O_2(g) \longrightarrow CO_2(g)}$　　　　　$\Delta_r H = -393.5\,\mathrm{kJ}$　①
$\mathrm{H_2(g) + \frac{1}{2}O_2(g) \longrightarrow H_2O(\ell)}$　　$\Delta_r H = -285.8\,\mathrm{kJ}$　②
$\mathrm{CH_4(g) + 2O_2(g) \longrightarrow CO_2(g) + 2H_2O(\ell)}$　$\Delta_r H = -890.3\,\mathrm{kJ}$　③

解答 計算方法は熱化学方程式と同じである．① + ② × 2 − ③ より
$$x = (-393.5) + (-285.8) \times 2 - (-890.3) = -74.8$$
よって $\mathrm{C(s) + 2H_2(g) \longrightarrow CH_4(g)}$　$\Delta_r H$ は $-74.8\,\mathrm{kJ}$ となり，発熱反応である．

~~~ 問 題 ~~~

8.4 理想気体の定積および定圧モル熱容量 C_v, C_p の間には，$C_p - C_v = R$ が成り立つことを示せ．

8.5 例題1の各過程における ΔH を求めよ．

8.6 1 atm の一定外圧下，$100\,°\mathrm{C}$ において水 180 g を蒸発させたときの ΔH と ΔU を求めよ．ただし，水の蒸発熱は $40.7\,\mathrm{kJ\,mol^{-1}}$ であり，水蒸気は理想気体とせよ．

8.7 理想気体が断熱過程において $\mathrm{A}(P_1, T_1, V_1) \to \mathrm{B}'(P_2, T_2, V_2)$ へ変化するとき，$P_1 V_1^{C_p/C_v} = P_2 V_2^{C_p/C_v}$ が成立することを示し，問題8.3の状態変数の変化を確認せよ．

8.2 反応エンタルピー

- **ヘスの法則** 「反応熱は，反応前の状態と反応後の状態だけで決まり，途中の経路には無関係である」

これを<u>ヘスの法則</u>という．ヘスの法則を使えば，直接測定が困難な反応熱も，測定可能な反応熱などから決定できる．標準状態（1 atm）での反応エンタルピーを<u>標準反応エンタルピー</u> $\Delta_r H°$ という．ここで，° は，標準状態を意味している．

- **標準生成エンタルピー** 標準状態において，物質 1 mol が，その成分元素から生成するときのエンタルピー変化を，<u>標準生成エンタルピー</u> $\Delta_f H°$（単位は kJ mol^{-1}）とよぶ．基準となる単体の $\Delta_f H°$ は 0 である．

- **イオンの標準生成エンタルピー** イオンについても標準生成エンタルピーを求めることができる．基準イオンとして水素イオン H$^+$ をとり，その標準生成エンタルピーを 0 と決める．イオンの標準生成エンタルピーの値は，溶媒の量によっても変化するので，溶媒に依存しなくなる無限希釈極限の値である．

8.3 様々なエンタルピー

- **転移エンタルピー** 標準状態において物質 1 mol が相転移するときに，熱として加えられるべきエネルギーを<u>転移エンタルピー</u> $\Delta_{tr} H°$ とよぶ．物質の三態で述べたそれぞれの相転移（蒸発，融解，昇華）に対して転移エンタルピーがある．それらの転移は，<u>標準蒸発エンタルピー</u> $\Delta_{vap} H°$，<u>標準融解エンタルピー</u> $\Delta_{fus} H°$，<u>標準昇華エンタルピー</u> $\Delta_{sub} H°$ であり，一般的に吸熱反応として記述され，値は正である．

- **原子化エンタルピー** 標準状態において，気相の原子 1 mol が，その成分元素から生成するときのエンタルピー変化を<u>標準原子化エンタルピー</u> $\Delta_{at} H°$ とよぶ．Na(s) の $\Delta_{at} H°$ は昇華エンタルピー $\Delta_{sub} H°$ に等しい．

- **イオン化エンタルピー** 1 mol の気相の原子（またはイオン）から電子 1 個を取り除くときのエンタルピー変化を<u>標準イオン化エンタルピー</u> $\Delta_{ion} H°$ とよぶ．$\Delta_{ion} H°$ も常に正である．イオン化エネルギーと値はほぼ等しいが厳密には異なる．

- **電子付加エンタルピー** 1 mol の気相の原子（またはイオン）に電子 1 個を付加させるときのエンタルピー変化を<u>標準電子付加エンタルピー</u> $\Delta_{eg} H°$ とよぶ．電子付加の反応は一般的には発熱反応であるが，吸熱反応のものもある．「放出される」エネルギーである電子親和力と $\Delta_{eg} H°$ は，絶対値はほぼ等しいが符号は逆である．

- **格子エンタルピー** 1 mol の固体を構成するすべてのイオンを気体状のイオンへとばらばらにするエンタルピーを<u>格子エンタルピー</u> $\Delta H_L°$ とよぶ．$\Delta H_L°$ は常に正である．

8.3 様々なエンタルピー

例題 4

$CH_4(g) + 2O_2(g) \longrightarrow CO_2(g) + 2H_2O(\ell)$ の 25°C における $\Delta_r H°$ を求めよ.

[解答] 標準反応エンタルピー $\Delta_r H°$ を各物質の $\Delta_f H°$ から求める場合
- 各物質の $\Delta_f H°$ に化学式の係数 ν を掛ける.
- 右辺の総和から左辺の総和を引く.

$\Delta_r H° = \{$右辺の $\nu \Delta_f H°$ の総和$\} - \{$左辺の $\nu \Delta_f H°$ の総和$\}$
$= \{1 \times \Delta_f H°(CO_2, g) + 2 \times \Delta_f H°(H_2O, \ell)\} - \{1 \times \Delta_f H°(CH_4, g) + 2 \times \Delta_f H°(O_2, g)\}$
$= \{1 \times (-393.5) + 2 \times (-285.8)\} - \{1 \times (-74.8) + 2 \times 0\} = -890.3 \, \text{kJ mol}^{-1}$

例題 5

NaCl(s) の格子エンタルピー $\Delta H_L°$ を求めよ. ただし,NaCl(s) の $\Delta_f H°$ は $-411 \, \text{kJ mol}^{-1}$,Na および Cl の $\Delta_{at} H°$ は,それぞれ,108 および $122 \, \text{kJ mol}^{-1}$,Na の $\Delta_{ion} H°$ は $494 \, \text{kJ mol}^{-1}$,Cl の $\Delta_{eg} H°$ は $-349 \, \text{kJ mol}^{-1}$ を用いよ.

[解答] $\Delta H_L°$ は図 8.4 のボルン–ハーバーのサイクルとよばれるエネルギー図から求める. $\Delta H_L° = (494 + 122 + 108 + 411) - 349 = 786 \, \text{kJ mol}^{-1}$

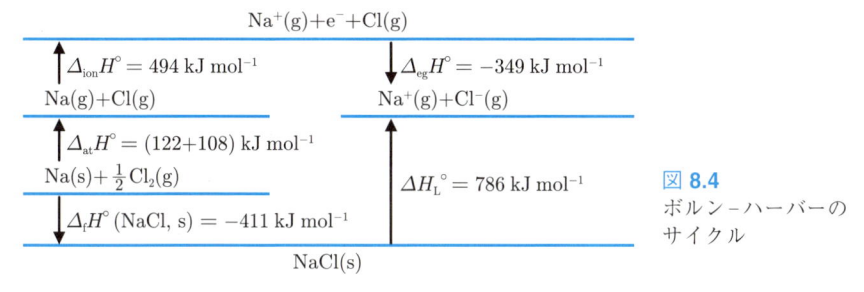

$Na^+(g) + e^- + Cl(g)$

$\Delta_{ion} H° = 494 \, \text{kJ mol}^{-1}$ $\quad$ $\Delta_{eg} H° = -349 \, \text{kJ mol}^{-1}$
$Na(g) + Cl(g)$ $\qquad\qquad$ $Na^+(g) + Cl^-(g)$

$\Delta_{at} H° = (122+108) \, \text{kJ mol}^{-1}$
$Na(s) + \frac{1}{2} Cl_2(g)$ $\qquad$ $\Delta H_L° = 786 \, \text{kJ mol}^{-1}$

$\Delta_f H°(NaCl, s) = -411 \, \text{kJ mol}^{-1}$

$NaCl(s)$

図 **8.4**
ボルン–ハーバーのサイクル

問 題

8.8 付録 5 のデータを用いて以下の反応の標準反応エンタルピー $\Delta_r H°$ を求め,発熱反応か吸熱反応かを答えよ.
(1) $C(s, \text{diamond}) \longrightarrow C(g)$ $\qquad$ (2) $N_2(g) + 3H_2(g) \longrightarrow 2NH_3(g)$
(3) $\frac{1}{2} N_2O_4(g) \longrightarrow NO_2(g)$ $\qquad$ (4) $Fe_2O_3(s) + 3H_2(g) \longrightarrow 2Fe(s) + 3H_2O(\ell)$

8.9 HCl(g) を水に溶解したときのエンタルピー変化は $-74.85 \, \text{kJ mol}^{-1}$ である.H^+ の標準生成エンタルピーを 0 として Cl^- の標準生成エンタルピー $\Delta_f H°(Cl^-, \text{aq})$ を求めよ. $\quad$ $HCl(g) + \text{aq} \longrightarrow H^+(\text{aq}) + Cl^-(\text{aq})$

8.10 例題 5 を参考にして KCl(s) の $\Delta H_L°$ を求めよ. ただし KCl(s) の $\Delta_f H°$ は $-437 \, \text{kJ mol}^{-1}$,K の $\Delta_{sub} H°$ は $89 \, \text{kJ mol}^{-1}$,K の $\Delta_{ion} H°$ は $418 \, \text{kJ mol}^{-1}$ を用いよ.

- **溶解エンタルピー** 　標準状態において，物質 1 mol が溶解するときのエンタルピー変化を，標準溶解エンタルピー $\Delta_{sol}H°$ とよぶ．溶解反応にも吸熱反応や発熱反応のものがある．塩のように，溶解して陽イオンと陰イオンが対になって生成するものについては，それぞれのイオンの標準生成エンタルピーから $\Delta_{sol}H°$ を計算で求めることが可能である（例題 6 参照）．

- **燃焼エンタルピー** 　標準状態において物質 1 mol が燃焼するときのエンタルピー変化を，標準燃焼エンタルピー $\Delta_{c}H°$ とよぶ．$\Delta_{c}H°$ を実験的に求めるためには，ボンベ熱量計が用いられる．ボンベ熱量計は一定体積中での反応であるので，周りの水の温度上昇から計算される熱量は ΔU に等しい．得られた ΔU を，$\Delta H = \Delta U + P\Delta V$ に代入して ΔH を求める．

- **水素化エンタルピー** 　標準状態において物質 1 mol に H_2 が付加するときのエンタルピー変化を，標準水素化エンタルピーとよぶ．標準水素化エンタルピーは，不飽和結合をもつ分子の相対的な安定性を議論することに用いられる．

- **結合解離エンタルピー** 　化学反応に伴って結合の解裂や形成が生じる．化学結合を解裂するときに必要とするエネルギーを結合解離エンタルピーとよぶ．結合解離エンタルピーは常に正の値である．二原子分子では結合解離エンタルピーは原子化エンタルピーの倍に等しい．多原子分子になってくると，分子内の結合の数や種類が様々になってくるので，平均結合解離エンタルピーを用いる．

8.4　エンタルピー変化の温度依存性

標準状態，25°C 以外の温度での反応エンタルピー $\Delta_r H°$ はキルヒホフの式で求める．

$$\Delta_r H°(T) = \Delta_r H°(298\,\mathrm{K}) + \int_{298}^{T} \Delta C_p dT \tag{8.11}$$

ここで，ΔC_p は生成物と反応物の定圧モル熱容量 C_p の差であり

$$aA + bB \longrightarrow cC + dD$$

という反応において，ΔC_p は化学式の係数 ν を用いて

$$\Delta C_p = \{右辺の \nu C_p の総和\} - \{左辺の \nu C_p の総和\}$$
$$= \{c \times C_p(\mathrm{C}) + d \times C_p(\mathrm{D})\} - \{a \times C_p(\mathrm{A}) + b \times C_p(\mathrm{B})\} \tag{8.12}$$

となる．C_p が温度依存するときには，化合物の C_p が

$$C_p = \alpha + \beta T + \gamma T^2 \quad (\alpha, \beta, \gamma は定数) \tag{8.13}$$

のような形で与えられるので代入して積分する．反応に関与するすべての化合物の C_p が，298 K から T K の温度範囲で一定であれば，キルヒホフの式は次式のようになる．

$$\Delta_r H°(T) = \Delta_r H°(298\,\mathrm{K}) + \Delta C_p(T - 298) \tag{8.14}$$

8.4 エンタルピー変化の温度依存性

例題 6

NaCl(s) の標準溶解エンタルピーを求めて，吸熱反応か発熱反応かを判断せよ．

解答 NaCl(s) + aq ⟶ Na$^+$(aq) + Cl$^-$(aq)

付録 5 の標準生成エンタルピーを次式に代入する．

$$\Delta_{sol}H° = \Delta_f H°(\text{Na}^+, \text{aq}) + \Delta_f H°(\text{Cl}^-, \text{aq}) - \Delta_f H°(\text{NaCl}, \text{s})$$
$$= -240.1 + (-167.16) - (-411.2) = 3.94$$

よって NaCl(s) の標準溶解エンタルピーは $+3.94\,\text{kJ mol}^{-1}$ であり，吸熱反応である．

例題 7

メタンの生成反応から C–H 結合の平均結合解離エンタルピー $\Delta H°$(C–H) を求めよ．

解答 CH$_4$(g) の生成エンタルピー $\Delta_f H°$(CH$_4$, g) を与える化学式，

$$\text{C(s)} + 2\text{H}_2(\text{g}) \longrightarrow \text{CH}_4(\text{g})$$

を書き，両辺それぞれを出発点として，分子中の結合をすべて切断して気相の原子 C(g) + 4H(g) とするための反応エンタルピーを求める．

$$\text{C(s)} + 2\text{H}_2(\text{g}) \longrightarrow \text{C(g)} + 4\text{H(g)} \quad \Delta H°(\text{左辺}) = \Delta_{sub}H°(\text{C}) + 2 \times \Delta H°(\text{H–H})$$
$$\text{CH}_4(\text{g}) \longrightarrow \text{C(g)} + 4\text{H(g)} \quad \Delta H°(\text{右辺}) = 4 \times \Delta H°(\text{C–H}) = 4x$$

得られたエンタルピー差が $\Delta_f H°$(CH$_4$, g) に等しい．$\Delta H°$(C–H) = $x\,\text{kJ mol}^{-1}$ とすると $\Delta H°$(左辺) − $\Delta H°$(右辺) = $\{\Delta_{sub}H°(\text{C}) + 2 \times \Delta H°(\text{H–H})\} - 4x = \Delta_f H°(\text{CH}_4, \text{g})$

$$715 + 2 \times 436 - 4x = -74.8 \quad \therefore \quad 415\,\text{kJ mol}^{-1}$$

問題

8.11 CaCl$_2$(s) の標準溶解エンタルピーを求めて，吸熱反応か発熱反応かを判断せよ．

8.12 ベンゼン C$_6$H$_6$(ℓ) の 25°C での標準燃焼エンタルピー $\Delta_c H°$ を求めよ．

8.13 ボンベ熱量計を用いて水素を燃焼させて熱量を測定し，25°C で $\Delta U° = -282.1\,\text{kJ mol}^{-1}$ を得た．25°C での水素の標準燃焼エンタルピー $\Delta_c H°$ を求めよ．

8.14 1-ブテンの標準水素化エンタルピーは $-127\,\text{kJ mol}^{-1}$ であり，その構造異性体である *cis*-2-ブテンと *trans*-2-ブテンの標準水素化エンタルピーは，それぞれ -120 と $-116\,\text{kJ mol}^{-1}$ である．これらの構造異性体の安定性について議論せよ．

8.15 水の生成反応から O–H 結合の平均結合解離エンタルピー $\Delta H°$(O–H) を求めよ．

8.16 アンモニアの合成反応 N$_2$(g) + 3H$_2$(g) ⟶ 2NH$_3$(g) の 400 K での反応エンタルピーは何 kJ か．ただし，NH$_3$(g) の 25°C での $\Delta_f H°$ は $-45.9\,\text{kJ mol}^{-1}$ であり，N$_2$, H$_2$, NH$_3$ の定圧モル熱容量 C_p は，それぞれ，29.1, 28.8, 35.1 J K^{-1} mol^{-1} で 298 K から 400 K の温度範囲で一定とせよ．

9 熱力学第二法則と化学平衡

9.1 化学平衡と平衡定数

● **可逆反応と不可逆反応** ● すべての化学反応は，原則的には可逆反応である．ただし逆反応が非常に起こりにくい場合や，逆反応の反応速度が著しく小さい場合に限って，不可逆反応となる．可逆反応では，反応開始後に十分長い時間が経過すると，反応物と生成物の濃度が変化しない状態に達する．この状態を化学平衡という．見かけ上，反応が止まって見えるだけであり，化学平衡は動的平衡にある．

● **質量作用の法則** ● 一般的な化学反応

$$a\mathrm{A} + b\mathrm{B} \rightleftarrows c\mathrm{C} + d\mathrm{D}$$

が平衡状態にあるとき，各成分の濃度の間には次の関係式が成り立つ．

$$\frac{[\mathrm{C}]^c [\mathrm{D}]^d}{[\mathrm{A}]^a [\mathrm{B}]^b} = K \text{（一定）} \tag{9.1}$$

この定数 K を平衡定数といい，この関係式を質量作用の法則という．K は温度のみに依存する関数で圧力には依存しない．

● **濃度平衡定数と圧平衡定数** ● 気体反応の場合には，濃度よりも圧力を用いて平衡定数が表されることが多い．このような平衡定数を圧平衡定数といい K_P で表す．モル濃度で表した平衡定数は濃度平衡定数といい K_C と表す．

$$K_P = K_C (RT)^{\{(c+d)-(a+b)\}} \tag{9.2}$$

K_C は温度のみに依存する関数であるので，K_P も温度のみに依存する関数となる．すなわち，温度一定であれば，K_C も K_P も一定である．

● **固体を含む平衡** ● 固体が反応に関与している場合，例えば，気体と固体の反応や，溶解平衡などにおいて，組成が一定になった状態を不均一平衡にあるという．不均一平衡において固体の成分は平衡定数の表記に含まれない．不均一平衡の他の例としては，難溶性塩の溶解平衡があり，平衡定数はイオン濃度の積だけとなり，溶解度積 K_{sp} とよばれる．難溶性塩の K_{sp} の値は $10^{-20} \sim 10^{-30}$ のものもあり，平衡は反応物側に極端に偏っている．硫化鉛の溶解平衡を以下に示す．

$$\mathrm{PbS(s)} \rightleftarrows \mathrm{Pb^{2+}(aq)} + \mathrm{S^{2-}(aq)}$$

$$K_{\mathrm{sp}} = [\mathrm{Pb^{2+}}][\mathrm{S^{2-}}] = 1.0 \times 10^{-28} \tag{9.3}$$

9.1 化学平衡と平衡定数

---**例題 1**---

アンモニアの合成反応 $N_2(g) + 3H_2(g) \rightleftharpoons 2NH_3(g)$ において濃度平衡定数 K_C と圧平衡定数 K_P の間の関係を求めよ．

解答 質量作用の法則 (9.1) から K_C は

$$K_C = \frac{[NH_3]^2}{[N_2][H_2]^3}$$

となる．濃度 C_i のべき乗の数字は化学反応式の係数に必ず一致する．

アンモニアの合成反応の K_P は，平衡達成時の $N_2(g)$, $H_2(g)$, $NH_3(g)$ の分圧をそれぞれ P_{N_2}, P_{H_2}, P_{NH_3} とすると，圧平衡定数は

$$K_P = \frac{P_{NH_3}^2}{P_{N_2} P_{H_2}^3}$$

各気体の分圧 P_i と濃度 C_i との間には，気体の状態方程式から，次式が成り立つ．

$$P_i = \frac{n_i}{V}RT = C_i RT$$

気体の分圧 P_i を K_P の式に代入して，K_C と比較すると次式を得る．

$$K_P = K_C (RT)^{-2}$$

問題

9.1 $H_2(g) + I_2(g) \rightleftharpoons 2HI(g)$ の反応が平衡状態に達した後でも，反応は絶えず起こっていて動的平衡にあることを確かめるためには，どんな実験をすればよいか述べよ．

9.2 一定温度において，a mol の $N_2O_4(g)$ と b mol の $NO_2(g)$ を混合し，P atm で $N_2O_4(g) \rightleftharpoons 2NO_2(g)$ の平衡に達した．その温度での平衡定数を K_P としたとき，平衡達成時の $N_2O_4(g)$ と $NO_2(g)$ の物質量を a, b, P および K_P で表せ．

9.3 アンモニアの合成反応の平衡反応を $\frac{1}{2}N_2(g) + \frac{3}{2}H_2(g) \rightleftharpoons NH_3(g)$ と表記したときの平衡定数を K_1 とする．例題 1 の K_C と K_1 との関係を書け．

9.4 以下の平衡反応について K_P と K_C との関係を示せ．
 (1) $N_2O_4(g) \rightleftharpoons 2NO_2(g)$ (2) $H_2(g) + I_2(g) \rightleftharpoons 2HI(g)$

9.5 硫化鉛の飽和溶液における Pb^{2+} および S^{2-} の濃度を求めよ．

9.6 塩化銀の溶解度積は 1.0×10^{-10} である．1.0×10^{-3} mol dm^{-3} の HCl に対する AgCl の溶解度は何 mol dm^{-3} か求めよ．

9.7 赤熱したコークス（炭素）に水蒸気を作用させて，水性ガス（一酸化炭素と水素の混合物）をつくる平衡における圧平衡定数 K_P を記述せよ．

● **電離平衡** ● 酸や塩基の電離平衡を，弱酸 HA の電離平衡を例にとって考える．

$$HA + H_2O \rightleftarrows H_3O^+ + A^-$$

この電離平衡の平衡定数 K は溶媒である水のモル濃度 $[H_2O]$ を含まない．

$$K = \frac{[H_3O^+][A^-]}{[HA][H_2O]} \tag{9.4}$$

この K は酸解離定数 K_a とよばれ，次のようにも表記される．

$$K_a = \frac{[H^+][A^-]}{[HA]} \tag{9.5}$$

水のイオン積 K_w も $[H_2O]$ を含まない平衡定数である．

$$K_w = [H^+][OH^-] = 1.0 \times 10^{-14} \, (25°C)$$

弱酸 HA を強塩基で中和滴定したときの pH の変化は，表 **9.1** のようになる．

● **加水分解平衡** ● 酢酸ナトリウムは水中で電離して CH_3COO^- を生じる．このイオンが一部の水と反応（加水分解）して OH^- を生じるため水溶液はアルカリ性を示す．

$$CH_3COO^- + H_2O \rightleftarrows CH_3COOH + OH^- \tag{9.6}$$

ここでも $[H_2O]$ は含まれず，加水分解の平衡定数 K_h は次式のようになる．

$$K_h = \frac{[CH_3COOH][OH^-]}{[CH_3COO^-]} \tag{9.7}$$

K_h は酢酸の K_a と K_w との間に次の関係がある

$$K_a K_h = K_w \tag{9.8}$$

よって K_h は塩基解離定数 K_b とも表記される．

表 **9.1** 弱酸の強塩基による中和滴定時の pH 計算式 [1]

滴定割合 F	存在種	pH 計算式
$F = 0$	HA	$pH = -\log\sqrt{K_a C_{HA}}$
$0 < F < 1$	HA/A^-	$pH = pK_a + \log\dfrac{C_{A^-}}{C_{HA}}$ [2]
$F = 1$	A^-	$pH = -\log\sqrt{\dfrac{K_w K_a}{C_{A^-}}}$
$F > 1$	OH^-	$pH = -\log\dfrac{K_w}{C_{OH^-}}$

[1] 弱酸を仮定しているので解離度 α が $\alpha \ll 1$ であり，$1-\alpha \fallingdotseq \alpha$ として計算する．
[2] ヘンダーソン-ハッセルバルチ式

9.1 化学平衡と平衡定数

---**例題 2**---

$0.100\,\mathrm{mol\,dm^{-3}}$ 酢酸水溶液 $100\,\mathrm{mL}$ を $0.100\,\mathrm{mol\,dm^{-3}}$ 水酸化ナトリウム水溶液で中和滴定する.以下の量を加えたときの溶液の pH を求めよ.ただし,酢酸の $\mathrm{p}K_\mathrm{a}$ を 4.76 とせよ.

(1) $0\,\mathrm{mL}$ (2) $25\,\mathrm{mL}$ (3) $50\,\mathrm{mL}$ (4) $100\,\mathrm{mL}$ (5) $101\,\mathrm{mL}$

[解答] 表 9.1 に数値を代入すると

(1) $\mathrm{pH} = -\log\sqrt{K_\mathrm{a} \times C_\mathrm{HA}} = \dfrac{1}{2}(\mathrm{p}K_\mathrm{a} - \log C_\mathrm{HA}) = \dfrac{1}{2}(4.76 + 1) = 2.88$

(2) $C_\mathrm{HA} = 0.100 \times \dfrac{75}{125} = 0.060\,\mathrm{mol\,dm^{-3}}$, $C_{\mathrm{A}^-} = 0.100 \times \dfrac{25}{125} = 0.020\,\mathrm{mol\,dm^{-3}}$

をヘンダーソン–ハッセルバルチ式に代入して

$$\mathrm{pH} = \mathrm{p}K_\mathrm{a} + \log\dfrac{C_{\mathrm{A}^-}}{C_\mathrm{HA}} = 4.76 + \log\dfrac{0.02}{0.06} = 4.76 - \log 3 = 4.28$$

(3) $C_\mathrm{HA} = C_{\mathrm{A}^-}$ より $\mathrm{pH} = \mathrm{p}K_\mathrm{a} = 4.76$

(4) 中和点では,弱塩基である酢酸ナトリウムの加水分解により生じる OH^- の濃度は,$[\mathrm{OH}^-] = \sqrt{K_\mathrm{b} \times C_{\mathrm{A}^-}}$ で求めることができる.よって pH は

$$\begin{aligned}
\mathrm{pH} &= -\log K_\mathrm{w} - \left(-\log\sqrt{K_\mathrm{b} C_{\mathrm{A}^-}}\right) \\
&= -\log\sqrt{\dfrac{K_\mathrm{w} K_\mathrm{a}}{C_{\mathrm{A}^-}}} = 7 + \dfrac{1}{2}(\mathrm{p}K_\mathrm{a} + \log C_{\mathrm{A}^-}) \\
&= 7 + \dfrac{1}{2}\left(4.76 + \log\dfrac{0.1 \times 100}{200}\right) = 8.73
\end{aligned}$$

(5) 過剰の水酸化ナトリウムの濃度で pH は決まるので

$$\mathrm{pH} = -\log\dfrac{K_\mathrm{w}}{C_{\mathrm{OH}^-}} = 14 + \log C_{\mathrm{OH}^-} = 14 + \log\left(0.100 \times \dfrac{1}{201}\right) = 10.70$$

問題

9.8 $0.100\,\mathrm{mol\,dm^{-3}}$ 酢酸水溶液 $25\,\mathrm{mL}$ を $0.100\,\mathrm{mol\,dm^{-3}}$ 水酸化ナトリウム水溶液で中和滴定したときの滴定曲線を酢酸の $\mathrm{p}K_\mathrm{a}$ を 4.76 として表計算ソフトで描き,得られたグラフから $\mathrm{p}K_\mathrm{a}$ を決定する方法を述べよ.

9.9 $\mathrm{p}K_\mathrm{a} = 3.00$ の一塩基酸 HA の $0.10\,\mathrm{mol\,dm^{-3}}$ 水溶液の pH を求めよ.その水溶液 $100\,\mathrm{mL}$ に $0.100\,\mathrm{mol\,dm^{-3}}$ 水酸化ナトリウム水溶液を $2\,\mathrm{mL}$ 加えたときの pH を求めよ.ただし,弱酸の近似 $(1 - \alpha \fallingdotseq 1)$ が使用できないことに注意せよ.

9.10 $\mathrm{p}K_\mathrm{a} = 9.00$ の一塩基酸 HA の $0.100\,\mathrm{mol\,dm^{-3}}$ 水溶液 $100\,\mathrm{mL}$ に,$0.100\,\mathrm{mol\,dm^{-3}}$ 水酸化ナトリウム水溶液を $99.8, 100.0, 100.2\,\mathrm{mL}$ 加えたときの pH を求めよ.ただし,加水分解平衡の影響が無視できないことに注意せよ.

9.2 化学平衡の移動

● **ルシャトリエの原理** ● 「平衡状態にある系が，外部からの作用によって，平衡が乱された場合，この作用に基づく効果を弱める方向にその系の状態が変化する.」

これがルシャトリエの原理である．平衡状態にある系において，濃度，圧力，温度などの示強変数を変えた場合，平衡状態がどのように移動するかの指針を与える．

● **濃度の影響** ● 平衡定数 K の値は濃度によらない．すなわち，K の値を一定に保つように組成が変化することを意味している．平衡になっている状態へ，温度，体積を一定に保って，外部から平衡に関与する物質を加えると，その瞬間は，非平衡状態となる．その後，加えた物質の影響を緩和するように新しい平衡状態に向かって各物質の濃度は変化する．

● **共通イオン効果** ● ある種のイオンを含む水溶液が平衡状態にあるとき，平衡に関与するイオンを含む電解質を加えると，平衡移動が生じ，加えたイオンが関与する物質の溶解度や電離度が減少する．この現象を共通イオン効果という．共通イオン効果はルシャトリエの原理の濃度の影響で説明できる．

● **圧力の影響** ● 圧平衡定数 K_P も温度のみに依存する関数であり，圧力を変化させても変化しない．以下のような気体の化学反応が平衡状態にあるとき

$$a\mathrm{A(g)} + b\mathrm{B(g)} \rightleftarrows c\mathrm{C(g)} + d\mathrm{D(g)}$$

K_P は全圧を P とそれぞれのモル分率で次式で表される．

$$K_P = \frac{P_\mathrm{C}^c P_\mathrm{D}^d}{P_\mathrm{A}^a P_\mathrm{B}^b} = \frac{(X_\mathrm{C}P)^c(X_\mathrm{D}P)^d}{(X_\mathrm{A}P)^a(X_\mathrm{B}P)^b} = \frac{(X_\mathrm{C})^c(X_\mathrm{D})^d}{(X_\mathrm{A})^a(X_\mathrm{B})^b} P^{\{(c+d)-(a+b)\}} = K_X P^{\{(c+d)-(a+b)\}} \tag{9.9}$$

ここで K_X はモル分率の平衡定数である．圧力を変化させて平衡が移動する理由は，K_P が一定のもとでモル分率の平衡定数 K_X が変化するからである．アンモニアの合成反応のように

$$\mathrm{N_2(g)} + 3\mathrm{H_2(g)} \rightleftarrows 2\mathrm{NH_3(g)}$$

右辺の係数の和が左辺の係数の和より小さいときは，P が大きくなると K_X も大きくなる．すなわち，圧力を上げると平衡は右に移動することになる．係数の和が右辺と左辺で等しい場合には，$K_P = K_X$ となり圧力を変えても平衡は移動しない．

● **温度の影響** ● 温度を変化させた場合に平衡が移動する理由は，平衡定数 K そのものが変化するからである．吸熱反応（$\Delta H > 0$）の場合は，反応温度 T を上げれば平衡定数 K は指数関数的に上昇し，発熱反応（$\Delta H < 0$）の場合は，反応温度 T を上げれば平衡定数 K は指数関数的に減少する．

9.2 化学平衡の移動

例題 3

$N_2O_4(g) \rightleftharpoons 2NO_2(g)$ において，この平衡を生成物（右）側に偏らせるためには，圧力，温度をどうすればよいか．

[解答] 圧平衡定数 K_P をモル分率の平衡定数 K_X と P で表すと

$$K_P = \frac{P_{NO_2}^2}{P_{N_2O_4}} = \frac{(X_{NO_2}P)^2}{X_{N_2O_4}P} = \frac{X_{NO_2}^2}{X_{N_2O_4}}P = K_X P$$

K_P は一定であるので K_X を大きくする（$X_{N_2O_4}$ は減少，X_{NO_2} は増加）ためには P が小さくならなければならない．すなわち，圧力を下げれば平衡は生成物側に偏る．

正反応の向きの 25°C における標準反応エンタルピーは

$$\Delta_r H° = 2 \times \Delta_f H°(NO_2, g) - 1 \times \Delta_f H°(N_2O_4, g) = +57.20 \, kJ \, mol^{-1}$$

であり，$\Delta_r H° > 0$ なので吸熱反応である．よって温度を上げれば K_P は上昇し，平衡は生成物側に偏る．

問 題

9.11 以下のエステル化の反応は，100°C において濃度平衡定数 K_C は 4 である．

$$CH_3COOH + CH_3OH \rightleftharpoons CH_3COOCH_3 + H_2O$$

$$K_C = \frac{[CH_3COOCH_3][H_2O]}{[CH_3COOH][CH_3OH]} = 4$$

(1) 酢酸を 0.90 mol，メタノールを 0.90 mol 混ぜて平衡に達したときの，それぞれの物質量を求めよ．

(2) (1) の平衡状態に，0.60 mol の酢酸を加えた後，再び平衡になったときのそれぞれの物質量を求めよ．

9.12 NaCl の飽和水溶液に，HCl ガスを通じると NaCl の結晶が析出する．その理由を述べよ．

9.13 酢酸水溶液に酢酸ナトリウムを加えたとき，pH はどのように変化するかを書け．

9.14 以下の平衡反応について K_P と K_X との関係を示し，温度一定の条件において圧力を増加させたときの平衡移動について説明せよ．

(1) $N_2(g) + 3H_2(g) \rightleftharpoons 2NH_3(g)$ (2) $H_2(g) + I_2(g) \rightleftharpoons 2HI(g)$

9.15 アンモニアの合成反応の平衡 $N_2(g) + 3H_2(g) \rightleftharpoons 2NH_3(g)$ を生成物側に偏らせるためには，温度，圧力をどうすればよいかをルシャトリエの原理に基づいて述べよ．$NH_3(g)$ の $\Delta_f H°$ は $-45.9 \, kJ \, mol^{-1}$ である．

9.16 $N_2O_4(g) \rightleftharpoons 2NO_2(g)$ の K_P は 0.148 である．1 mol N_2O_4 を初期状態として外圧 P を $0 \sim 1$ atm の範囲で 0.2 atm ずつ変化させたときの X_{NO_2} を計算し，グラフに表せ．また，$K_P = K_X P$ であることを確認せよ．

9.3 熱力学第二法則とエントロピー

「自発的に進む反応（現象）において，宇宙のエントロピーは増大する」

これが熱力学第二法則の表現の一つである．ここで「宇宙」とは，「系」と「外界」を合わせたものであり，「孤立系」と言い換えることもできる．

- **エントロピー** エネルギーには，「広い範囲に無秩序に拡がろう」とする性質がある．その指標がエントロピー S であり，S が大きければエネルギーは広い範囲に無秩序に拡がっていることを意味する．エントロピーの増減（dS）は，系に可逆的に出入りする熱エネルギー dq をその温度 T で割ったものに等しい．

$$dS = \frac{dq}{T} \tag{9.10}$$

エントロピーの単位は JK^{-1} である．この式から，同じ熱量を系に加えても，その温度によってエントロピーの増加量は異なることが示される．

- **宇宙のエントロピー** 孤立系になっている断熱材内部において，温度 T K の A ブロックから温度 T' K の B ブロックに熱量 Q（> 0）J が自発的に移動する場合の条件は，宇宙のエントロピー変化が正（$\Delta S_{宇宙} > 0$）である．

$$\Delta S_{宇宙} = \Delta S_A + \Delta S_B = -\frac{Q}{T} + \frac{Q}{T'} > 0 \tag{9.11}$$

よって，$T > T'$ であることが必要である．

- **物質のエントロピー** すべての物質は，温度と圧力を決めると，1 mol あたりのモルエントロピー S_m という正の数値が定まる．圧力が 1 atm で，特定の温度のときの物質 1 mol あたりのエントロピーを，標準モルエントロピー S_m° という．S_m° の単位は $JK^{-1} mol^{-1}$ である．S_m° の値は，その物質の定圧モル熱容量 C_P を用いて

$$S_m^\circ(T) = S_m(0) + \int_0^T \frac{C_P}{T} dT \tag{9.12}$$

と表される．$S_m(0)$ は 0 K でのエントロピー値で，ほぼ 0 である．同温，同圧ならば，すべての気体はほぼ同じ S_m° の値を示し，液体や固体の S_m° 値より大きい．一方，固体の S_m° 値は小さく，液体は，気体と固体の中間の S_m° 値を示す．

- **相転移における熱力学第二法則** ある温度 T で相転移が生じるか否かも $\Delta S_{宇宙}$ の符号で決まる．$\Delta S_{宇宙} > 0$ ならば自発的に相転移が生じる．ここで $\Delta S_{宇宙}$ は相転移に伴う系のエントロピー変化 $\Delta S_{系}$ と，外界のエントロピー変化 $\Delta S_{外界}$ の和で表される．

$$\Delta S_{宇宙} = \Delta S_{系} + \Delta S_{外界} \tag{9.13}$$

$\Delta S_{外界}$ は転移エンタルピー $\Delta H_{系}$ を用いて，$\Delta S_{外界} = -\Delta H_{系}/T$ で求められる．

$$\Delta S_{宇宙} = \Delta S_{系} - \Delta H_{系}/T \tag{9.14}$$

9.3 熱力学第二法則とエントロピー

---**例題 4**---

25°C，標準状態において，$H_2O(s)$ は融解して $H_2O(\ell)$ になることを熱力学第二法則に基づいて説明せよ．ただし，水の融解エンタルピーを $6.0\,\mathrm{kJ\,mol^{-1}}$ とし，$H_2O(s)$ の S_m° を $48\,\mathrm{J\,K^{-1}\,mol^{-1}}$，$H_2O(\ell)$ の S_m° を $70\,\mathrm{J\,K^{-1}\,mol^{-1}}$ とせよ．

解答 水の固相から液相への相転移は以下のように書ける．

$$H_2O(s) \longrightarrow H_2O(\ell), \quad \Delta H^\circ = 6.0\,\mathrm{kJ\,mol^{-1}}$$

相転移が生じる場合には，熱力学第二法則から宇宙のエントロピーが増大しなければならない．すなわち $\Delta S^\circ_\text{系} + \Delta S^\circ_\text{外界} = \Delta S^\circ_\text{宇宙} > 0$ が成立することが必要である．水自身（系）のエントロピー変化は

$$\Delta S^\circ_\text{系} = 70 - 48 = +22\,\mathrm{J\,K^{-1}\,mol^{-1}}$$

となるので，25°C で氷が水に変化すると系のエントロピーは $+22\,\mathrm{J\,K^{-1}\,mol^{-1}}$ 増加する．
　一方，外界のエントロピー変化は，氷の融解に伴って ΔH° にあたる熱量が外界から系へ吸収されるため

$$\Delta S^\circ_\text{外界} = -6000\,\mathrm{J\,mol^{-1}}/298\,\mathrm{K} = -20\,\mathrm{J\,K^{-1}\,mol^{-1}}$$

となる．よって宇宙全体のエントロピー変化は

$$\Delta S^\circ_\text{宇宙} = \Delta S^\circ_\text{系} + \Delta S^\circ_\text{外界} = (+22) + (-20) > 0$$

となり，25°C で氷が水へと変化すると宇宙のエントロピーは増加することになるので，これは自発的に起こる．逆に，25°C で水が氷へと凝固する変化は，符号がすべて逆になり $\Delta S^\circ_\text{宇宙} < 0$ となるので，自発的には起こらない．

問 題

9.17 孤立系になっている断熱材内部において，温度 $300\,\mathrm{K}$ の A ブロックと温度 $400\,\mathrm{K}$ の B ブロックが接しているとき，A から B に熱量 $1200\,\mathrm{J}$ が移動することが熱力学第二法則に反すること示せ．

9.18 体積一定の条件で $1\,\mathrm{mol}$ の単原子分子の理想気体の温度を (1) $100\,\mathrm{K} \to 200\,\mathrm{K}$ と (2) $200\,\mathrm{K} \to 300\,\mathrm{K}$ へ変化させたときのエントロピー変化を求めて比較せよ．

9.19 標準状態での氷の融解について以下の問いに答えよ．ただし，$\Delta H^\circ, \Delta S^\circ$ は例題 4 の値を用いよ．
 (1) $-20°\mathrm{C}$ において $\Delta S^\circ_\text{宇宙}$ はどうなるか説明せよ．
 (2) $\Delta S^\circ_\text{宇宙} = 0$ となる温度を求めよ．

9.20 標準状態，$273\,\mathrm{K}$ で $9.0\,\mathrm{g}$ の氷がすべて水に融解するときのエントロピー変化を求めよ．$273\,\mathrm{K}$ での標準融解エンタルピー $\Delta_\mathrm{fus}H^\circ$ を $6.0\,\mathrm{kJ\,mol^{-1}}$ とせよ．

9.21 標準状態で $H_2O(\ell)$ の C_P は，温度に依存せず $75\,\mathrm{J\,K^{-1}\,mol^{-1}}$ で一定であるとして，$50°\mathrm{C}$ での $H_2O(\ell)$ の S_m° を求めよ．$25°\mathrm{C}$ での S_m° は $70\,\mathrm{J\,K^{-1}\,mol^{-1}}$ とせよ．

● **ギブズエネルギーの導入** ●　(9.14) は，変化が自発的に進行するかどうかは $\Delta H_{系}$ と $\Delta S_{系}$ によって判断できることを示している．$-T\Delta S_{宇宙} = \Delta G$ とおくと

$$\Delta G = \Delta H_{系} - T\Delta S_{系} \tag{9.15}$$

となる．G は<u>ギブズエネルギー</u>とよばれ，系から「仕事の形で自由に」取り出せるエネルギーを意味する．ΔG はギブズエネルギー変化である．$\Delta S_{宇宙}$ と ΔG の符号は逆になるので，一定温度，一定圧力において，ギブズエネルギー G が減少する，すなわち，$\Delta G < 0$ である反応（現象）は自発的に進む．

● **ギブズエネルギーと化学ポテンシャル** ●　他の成分が存在しているときの物質 1 mol あたりのギブズエネルギーを<u>部分モルギブズエネルギー</u> $\overline{G}$ とよぶ．この $\overline{G}$ は示強性変数であり，6 章で出てきた化学ポテンシャル μ そのものである．混合溶液の体積 V が各成分の物質量 n と部分モル体積 $\overline{V}$ で表されるのと同様に，系のギブズエネルギーも

$$G = n_A \overline{G_A} + n_B \overline{G_B} + n_C \overline{G_C} + \cdots = n_A \mu_A + n_B \mu_B + n_C \mu_C + \cdots \tag{9.16}$$

と表される．相転移においては，三相のうちで化学ポテンシャルの最も低い相が安定相として現れる．それは三相のうちで化学ポテンシャルの最も低い相に移る変化が起こると，系のギブズエネルギーは減少する．そのような相転移は熱力学第二法則に従って自発的に進むからである．

● **気体の拡散とエントロピー** ●　一定温度 T において間仕切りのある部屋の片方に n mol の理想気体（$P° = 1$ atm），一方は真空であるとする（図 **9.1**）．その間仕切りをとると，気体は部屋全体に拡がり，圧力が $P°$ から P へと減少する．化学ポテンシャルも $\mu°$ から μ へと減少し，その変化量 $\frac{d\mu}{dP}$ はモル体積 $V_m = RT/P$ に等しい．ΔG は

$$\Delta G = n\mu - n\mu° = nRT \ln(P/P°) \tag{9.17}$$

となり，$\Delta G < 0$ となる．エネルギーは保存され，$\Delta H = 0$ であるので ΔS は

$$\Delta S = -\Delta G/T = -nR \ln P > 0 \tag{9.18}$$

となる．よって，エントロピーの寄与によって気体は拡散する．

● **気体の混合とエントロピー** ●　一定温度 T において間仕切りのある部屋に n_A mol の理想気体 A（$P° = 1$ atm）と n_B mol の理想気体 B（$P° = 1$ atm）が入っている（図 **9.2**）．間仕切りをとると，気体 A も B も全体に拡がる．真空への拡散と同じく，時間が経過すると化学ポテンシャルは減少する．ΔG を物質量とモル分率で表すと

$$\Delta G = RT \left(n_A \ln \frac{P_A}{P°} + n_B \ln \frac{P_B}{P°} \right) = (n_A + n_B)RT(X_A \ln X_A + X_B \ln X_B) \tag{9.19}$$

であり $\Delta G < 0$ となる．よって，気体 A,B は混合して均一となることで，G は減少する．このときの ΔS を<u>混合エントロピー</u>と呼ぶ．混合エンタルピー $\Delta H = 0$ より

$$\Delta S = -\Delta G/T = -(n_A + n_B)R(X_A \ln X_A + X_B \ln X_B) \tag{9.20}$$

$\Delta S > 0$ であり，熱力学第二法則から気体の混合は自発的であることが示される．

9.3 熱力学第二法則とエントロピー

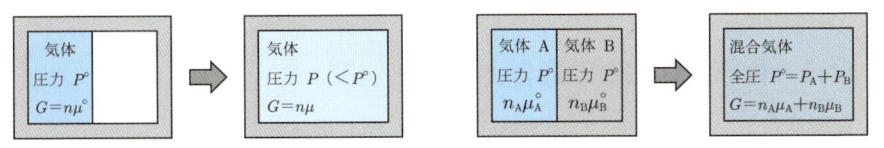

図 9.1 気体の拡散

図 9.2 気体の混合と化学ポテンシャル

---**例題 5**---

温度が一定の条件下で，n mol の気体が拡散して圧力が P° から P へと減少するとき，$\Delta G = nRT \ln(P/P^\circ)$ を導出せよ．

[解答] 温度が一定のとき，化学ポテンシャルの圧力依存性 $\dfrac{d\mu}{dP}$ はモル体積 V_m に等しい．

$$\frac{d\mu}{dP} = V_\mathrm{m} = \frac{RT}{P}$$

上の式の両辺を積分範囲 P° から P と μ° から μ まで積分すると

$$\int_{\mu^\circ}^{\mu} d\mu = \int_{P^\circ}^{P} \frac{RT}{P} dP$$

$$[\mu]_{\mu^\circ}^{\mu} = RT\,[\ln P]_{P^\circ}^{P}$$

$$\mu - \mu^\circ = RT(\ln P - \ln P^\circ)$$

よって，$\Delta G = n\mu - n\mu^\circ = nRT \ln(P/P^\circ)$

図 9.3 $\mu_\text{気体}$ の圧力変化

問題

9.22 純物質の相転移は，「三相のうちで化学ポテンシャルの最も低い相が安定相として現れる」と表現したが，熱力学第二法則とギブズエネルギーを用いて表現せよ．

9.23 1 atm, 25°C において n mol の氷はすべて融解して液体の水になる．その過程をギブズエネルギー G と氷と水の化学ポテンシャル $\mu_\text{固}$, $\mu_\text{液}$ を用いて説明せよ．

9.24 気体をすべて理想気体として以下の問に答えよ．

(1) n mol の気体を一定の温度で (P_1, V_1) から (P_2, V_2) まで変化させたときのエントロピー変化は $\Delta S = nR \ln \dfrac{P_1}{P_2} = nR \ln \dfrac{V_2}{V_1}$ であることを示せ．

(2) 35°C において，1 atm, 7 m³ の窒素ガスをゲージ圧 14.7 MPa まで加圧して高圧ボンベに詰めたときのエントロピー変化を求めよ．

(3) n_A mol の気体 A と n_B mol の気体 B が一定の圧力と温度のもとで混合するときの混合エントロピーが $\Delta S = -(n_\mathrm{A} + n_\mathrm{B})R(X_\mathrm{A} \ln X_\mathrm{A} + X_\mathrm{B} \ln X_\mathrm{B})$ であることを示せ．

(4) 一定温度および圧力のもとで，体積比で窒素 80%，酸素 20% で混合して 1 mol の空気ができるときの混合エントロピーを計算せよ．

9.4 化学反応における熱力学第二法則

● **標準反応エントロピー** ● 標準状態において，化学反応における反応物と生成物のモルエントロピー差を，標準反応エントロピー $\Delta_r S°$ とよぶ．$\Delta_r S°$ の計算方法は，$\Delta_r H°$ と同じで，各物質の $S_m°$ に化学式の係数 ν を掛けて，右辺の総和から左辺の総和を引く．単体の物質の $S_m°$ も 0 でないことに注意する．

$$\Delta_r S° = \{右辺の\nu S_m°の総和\} - \{左辺の\nu S_m°の総和\} \tag{9.21}$$

● **標準反応ギブズエネルギーの求め方** ● 標準状態，25°C において化学反応式の左辺の反応物がすべて，右辺の生成物へと変化するときのギブズエネルギー変化を標準反応ギブズエネルギー $\Delta_r G°$ とよぶ．また，標準状態にある単位物質量の物質が，同じく標準状態にある単体から生成される場合の反応ギブズエネルギーを，標準生成ギブズエネルギー $\Delta_f G°$ とよぶ．単体の $\Delta_f G°$ は 0 とする．$\Delta_r G°$ の計算方法は

① $\Delta_r H°$ と $\Delta_r S°$ を求めて，$\Delta_r G° = \Delta_r H° - T \times \Delta_r S°$ を計算する．
② 各物質の $\Delta_f G°$ に化学式の係数 ν を掛けて，右辺の総和から左辺の総和を引く．

$$\Delta_r G° = \{右辺の\nu\Delta_f G°の総和\} - \{左辺の\nu\Delta_f G°の総和\} \tag{9.22}$$

● **標準反応ギブズエネルギー $\Delta_r G°$ の符号の意味** ● 標準反応ギブズエネルギー $\Delta_r G°$ は，標準状態，25°C で反応物がすべて反応して，生成物に変化したときのギブズエネルギーの変化である．平衡定数 K と次のような関係がある．

$$\Delta_r G° = -RT \ln K \tag{9.23}$$

$\Delta_r G° > 0$ ならば K は 1 より小さく，$\Delta_r G° < 0$ ならば K は 1 より大きいことを示す．

● **反応の進行とギブズエネルギー G の変化** ● 定温，定圧下において，化学反応もギブズエネルギー G が減少する間は自発的に進行する．

$$a\mathrm{A(g)} \longrightarrow b\mathrm{B(g)}$$

この反応が ξ mol 進行したときの G は，A と B の部分モルギブズエネルギー $\overline{G}$ （化学ポテンシャル μ）と物質量 n_A, n_B を用いて

$$G = n_A \overline{G_A} + n_B \overline{G_B} = n_A \mu_A + n_B \mu_B \tag{9.24}$$

と表される．G の増減の方向は G の一次微分 $(dG/d\xi)$ から求められる．

$$\frac{dG}{d\xi} = G'(\xi) = b\mu_B - a\mu_A = \Delta_r G + RT \ln \frac{P_B^b}{P_A^a} \tag{9.25}$$

$\Delta_r G$ は T K における反応ギブズエネルギーである．G は $dG/d\xi = 0$ となる点で極小値をもつグラフ（図 **9.4**）になる．

● **平衡反応と熱力学第二法則** ● G は $dG/d\xi = 0$ となる極小点まで G は減少するので，熱力学第二法則に従って反応は進行する．すなわち，$dG/d\xi = 0$ となる点で平衡状態となる．平衡定数を K とすると，(9.23) が得られる．

例題 6

$1\,\text{atm}$, $25°\text{C}$ で N_2O_4 $1\,\text{mol}$ を初期状態として $\xi\,\text{mol}$ の N_2O_4 が解離したときのギブズエネルギー $G(\xi)$ のグラフを $0 < \xi < 1\,\text{mol}$ の範囲で描き，平衡点を明示せよ．

解答 標準状態 ($P° = 1\,\text{atm}$) での N_2O_4 の化学ポテンシャルを $\mu_A°$ とし，NO_2 の化学ポテンシャルを $\mu_B°$ とする．N_2O_4 が $\xi\,\text{mol}$ だけ解離すると NO_2 は $2\xi\,\text{mol}$ 生じる．N_2O_4 も NO_2 も気体なので反応が進行するにつれてそれぞれの分圧 P_A, P_B が変化し，N_2O_4 と NO_2 の化学ポテンシャル μ_A と μ_B も ξ の関数として変化する．

$$\mu_A(\xi) = \mu_A° + RT\ln\frac{P_A}{P°} = \mu_A° + RT\ln\frac{1-\xi}{1+\xi}, \quad \mu_B(\xi) = \mu_B° + RT\ln\frac{P_B}{P°} = \mu_B° + RT\ln\frac{2\xi}{1+\xi}$$

ギブズエネルギーは $G(\xi) = n_A\mu_A(\xi) + n_B\mu_B(\xi)$ であるので

$$G(\xi) = (1-\xi)\mu_A + 2\xi\mu_B = (1-\xi)\left(\mu_A° + RT\ln\frac{1-\xi}{1+\xi}\right) + 2\xi\left(\mu_B° + RT\ln\frac{2\xi}{1+\xi}\right)$$

$G(0) = 0$ ($\mu_A° = 0$, $2\mu_B° - \mu_A° = \Delta_r G°$) として表計算ソフトなどで $G(\xi)$ を描くと図 9.4 のような極小点をもつ曲線になる．極小点 $dG/d\xi = 0$ を与える ξ の値を求める．

$$\frac{dG}{d\xi} = \Delta_r G'(\xi) = 2\mu_B - \mu_A = 0$$

上式に $\mu_A = \mu_A° + RT\ln P_A$, $\mu_B = \mu_B° + RT\ln P_B$, $2\mu_B° - \mu_A° = \Delta_r G° = 4.73\,\text{kJ mol}^{-1}$ を代入して

$$\frac{dG}{d\xi} = \Delta_r G° + RT\ln\frac{P_B^2}{P_A} = 0$$

$$4.73 + 8.31 \times 298 \times \ln\frac{4\xi^2}{1-\xi^2} = 0$$

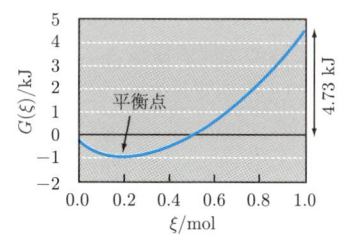

図 9.4　分解反応の $G(\xi)$ のグラフ

$\xi = 0.19\,\text{mol}$ のときに $G(\xi)$ は極小値をとり，そこが平衡点である．

～～～ **問　題** ～～～

9.25 付録 5 のデータを用いて以下の反応の $298\,\text{K}$ での $\Delta_r H°$, $\Delta_r S°$, $\Delta_r G°$ を求め，$\Delta_r G°$ への $\Delta_r H°$ および $\Delta_r S°$ の寄与を議論せよ．

(1) $N_2O_4(g) \longrightarrow 2NO_2(g)$ 　　(2) $3O_2(g) \longrightarrow 2O_3(g)$

(3) $\frac{1}{2}N_2(g) + \frac{3}{2}H_2(g) \longrightarrow NH_3(g)$ 　　(4) $H_2O_2(\ell) \longrightarrow H_2O(\ell) + \frac{1}{2}O_2(g)$

9.26 $25°\text{C}$ における反応 $N_2O_4(g) \longrightarrow 2NO_2(g)$ について以下の問に答えよ．

(1) $\Delta_r G° = 4.73\,\text{kJ mol}^{-1}$ として K_P を計算せよ．

(2) $25°\text{C}$, $0.16\,\text{atm}$ の定温定圧において，$N_2O_4(g)$ と $NO_2(g)$ を同じ物質量入れた初期状態から平衡に至る過程において観測される反応を述べよ．

9.27 $1\,\text{atm}$, $25°\text{C}$ における反応 $2NO_2(g) \longrightarrow N_2O_4(g)$ について，初期状態 $2\,\text{mol}$ の NO_2 から平衡に至る過程について，例題 6 の結果を利用して $G(\xi)$ を $0 < \xi < 2\,\text{mol}$ の範囲で描き，平衡状態について説明せよ．ただし，$G(0) = 0$ とせよ．

9.5 平衡反応と温度

- **$\Delta_r G°$ への $\Delta_r H°$ と $\Delta_r S°$ の寄与** $\Delta_r G° = \Delta_r H° - T\Delta_r S°$ より，$\Delta_r G°$ の符号は $\Delta_r H°$ と $\Delta_r S°$ の符号によって決まり，4つのケースに分類される．

表 9.2 $\Delta_r H°$，$\Delta_r S°$ と $\Delta_r G°$ の符号の関係

	$\Delta_r H°$	$\Delta_r S°$	$\Delta_r G°$
1	− （発熱）	+ （増大）	常に −
2	− （発熱）	− （減少）	− （低温），+ （高温）
3	+ （吸熱）	+ （増大）	+ （低温），− （高温）
4	+ （吸熱）	− （減少）	常に +

- **反応ギブズエネルギーの温度依存性** 反応ギブズエネルギー $\Delta_r G°$ は，温度 T の値に依存して変化する．$\Delta_r H°$ と $\Delta_r S°$ の値が温度に対して変化しないと仮定すると，$\Delta_r G°$ は温度 T に対して直線的に変化する．

- **平衡定数の温度依存性** 温度を変化させた場合に平衡が移動する理由は平衡定数 K そのものが変化するからである．平衡の移動する方向は $\Delta_r H°$ で決まる．K を $\Delta_r G°$ で表し，$\Delta_r G° = \Delta_r H° - T\Delta_r S°$ を代入すると

$$K = \exp\left(-\frac{\Delta_r G°}{RT}\right) = \exp\left(-\frac{\Delta_r H°}{RT}\right)\exp\left(\frac{\Delta_r S°}{R}\right) \tag{9.26}$$

となる．温度依存して変化するのは前の $\Delta_r H°$ の部分だけである．

- **ファントホフの式** (9.26) の両辺の自然対数をとると

$$\ln K = -\frac{\Delta_r H°}{RT} + \frac{\Delta_r S°}{R} \tag{9.27}$$

となる．$\Delta_r H°$ と $\Delta_r S°$ の値が温度に対して変化しないとすると

$$\ln K = -\frac{\Delta_r H°}{R}\left(\frac{1}{T}\right) + 定数 \tag{9.28}$$

となる．この式をファントホフの式といい，$\ln K$ を $1/T$ に対してプロットすれば，傾きから $\Delta_r H°$ が求まる．この式は，吸熱反応（$\Delta_r H > 0$）の場合は，反応温度 T を上げれば平衡定数 K は増加し，発熱反応（$\Delta_r H < 0$）の場合は，反応温度 T を上げれば平衡定数 K は減少する，というルシャトリエの原理を意味している．温度を変化させたときの，平衡移動の方向は，$\Delta_r S°$ や $\Delta_r G°$ の符号でなく $\Delta_r H°$ の符号により決まる．温度 T_1 および T_2 のときの平衡定数をそれぞれ K_1，K_2 とすると

$$\ln\frac{K_2}{K_1} = -\frac{\Delta_r H°}{R}\left(\frac{1}{T_2} - \frac{1}{T_1}\right) \tag{9.29}$$

と書ける．$\Delta_r H°$ が与えられ，ある温度 T_1 での平衡定数 K_1 が与えられれば，異なる温度 T_2 での平衡定数 K_2 を計算で求めることができる．

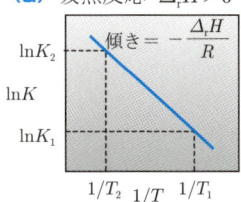

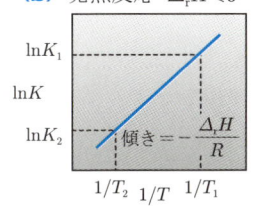

9.5 平衡反応と温度

(a) 吸熱反応 $\Delta_r H > 0$

(b) 発熱反応 $\Delta_r H < 0$

図 **9.5** 吸熱反応と発熱反応のファントホフプロット

例題 7

$N_2(g) + 3H_2(g) \longrightarrow 2NH_3(g)$ について，$\Delta_r G° = 0$ となる温度を求めよ．ただし，$\Delta_r H° = -91.8\,\mathrm{kJ\,mol^{-1}}$, $\Delta_r S° = -198.7\,\mathrm{J\,K^{-1}\,mol^{-1}}$ で $\Delta_r H°$ と $\Delta_r S°$ が温度変化しないとせよ．

[解答] 25°C では $\Delta_r G° = -32.6\,\mathrm{kJ\,mol^{-1}}$ であるが，高温になると正に転じる．$\Delta_r G° = 0$ となる温度は，$\Delta_r H° - T\Delta_r S° = 0$ より，$T = 462\,\mathrm{K}$ となる．

例題 8

N_2O_4 の分解反応 $N_2O_4(g) \longrightarrow 2NO_2(g)$ について，標準状態，25°C での $\Delta_r H°$, $\Delta_r S°$, $\Delta_r G°$ を求め，それらを用いて 100°C での圧平衡定数 K を求めよ．ただし，25°C から 100°C の範囲で $\Delta_r H°$, $\Delta_r S°$ は一定であるとせよ．

[解答] 25°C での $N_2O_4(g) \longrightarrow 2NO_2(g)$ の $\Delta_r H°$, $\Delta_r S°$, $\Delta_r G°$ を求めると（問題 9.25 参照），$\Delta_r H° = 57.2\,\mathrm{kJ\,mol^{-1}}$, $\Delta_r S° = 175.8\,\mathrm{J\,K^{-1}\,mol^{-1}}$, $\Delta_r G° = 4.73\,\mathrm{kJ\,mol^{-1}}$
25°C における圧平衡定数 K_P は $\Delta_r G° = -RT \ln K_P$ より求められる．

$$K_P = \exp\left(-\frac{\Delta_r G°}{RT}\right) = \exp\left(-\frac{4.73 \times 10^3}{8.31 \times 298}\right) = 0.148$$

25°C から 100°C の範囲で $\Delta_r H°$, $\Delta_r S°$ は一定より，ファントホフの式に代入して

$$\ln \frac{K}{0.148} = -\frac{57.2 \times 10^3}{8.31}\left(\frac{1}{373} - \frac{1}{298}\right) \qquad \therefore \quad K = 15.4$$

問題

9.28 例題 8 の数値を用いて，$N_2O_4(g) \longrightarrow 2NO_2(g)$ について，標準状態で $\Delta_r G° = 0$ となる温度を求めよ．

9.29 トルエンの蒸気圧は 80°C で 39 kPa，90°C で 53 kPa である．蒸発エンタルピー $\Delta_{vap} H°$ を求めよ．ただし，この温度範囲で $\Delta_{vap} H°$ は一定とせよ．

9.30 富士山山頂付近では 90°C で水が沸騰する．富士山山頂付近の気圧は何気圧か．水の蒸発エンタルピーは $41\,\mathrm{kJ\,mol^{-1}}$ とせよ．

9.31 安息香酸（分子量 122）の水に対する溶解度は，30°C で 0.41 g，40°C で 0.56 g，50°C で 0.78 g である．安息香酸の溶解エンタルピーを求めよ．

9.6 電気化学

- **イオンの標準生成ギブズエネルギー** 　標準生成エンタルピー（8章）と同様に，水素イオン H^+ を基準として，標準状態におけるイオンの標準生成ギブズエネルギー $\Delta_f G°$ を求めることができる．

- **化学電池** 　イオンが関与する反応から仕事を取り出す装置が化学電池である．図 9.6 のように，$1.0\,\mathrm{mol\,L^{-1}}\,ZnSO_4(aq)$ に $Zn(s)$ を入れ，$1.0\,\mathrm{mol\,L^{-1}}\,CuSO_4(aq)$ に Cu を差し込んだ2つの溶液を塩橋でつないで電気的に接触させたものがダニエル電池である．金属電極において

$$負極：Zn(s) \longrightarrow Zn^{2+}(aq) + 2e^-$$
$$正極：Cu^{2+}(aq) + 2e^- \longrightarrow Cu(s)$$

という反応が起こっているので，電池全体としては次の反応式となる．　$Zn(s) + Cu^{2+}(aq) \longrightarrow Zn^{2+}(aq) + Cu(s)$

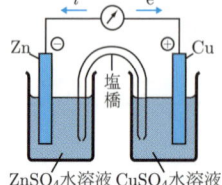

図 9.6　ダニエル電池

- **電池の起電力** 　標準状態での電池の起電力は，正極と負極の電位差で決まる．25°C でイオン濃度がともに $1\,\mathrm{mol\,dm^{-3}}$（正確には活量）のダニエル電池の標準起電力 $E°$ は

$$(-)Zn|Zn^{2+}(1\,\mathrm{mol\,dm^{-3}})||Cu^{2+}(1\,\mathrm{mol\,dm^{-3}})|Cu(+) \quad (負極を左に書く)$$
$$E° = E°_右 - E°_左 \quad (右から左を引く)$$
$$= E°(Cu, Cu^{2+}(1\,\mathrm{mol\,dm^{-3}})) - E°(Zn, Zn^{2+}(1\,\mathrm{mol\,dm^{-3}}))$$

となる．$Zn|Zn^{2+}$ など電池を構成する半分の要素を半電池とよび，その電位を標準電極電位（これも $E°$ と書く）という．標準電極電位の電極反応は還元反応で書き，H^+ を基準として $0\,V$ とする．

$$2H^+ + 2e^- \longrightarrow H_2 \qquad E° = 0\,V$$

標準水素電極（NHE）：塩酸に白金を入れたものに $1\,bar$ の水素ガスを通気した電極

$$Zn^{2+} + 2e^- \longrightarrow Zn \qquad E° = -0.763\,V$$
$$Cu^{2+} + 2e^- \longrightarrow Cu \qquad E° = +0.337\,V$$

これらを使ってダニエル電池の標準起電力 $E°$ を求めることができる．

$$E° = +0.337\,V - (-0.763\,V) = +1.100\,V$$

標準電極電位 $E°$ が負の値の方が陽イオンになりやすく，正の大きな値のイオンの方が陽イオンになりにくい．高校の化学で学んだイオン化傾向の順番と同じである．

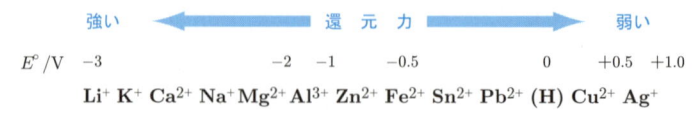

強い ←──── 還 元 力 ────→ 弱い

$E°/V$	-3		-2	-1	-0.5		0	$+0.5$	$+1.0$
	Li^+	K^+ Ca^{2+}	Na^+	Mg^{2+}	Al^{3+}	Zn^{2+} Fe^{2+}	Sn^{2+} Pb^{2+} (H)	Cu^{2+}	Ag^+

大 ←──── イオン化傾向 ────→ 小

9.6 電気化学

例題 9

1 atm, 25°C において硝酸銀の水溶液に金属銅板を入れたときの反応
$$\text{Cu(s)} + 2\text{Ag}^+(\text{aq}) \longrightarrow \text{Cu}^{2+}(\text{aq}) + 2\text{Ag(s)}$$
について表の値を使って $\Delta_r H°$, $\Delta_r S°$, $\Delta_r G°$ を計算し、この反応について論ぜよ。

	Cu(s)	Ag$^+$(aq)	Cu^{2+}(aq)	Ag(s)
$\Delta_f H°/\text{kJ mol}^{-1}$	0	105.9	64.77	0
$S°/\text{J K}^{-1}\text{mol}^{-1}$	33.3	73.93	−99.6	42.70
$\Delta_f G°/\text{kJ mol}^{-1}$	0	77.11	65.52	0

[解答] 反応式の $\Delta_r H°$, $\Delta_r S°$, $\Delta_r G°$ を計算すると

$\Delta_r H° = 64.77 - 2 \times 105.9 = -147.03\,\text{kJ mol}^{-1}$

$\Delta_r S° = (2 \times 42.70 - 99.6) - (2 \times 73.93 + 33.3) = -195.36\,\text{J K}^{-1}\text{mol}^{-1}$

$\Delta_r G° = 65.52 - 2 \times 77.11 = -88.7\,\text{kJ mol}^{-1}$

となる。$\Delta_r S° < 0$ でエントロピー的には不利であるが、$\Delta_r H° < 0$ で大きな発熱を伴うことで、$\Delta_r G° < 0$ となり、平衡は右（生成物）側に偏っている。金属銅の表面に銀が析出し（銀樹）、溶け出した銅イオンにより溶液は青くなる。

例題 10

鉛蓄電池が放電するときの負極、正極の反応を書き、標準起電力 $E°$ を求めよ。ただし、負極および正極の標準電極電位は、それぞれ $-0.358\,\text{V}$, $+1.685\,\text{V}$ である。

[解答] 鉛蓄電池が放電するときに、電極反応は以下の通りである。

負極：$\text{PbSO}_4 + 2e^- \longrightarrow \text{Pb} + \text{SO}_4^{2-}$　　　　　　　$E° = -0.358\,\text{V}$

正極：$\text{PbO}_2 + \text{SO}_4^{2-} + 4\text{H}^+ + 2e^- \longrightarrow \text{PbSO}_4 + 2\text{H}_2\text{O}$　　$E° = +1.685\,\text{V}$

よって、鉛蓄電池の標準起電力 $E°$ は $E° = +1.685\,\text{V} - (-0.358\,\text{V}) = +2.043\,\text{V}$ となる。車用の鉛蓄電池では、これを 6 個直列につなげて $12\,\text{V}$ の起電力を得ている。

問題

9.32 NaCl(s) の水への溶解反応 $\text{NaCl(s)} + \text{aq} \longrightarrow \text{Na}^+(\text{aq}) + \text{Cl}^-(\text{aq})$ の $\Delta_r H°$, $\Delta_r S°$, $\Delta_r G°$ を求めて、NaCl の溶解の過程について議論せよ。

9.33 次の反応式の $\Delta_r H°$, $\Delta_r S°$, $\Delta_r G°$ を計算し、この反応について論ぜよ。
$$\text{Zn(s)} + \text{Cu}^{2+}(\text{aq}) \longrightarrow \text{Zn}^{2+}(\text{aq}) + \text{Cu(s)}$$

9.34 塩化銀で被膜された銀線を飽和 KCl 水溶液に入れた電極は、銀–塩化銀 (Ag|AgCl) 電極とよばれ、標準水素電極の代わりに電位の基準（参照電極と呼ばれる）としてよく使用される。その標準電極電位は $+0.199\,\text{V}$ である。

(1) 銀–塩化銀電極の電極反応を書け。

(2) この電極を基準とした Zn|Zn^{2+} の電位 $E°(\text{Zn, Zn}^{2+})$ vs. Ag|AgCl を求めよ。

- **ネルンストの式** ・ 濃度 [M^{z+}] の金属イオン溶液に金属 M を入れたときの半電池 $M|M^{z+}$ の電極電位 E の濃度依存性は，一般に次のように表される．

$$\frac{1}{z}M^{z+} + e^- \longrightarrow \frac{1}{z}M \qquad E = E° + \frac{RT}{F} \ln[M^{z+}]^{1/z} \qquad (9.30)$$

$E°$ は標準電極電位であり，F はファラデー定数（96485.33 C mol^{-1}）である．2つの半電池 $M_1|M_1^{z+}$，$M_2|M_2^{z+}$ をつないだ任意のイオン濃度での電池の起電力 E は

$$(-)M_1|M_1^{z+}||M_2^{z+}|M_2(+)$$

$$E = \{E°(M_2, M_2^{z+}) + \frac{RT}{F}\ln[M_2^{z+}]^{1/z}\} - \{E°(M_1, M_1^{z+}) + \frac{RT}{F}\ln[M_1^{z+}]^{1/z}\}$$

$$E = E°(M_2, M_2^{z+}) - E°(M_1, M_1^{z+}) - \frac{RT}{zF}\ln\frac{[M_1^{z+}]}{[M_2^{z+}]} \qquad (9.31)$$

と書ける．この式をネルンストの式という．この式から，ダニエル電池では溶液中の Zn^{2+} の濃度は低く，Cu^{2+} の濃度は高い方が起電力は高い．

- **電池と平衡** ・ 電池をしばらく使用していると，起電力 E が 0 となる．上述の電池を例にとると，化学反応式

$$M_1 + M_2^{z+} \longrightarrow M_1^{z+} + M_2$$

が平衡状態に達するからである．すなわち，ネルンストの式 (9.31) において

$$E = 0 \quad \text{および} \quad \frac{[M_1^{z+}]}{[M_2^{z+}]} = K \qquad (9.32)$$

となることを示す．平衡達成時のネルンストの式は

$$0 = E° - \frac{RT}{zF}\ln K \qquad (9.33)$$

となり，これから平衡定数 K を電池の標準起電力 $E°$ から求める式が導き出せる．

$$\ln K = \frac{zFE°}{RT} \quad \text{または} \quad K = \exp\left(\frac{zFE°}{RT}\right) \qquad (9.34)$$

実際，イオンが関与する平衡反応の平衡定数 K は起電力から求めている．

- **標準起電力と $\Delta_r G°$** ・ 平衡定数 K が標準起電力から決定されるということは，熱力学の $\Delta_r G°$ と K の関係

$$\Delta_r G° = -RT \ln K \qquad (9.35)$$

を使えば，$\Delta_r G°$ も標準起電力 $E°$ から決定できる．

$$\Delta_r G° = -zFE° \qquad (9.36)$$

ダニエル電池ならば

$$z = 2, \quad E° = E°(Cu, Cu^{2+}) - E°(Zn, Zn^{2+})$$

である．イオンの標準反応ギブズエネルギーや，溶解度積なども電気化学測定から決定している．

9.6 電気化学

例題 11

任意のイオン濃度でのダニエル電池の起電力 E を求めるネルンストの式を導出し，25°C で $[Zn^{2+}]=0.500\,\mathrm{mol\,dm^{-3}}$, $[Cu^{2+}]=2.000\,\mathrm{mol\,dm^{-3}}$ での起電力 E を求めよ．ただし標準電極電位は $E°(Zn,Zn^{2+})=-0.763\,\mathrm{V}$, $E°(Cu,Cu^{2+})=+0.337\,\mathrm{V}$ である．

解答 ダニエル電池の式は，$(-)Zn|Zn^{2+}||Cu^{2+}|Cu(+)$ である．起電力 E は

$$E = E°(Cu, Cu^{2+}) + \frac{RT}{F}\ln[Cu^{2+}]^{1/2} - \left\{E°(Zn, Zn^{2+}) + \frac{RT}{F}\ln[Zn^{2+}]^{1/2}\right\}$$

$$E = E°(Cu, Cu^{2+}) - E°(Zn, Zn^{2+}) - \frac{RT}{2F}\ln\frac{[Zn^{2+}]}{[Cu^{2+}]}$$

と表される．数値を代入して起電力を求める（$1\,\mathrm{J}=1\,\mathrm{C\,V}$ を使う）．

$$E = +0.337\,\mathrm{V} - (-0.763\,\mathrm{V}) - \frac{8.31\,\mathrm{J\,K^{-1}\,mol^{-1}}\times 298\,\mathrm{K}}{2\times 96500\,\mathrm{C\,mol^{-1}}}\ln\frac{0.500}{2.000} = 1.118\,\mathrm{V}$$

例題 12

次のイオン反応の 25°C における $\Delta_r G°$ を標準電極電位（例題 11）から求めよ．
$$Zn(s) + Cu^{2+}(aq) \longrightarrow Zn^{2+}(aq) + Cu(s)$$

解答 電極反応の反応ギブズエネルギーを $\Delta_r G° = -zFE°$ によって計算すると

$$Zn^{2+} + 2e^- \longrightarrow Zn \quad \Delta_r G° = -2\times 96500\,\mathrm{C\,mol^{-1}} \times (-0.763\,\mathrm{V}) = +147.3\,\mathrm{kJ\,mol^{-1}}$$

$$Cu^{2+} + 2e^- \longrightarrow Cu \quad \Delta_r G° = -2\times 96500\,\mathrm{C\,mol^{-1}} \times (+0.337\,\mathrm{V}) = -65.0\,\mathrm{kJ\,mol^{-1}}$$

よって，与えられたイオン反応式の $\Delta_r G$ は

$$\Delta_r G° = (-65.0\,\mathrm{kJ\,mol^{-1}}) - (147.3\,\mathrm{kJ\,mol^{-1}}) = -212\,\mathrm{kJ\,mol^{-1}}$$

問題

9.35 ダニエル電池の標準起電力 $E°$ から，$Zn(s) + Cu^{2+}(aq) \rightleftarrows Zn^{2+}(aq) + Cu(s)$ の 25°C における平衡定数 K と $\Delta_r G°$ を求めよ．

9.36 1.0×10^{-4} と $1.0\times 10^{-5}\,\mathrm{mol\,dm^{-3}}$ の 2 つの $ZnSO_4$ 溶液にそれぞれ Zn 金属を入れ，外部を塩橋でつないで濃淡電池をつくった．この電池の式を書き，25°C における起電力 E を求めよ．

9.37 以下のイオン平衡の 25°C における平衡定数 K と $\Delta_r G°$ を標準電極電位から求めよ．$E°(Sn, Sn^{2+}) = -0.136\,\mathrm{V}$, $E°(Pb, Pb^{2+}) = -0.126\,\mathrm{V}$
$$Sn(s) + Pb^{2+}(aq) \rightleftarrows Sn^{2+}(aq) + Pb(s)$$

9.38 25°C における塩化銀の溶解度積 K_{sp} を以下の標準電極電位から求めよ．

$$AgCl(s) + e^- \longrightarrow Ag(s) + Cl^-(aq) \qquad E° = +0.222\,\mathrm{V}$$

$$Ag^+(aq) + e^- \longrightarrow Ag(s) \qquad E° = +0.799\,\mathrm{V}$$

10 反応速度論

10.1 反応速度の定義と速度式

● **反応速度の表し方** ● 化学反応の速さは，単位時間あたりの物質の変化量（反応物の減少量または生成物の増加量）で表される．これを反応速度といい

$$\text{反応速度} = \frac{\text{物質の濃度の変化量}}{\text{反応時間}} \tag{10.1}$$

と表される．反応速度の単位は，$\mathrm{mol\,dm^{-3}\,s^{-1}}$（もしくは，$\mathrm{mol\,L^{-1}\,s^{-1}}$ や，$\mathrm{M^{-1}\,s^{-1}}$）となる．与えられた化学反応式の係数で各物質の反応速度を割ったものを反応速度とすることになっている．反応速度は常に正の値で示す約束になっているので，反応物の濃度で表す場合には全体に －（マイナス）の符号をつける．$\mathrm{A \longrightarrow 2B}$ という反応の場合，時間 Δt の間の平均の反応速度は，濃度の変化量 $\Delta[\mathrm{A}]$ および $\Delta[\mathrm{B}]$ を用いて

$$\bar{v} = -\frac{1}{1}\frac{\Delta[\mathrm{A}]}{\Delta t} = +\frac{1}{2}\frac{\Delta[\mathrm{B}]}{\Delta t} \tag{10.2}$$

と表される．ある時刻 t の反応速度 v は，Δt を限りなく 0 に近付け [A] と [B] の時間変化における時刻 t における接線の傾きから求まる．

$$v = -\frac{1}{1}\frac{d[\mathrm{A}]}{dt} = +\frac{1}{2}\frac{d[\mathrm{B}]}{dt} \tag{10.3}$$

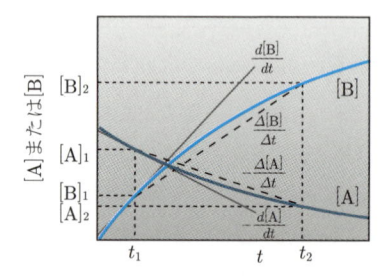

図 10.1 反応 $\mathrm{A \rightarrow 2B}$ における [A] および [B] の時間変化

● **反応速度式の定義** ● 反応速度と反応物質の濃度との関係は反応速度式で示される．

$$v = k[\mathrm{A}]^m \tag{10.4}$$

反応速度式中の k は，反応速度定数とよばれる比例定数（$k > 0$）で，反応の種類と温度によって決まり，反応物質の濃度には無関係である．反応を解析して k が求まると，いかなる濃度における反応速度も決定できる．

● **反応速度式の次数** ● (10.4) において反応物質 A の濃度のべき乗の値を反応次数とよぶ．$m = 1$ のときを 1 次反応，$m = 2$ のときを 2 次反応という．反応物が A と B の 2 種類ある $v = k[\mathrm{A}][\mathrm{B}]$ については，A について 1 次，B について 1 次で合わせて 2 次反応である．2 次反応であるが，A に対して B が大過剰にあれば，[B] は一定とみなせるので，$k' = k[\mathrm{B}]$ とおいて 1 次反応に近似できる．このような反応を擬 1 次反応という．

例題 1

H_2O_2 の酵素による分解反応, $H_2O_2 \longrightarrow H_2O + \frac{1}{2}O_2$ において, H_2O_2 の濃度 c は次のように変化した. 各時間での平均反応速度 $\bar{v}$ と平均濃度 $\bar{c}$ を求めよ. また, $\bar{c}$ に対して $\bar{v}$ をプロットして, この反応の反応速度式を推定し, 反応次数と反応速度定数を求めよ.

t/s	0	240	600	1200	1800	2400
c/M	0.500	0.426	0.335	0.225	0.151	0.101

[解答] H_2O_2 の濃度 c を時刻 t に対してグラフにすると図 10.2(a) のように, 指数関数を描いて減少する. 各時間間隔での H_2O_2 の平均反応速度 $\bar{v}$ と平均濃度 $\bar{c}$ を求めると表のようになる. $\bar{v}$ とそれに対応する $\bar{c}$ との関係をグラフに表すと図 10.2(b) のような原点を通る直線となる. よって, 反応速度式は

$$v = k[H_2O_2]$$

とおける. 反応次数は 1 であり, グラフから直線の傾きを求めると

$$k = 6.7 \times 10^{-4}\,\mathrm{s}^{-1}$$

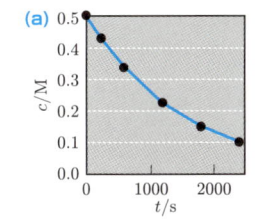

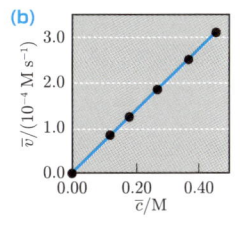

図 10.2 $[H_2O_2]$ の時間変化 (a) と反応速度の濃度変化 (b)

t/s	$0 \sim 240$	$240 \sim 600$	$600 \sim 1200$	$1200 \sim 1800$	$1800 \sim 2400$
$\bar{v}/(\mathrm{M\,s^{-1}})$	3.08×10^{-4}	2.53×10^{-4}	1.84×10^{-4}	1.23×10^{-4}	8.27×10^{-5}
$\bar{c}/\mathrm{M}$	0.463	0.381	0.280	0.188	0.126

問 題

10.1 反応 $a\mathrm{A} + b\mathrm{B} \longrightarrow c\mathrm{C}$ の反応速度を A, B, C の濃度変化で表せ.

10.2 反応次数が n 次である反応の反応速度定数の単位を示せ.

10.3 $v = k[\mathrm{A}]^l[\mathrm{B}]^m[\mathrm{C}]^n$ で表される反応の次数はいくらか.

10.4 $v = k[\mathrm{A}]^l[\mathrm{B}]^m$ において, A の初期濃度だけを 1.5 倍にすると v は 2.2 倍に, B の初期濃度だけを 2 倍にすると v は 2 倍になった. 反応速度式を推定せよ.

10.5 ある反応において反応物の濃度 c は下の表のように変化した. 各時間での平均反応速度 $\bar{v}$ と平均濃度 $\bar{c}$ を求め, $\bar{c}$ に対して $\bar{v}$ をプロットして, この反応の反応速度式を推定し, 反応次数と反応速度定数を求めよ.

t/s	0	3150	6500	14000	28000
c/M	0.521	0.416	0.343	0.246	0.157

10.2 微分速度式と積分速度式

- **1次反応** A の 1 次反応において反応速度と濃度の関係を微分方程式で表すと次式となる．

$$v = -\frac{d[A]}{dt} = k[A] \qquad (10.5)$$

この式を微分速度式とよぶ．この式を積分して A の初期濃度を $[A]_0$ として積分速度式を求めると以下のようになる．

$$\ln[A] = -kt + \ln[A]_0 \qquad (10.6)$$

$$[A] = [A]_0 e^{-kt} \qquad (10.7)$$

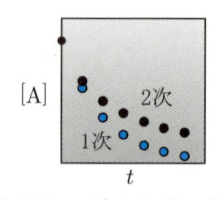

図 10.3　1 次および 2 次反応における $[A]$ の時間変化

A の濃度の時間変化は指数関数となる（図 10.3）．

- **2次反応** A の 2 次反応において反応速度と濃度の関係は

$$v = -\frac{d[A]}{dt} = k[A]^2 \qquad (10.8)$$

となる．この式を積分して得られる A の濃度の時間変化は双曲線となる（図 10.3）．

$$\frac{1}{[A]} = kt + \frac{1}{[A]_0} \qquad (10.9) \qquad [A] = \frac{[A]_0}{k[A]_0 t + 1} \qquad (10.10)$$

- **1次反応と 2次反応の区別** (10.6) と (10.9) の関係式を使用して，反応時間 t に対して，$\ln[A]$ を縦軸に示したもの（図 10.4(a)）と，$1/[A]$ を縦軸に示したグラフ（図 10.4(b)）を作成すると 1 次反応と 2 次反応を区別することができる．

反応時間 t に対して $\ln[A]$ をプロットしたグラフ（図 10.4(a)）において 1 次反応は直線になるが，2 次反応は直線にならない．それとは逆に，反応時間 t に対して $1/[A]$ をプロットしたグラフ（図 10.4(b)）において，2 次反応は直線になるが 1 次反応は直線にならない．得られた直線の傾きから，反応速度定数 k を求めることができる．

- **半減期と速度定数** 半減期 $t_{1/2}$ とは，反応物 A の濃度が初期濃度の半分になる時間である（図 10.5）．1 次反応であれば，半減期は初期濃度に依存せず

$$t_{1/2} = \frac{\ln 2}{k} \qquad (10.11)$$

となるため，反応途中の任意の時点からの $t_{1/2}$ から k を簡単に見積もることができる．2 次反応では，(10.9) に $t = t_{1/2}$, $[A] = \frac{1}{2}[A]_0$ を代入すると

$$t_{1/2} = \frac{1}{k[A]_0} \qquad (10.12)$$

となり，半減期は濃度に依存して変化する．

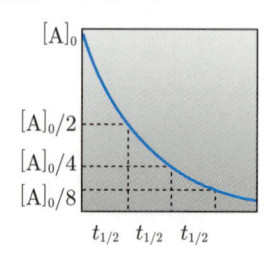

図 10.5　1 次反応の半減期

10.2 微分速度式と積分速度式

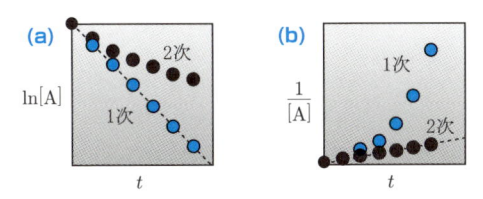

図 10.4 1次 (a) と 2次速度式 (b) によるプロット

例題 2

例題 1 の H_2O_2 の分解反応について反応次数と反応速度定数を求めよ．

[解答] $\ln c$ と $1/c$ の時間変化を求めると以下の表のようになる．それらを用いて $\ln c$ と $1/c$ をそれぞれ t に対してプロットすると図 10.6 のようになる．直線になるのは (a) なので 1 次反応と決定でき，直線の傾きから反応速度定数は $6.7 \times 10^{-4}\,\mathrm{s^{-1}}$ となる．

t/s	0	240	600	1200	1800	2400
c/M	0.500	0.426	0.335	0.225	0.151	0.101
$\ln c$	−0.69	−0.85	−1.09	−1.49	−1.89	−2.29
$1/c$	2.0	2.3	3.0	4.4	6.6	9.9

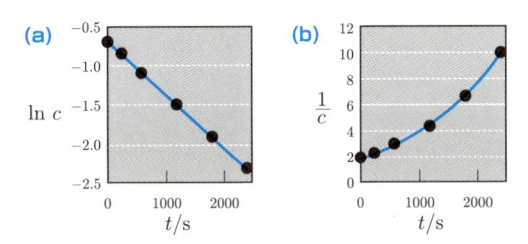

図 10.6 H_2O_2 の分解反応の 1 次 (a) と 2 次速度式 (b) によるプロット

問題

10.6 1 次反応の微分速度式 (10.5) を解いて式 (10.6), (10.7), (10.11) を導出せよ．

10.7 2 次反応の微分速度式 (10.8) を解いて式 (10.9), (10.10), (10.12) を導出せよ．

10.8 例題 1 の H_2O_2 の分解反応の図 10.2 のグラフから半減期を複数読み取って，反応次数と反応速度定数を求めよ．

10.9 ある 1 次反応の半減期は 40 s であった．反応開始から (1) 120 s 後，(2) 60 s 後，(3) 10 s 後には，初期濃度の何%になっているか．

10.10 問題 10.5 の反応について，時間に対して $\ln c$ と $1/c$ をそれぞれプロットして，反応次数と反応速度定数を求めよ．

● **擬1次反応** ● AとBが衝突して反応が進行する素反応 A + B ⟶ P の反応の速度式は，次式で表される．

$$v = -\frac{d[A]}{dt} = k[A][B] \tag{10.13}$$

この反応の積分速度式を求めて，2次反応速度定数 k を求めることも可能である（問題10.11参照）．反応物の一方が大過剰に存在する条件（$[B]_0 \gg [A]_0$）では，$k[B]_0 = k'$ とおいて，擬1次反応として取り扱って k を求めることができる．

$$-\frac{d[A]}{dt} = k[A][B] \fallingdotseq k[A][B]_0 = k'[A] \tag{10.14}$$

擬1次反応の微分速度式は，速度式はAの1次反応の速度式と一致するので，反応時間 t に対して $\ln[A]$ をプロットした直線の傾きから，各 $[B]_0$ における k' を求める（図10.7(b)）．$[B]_0$ に対して k' をプロットした直線の傾きから k が求まる（図10.7(c)）．

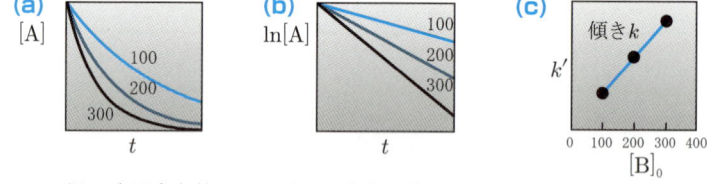

図 **10.7** 擬1次反応条件下における反応物の濃度変化
図中の数字は $[B]_0/[A]_0$ である．$[B]_0/[A]_0$ が十分大きくないと図**10.4(a)**のように誤差が大きくなるので注意が必要．

● **可逆反応** ● 正反応の反応だけでなく逆方向の反応も同時に進行する可逆反応

$$A \underset{k_{-1}}{\overset{k_1}{\rightleftarrows}} B \tag{10.15}$$

において，実測される $[A]$ の反応速度 v は $v = v_1 - v_{-1}$ である．

$$v_1 = k_1[A], \quad v_{-1} = k_{-1}[B]$$
$$v = -\frac{d[A]}{dt} = v_1 - v_{-1} = k_1[A] - k_{-1}[B] \tag{10.16}$$

初期濃度を $[A]_0, [B]_0 = 0$ とすると，$[B] = [A]_0 - [A]$

$$v = -\frac{d[A]}{dt} = (k_1 + k_{-1})[A] - k_{-1}[A]_0 \tag{10.17}$$

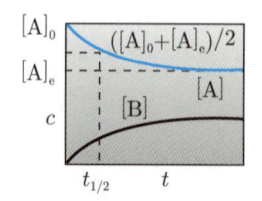

図 **10.8** 可逆反応の濃度変化

十分時間が経過して平衡になったときの濃度を $[A] = [A]_e, [B] = [B]_e$ とすると，平衡時には $v_1 = v_{-1}$ となり，$[A]$ の濃度は変化しなくなるので $v = 0$ である．
$k_1[A]_e = k_{-1}[B]_e$ より，$[A]_e : [B]_e = k_{-1} : k_1$ となるので

$$K = \frac{[B]_e}{[A]_e} = \frac{k_1}{k_{-1}} \tag{10.18}$$

平衡定数 K から k_1 と k_{-1} の比が求められる．$[B]_e = [A]_0 - [A]_e$ であるので，$k_1[A]_e = k_{-1}([A]_0 - [A]_e)$ となり，最終濃度も反応速度定数で表すことができる．

$$[A]_e = \frac{k_{-1}}{k_1 + k_{-1}}[A]_0, \quad [B]_e = \frac{k_1}{k_1 + k_{-1}}[A]_0 \tag{10.19}$$

微分速度式 (10.17) から，$[A]$ は 1 次反応速度定数 $(k_1 + k_{-1})$ に従って指数関数で減少する．図 10.8 のグラフから半減期 $t_{1/2}$ を読み取り，$(k_1 + k_{-1})t_{1/2} = \ln 2$ に代入して，平衡定数を代入した (10.18) と連立方程式を解くことで，k_1 および k_{-1} が求められる．

例題 3

可逆反応 (10.15) において $K = 2$ とする．時刻 $t = 0$ のとき A のみが存在するとして

(1) $[A]_e : [B]_e$ および $k_1 : k_{-1}$ を求めよ．
(2) A $\longrightarrow$ B の濃度の時間変化，および，v_1, v_{-1} と v の時間変化を，グラフに描け．

解答 (1) 平衡時には，$k_1[A]_e = k_{-1}[B]_e$ となり，$K = \dfrac{[B]_e}{[A]_e} = \dfrac{k_1}{k_{-1}}$ となるので

$[A]_e : [B]_e = 1 : 2$

∴ $k_1 : k_{-1} = 2 : 1$

(2) $[A]$ は初期濃度の 1/3 に漸近するように指数関数に従って減少する．v_1 は $[A]$ に比例するので，時間の経過とともに指数関数に従って減少し，平衡達成時には，初期速度の 1/3 まで減少する．

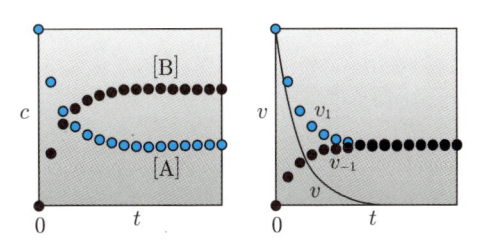

図 10.9 可逆反応の濃度および反応速度の時間変化

v_{-1} も $[B]$ と同じ線形で，$v_1 = k_1[A]_e$ に漸近し，v は平衡達成時には 0 へと漸近する．

問 題

10.11 2 次反応 A + B $\longrightarrow$ P について微分速度式を解いて積分速度式を求めよ．それを初期濃度 $[A]_0 \ll [B]_0$ とすると擬 1 次条件の積分速度式に一致することを示せ．

10.12 酢酸メチルは水溶液中で酸触媒により加水分解を受ける．この反応が擬 1 次反応として解析できることを反応速度式で示せ．

10.13 微分速度式 (10.16) を解いて $[A]$ および $[B]$ を t の関数として求め，$t \to \infty$ としたときに (10.19) が得られることを示せ．

10.3 反応速度と温度

● **アレニウスの式** ● 反応速度定数は温度に対して指数関数的に増加する．反応速度定数 k と温度 T との関係式を<u>アレニウスの式</u>という．

$$k = A \exp\left(-\frac{E_a}{RT}\right) \qquad (10.20)$$

ここで，E_a は<u>活性化エネルギー</u>，定数 A は<u>頻度因子</u>とよばれる．反応の進行過程（<u>反応座標</u>という）でのエネルギー変化を図 10.10 に示す．活性化エネルギーは化学反応が進行するときに超えなければならないエネルギー障壁である．E_a はアレニウスの式の指数部分に入っているので，E_a が大きくなると，反応は極端に遅くなる（図 10.11）．

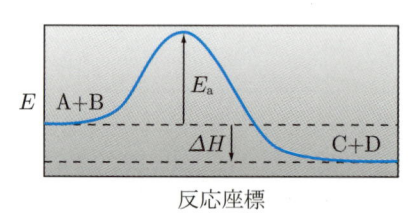

図 **10.10** 活性化エネルギーの反応座標による変化

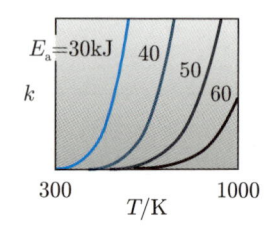

図 **10.11** E_a の変化による k の温度依存性の変化

アレニウスの式 (10.20) の両辺の自然対数をとると

$$\ln k = -\frac{E_a}{R}\left(\frac{1}{T}\right) + \ln A \qquad (10.21)$$

となる．上式は，$\ln k$ を $1/T$ に対してプロットすれば，傾き $-E_a/R$ の直線となることを示している．温度 T_1 のとき反応速度定数を k_1，温度 T_2 $(T_2 > T_1)$ のとき反応速度定数を k_2 とすると

$$\ln \frac{k_2}{k_1} = -\frac{E_a}{R}\left(\frac{1}{T_2} - \frac{1}{T_1}\right) \qquad (10.22)$$

図 **10.12** アレニウスプロット

となる．E_a は常に正なのでグラフの傾きは負になり，$k_2 > k_1$ となる（図 **10.12**）．すなわち，温度を T_1 から T_2 へ上げると反応速度定数は大きくなる．活性化エネルギー E_a が必ず正なのでアレニウスプロットは，吸熱反応のファントホフプロットと同じ形状になる．何点かの温度で反応速度定数を求めれば，直線の傾きから E_a が求められ，y 切片から A が求められる．

10.3 反応速度と温度

例題 4

触媒がない場合の H_2O_2 の分解反応は1次反応で，298 K において 1 M H_2O_2 溶液の反応速度 v は $1\times10^{-8}\,\mathrm{M\,s^{-1}}$ である．この反応に対する速度定数 k とアレニウスの式の頻度因子 A を求めよ．ただし活性化エネルギーは $70\,\mathrm{kJ\,mol^{-1}}$ とせよ．

解答 $v=k[A]$ より，$k=1\times10^{-8}\,\mathrm{s^{-1}}$

$$1\times10^{-8}\,\mathrm{s^{-1}} = A\exp\left(-\frac{70\times10^3}{8.31\times298}\right) \quad \therefore\ A = 2\times10^4\,\mathrm{s^{-1}}$$

A の単位は k の単位と同じなので1次反応では $\mathrm{s^{-1}}$，2次反応では $\mathrm{M^{-1}\,s^{-1}}$ となる．

例題 5

ある反応の速度定数は $170°\mathrm{C}$ で $1.9\times10^{-4}\,\mathrm{s^{-1}}$，$180°\mathrm{C}$ で $4.6\times10^{-4}\,\mathrm{s^{-1}}$，$185°\mathrm{C}$ で $7.1\times10^{-4}\,\mathrm{s^{-1}}$，$190°\mathrm{C}$ で $10.5\times10^{-4}\,\mathrm{s^{-1}}$ であった．この反応の活性化エネルギー E_a を求めよ．また，反応エンタルピーが $-545\,\mathrm{kJ\,mol^{-1}}$ のときの逆反応の活性化エネルギー E_a' を求めよ．

解答 $\ln k$ と $1/T$ を求め，それらの値をアレニウスプロットすると図 10.13 のようになる．最小2乗法によって求めた近似直線の傾き（単位は K）から活性化エネルギー E_a を求める．

$E_\mathrm{a} = -R\times(傾き)$
$\quad = -8.31\,\mathrm{J\,K^{-1}\,mol^{-1}} \times (-17600\,\mathrm{K}) = 146\,\mathrm{kJ\,mol^{-1}}$

逆反応の活性化エネルギーは

$E_\mathrm{a}' = 146\,\mathrm{kJ\,mol^{-1}} - (-545\,\mathrm{kJ\,mol^{-1}}) = 691\,\mathrm{kJ\,mol^{-1}}$

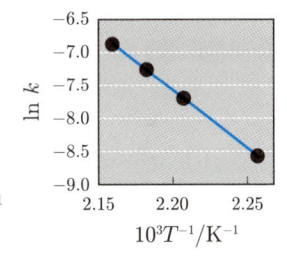

図 10.13　アレニウスプロット

問題

10.14 ある2次反応のアレニウスパラメーターは $A=5.0\times10^{10}\,\mathrm{dm^3\,mol^{-1}\,s^{-1}}$，$E_\mathrm{a}=4.2\,\mathrm{kJ\,mol^{-1}}$ である．この反応の $25°\mathrm{C}$ における反応速度定数の値を求めよ．

10.15 「室温（$25°\mathrm{C}$）付近で温度を $10°\mathrm{C}$ 上げると反応速度は2倍になる」とよくいわれるが，このときに想定している活性化エネルギーは何 $\mathrm{kJ\,mol^{-1}}$ か．

10.16 ある1次反応の速度定数は $37°\mathrm{C}$ で $6.6\times10^{-4}\,\mathrm{s^{-1}}$，$27°\mathrm{C}$ で $3.0\times10^{-4}\,\mathrm{s^{-1}}$ である．この反応の活性化エネルギー E_a と $17°\mathrm{C}$ における速度定数 $k_{17°\mathrm{C}}$ を求めよ．

10.17 1次反応 $\mathrm{A} \longrightarrow \mathrm{B}$ において $27°\mathrm{C}$ では反応開始後 $100\,\mathrm{s}$ で A は 36% が反応した．
　(1)　反応時間を $200\,\mathrm{s}$ とすると A は何 $\%$ 反応するか．
　(2)　$37°\mathrm{C}$ で A が 36% 反応するためには何 s 掛かるか．ただし，活性化エネルギーを $60\,\mathrm{kJ\,mol^{-1}}$ とせよ．

10.4 反応速度の理論

　反応速度と温度との関係は，経験的に得られたアレニウスの式で表されるが，これを理論的に裏付ける試みがなされている．一つは気体分子の衝突による反応速度に関する衝突理論であり，もう一つは溶液反応における活性錯合体を考えた遷移状態理論である．

● **衝突理論** ●　気体反応で A 分子と B 分子が衝突によって A + B ⟶ P が生成されるとする．衝突理論から導き出される反応速度 v はアレニウスの式と対応していて

$$v = pZ_{AB} \exp\left(-\frac{E_a}{RT}\right) \tag{10.23}$$

となる．反応速度は A と B の単位時間の衝突数 Z_{AB} に比例し，活性化エネルギー E_a より大きな並進エネルギーをもつ分子の割合であるボルツマン因子にも比例する．高温では，その割合は急激に増大する（図 **10.14** 水色部）．ここで，p は立体因子とよばれる数値で，衝突分子の大きさや形状，あるいは，衝突の仕方などを考慮した数値である．反応する分子同士が衝突することによって化学反応の可能性が生じ，衝突に伴う運動エネルギーが反応の活性化エネルギーとして役立つと予想される．

● **遷移状態理論** ●　A 分子と B 分子が反応し，活性錯合体 $X^\ddagger$ を経て P ができる（図 **10.15**）として，遷移状態理論から反応速度を導く場合には以下の 2 つの仮定①と②を用いる．

① **A, B と $X^\ddagger$ の間には平衡が成立している．**

$$A + B \rightleftarrows X^\ddagger \tag{10.24}$$

平衡定数を $K^\ddagger$，ギブズエネルギー変化を $\Delta G^{\circ\ddagger}$（活性化ギブズエネルギー）とすると

$$\Delta G^{\circ\ddagger} = -RT \ln K^\ddagger \tag{10.25}$$

活性化エネルギーに対応する，活性化エンタルピー $\Delta H^{\circ\ddagger}$ は正の値であるので，$K^\ddagger$ は温度 T に対して指数関数的に増加することになる．

② **$X^\ddagger$ から生成物 P が $X^\ddagger$ の 1 次反応により生成する．**

この反応速度定数を $\nu(= kT/h)$ とすると，①の平衡関係と合わせて，反応速度 v は

$$v = \nu[X^\ddagger] = \nu K^\ddagger [A][B] = \nu[A][B]\exp\left(-\frac{\Delta G^{\circ\ddagger}}{RT}\right) \tag{10.26}$$

で表される．$\Delta G^{\circ\ddagger} = \Delta H^{\circ\ddagger} - T\Delta S^{\circ\ddagger}$ を (10.26) に代入すると

$$v = \left\{\frac{kT}{h}\exp\left(\frac{\Delta S^{\circ\ddagger}}{R}\right)\right\}\exp\left(-\frac{\Delta H^{\circ\ddagger}}{RT}\right)[A][B] \tag{10.27}$$

となる．$\Delta H^{\circ\ddagger}$ を E_a とすると，遷移状態理論で得られた式はアレニウスの式とやはり対応している．頻度因子にあたる部分は，温度の関数になっているが，ボルツマン因子に比べると温度変化させたときの寄与は小さい．

10.4 反応速度の理論

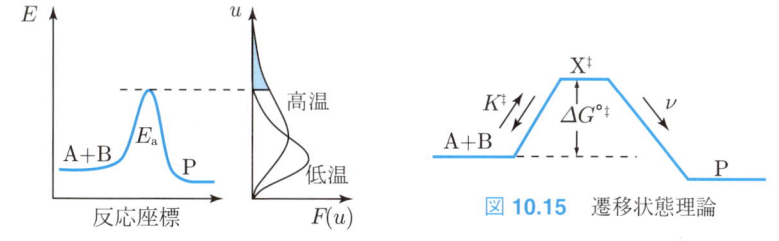

図 10.14 温度上昇によって活性化エネルギーを超える分子の増加

図 10.15 遷移状態理論

例題 6

衝突理論の反応速度式 (10.23) における気体分子 A と B の単位時間の衝突数 Z_{AB} が温度の関数であることを示せ．ただし，単位体積あたりの A と B の個数を N_A および N_B とし，A と B の大きさ（直径 σ）と平均の速さ $\bar{u}$ は同じとせよ．

解答 ある 1 つの分子だけが動いているとすれば，単位時間に他の分子と衝突する数は，直径 2σ で行程距離 $\bar{u}$ の円筒内（**図 10.16**）に存在する分子の数 $\pi\sigma^2\bar{u}(N_A + N_B)$ に等しい．衝突する分子同士が動いていることを考慮すると，平均の相対速度の大きさ $\sqrt{2}\,\bar{u}$ を行程距離と考えて 1 個の分子が単位時間に衝突する回数 z は

$$z = \sqrt{2}\,\pi\sigma^2\bar{u}(N_A + N_B)$$

となる．単位体積あたりの全衝突数 Z_{all} は $(N_A + N_B)$ 個の分子がそれぞれ z 回衝突するので

$$Z_{all} = \frac{z}{2}(N_A + N_B) = \frac{\sqrt{2}}{2}\pi\sigma^2\bar{u}(N_A + N_B)^2$$

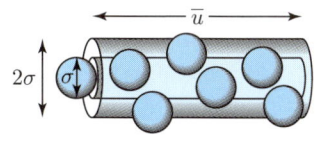

図 10.16 分子の衝突

となる．ここでは，同じ衝突を 2 回数えているため 1/2 を掛けている．Z_{all} から Z_{AA} と Z_{BB} を引くと Z_{AB} が求まる．

$$Z_{AB} = \frac{\sqrt{2}}{2}\pi\sigma^2\bar{u}(N_A + N_B)^2 - \frac{\sqrt{2}}{2}\pi\sigma^2\bar{u}N_A^2 - \frac{\sqrt{2}}{2}\pi\sigma^2\bar{u}N_B^2 = \sqrt{2}\,\pi\sigma^2\bar{u}N_A N_B$$

Z_{AB} は分子の平均の速さ $\bar{u}$ を含んでいるので気体分子運動論（6 章）から $\sqrt{T}$ に比例する．

問題

10.18 活性化エネルギー $50\,\mathrm{kJ\,mol^{-1}}$ の反応の温度を $300\,\mathrm{K}$ から $10\,\mathrm{K}$ 上げたとき，遷移状態理論での頻度因子とボルツマン因子の反応速度増加への寄与を比べよ．

10.19 遷移状態理論式の活性化エントロピー $\Delta S^{\circ\ddagger}$ は，実験的に得られる頻度因子 A から見積もることができる．$\Delta S^{\circ\ddagger}$ は正になる場合と負になる場合がある．それぞれについて活性錯合体について考察せよ．

10.5 律速段階と触媒

● **律速段階** ● 反応生成物が連続して次の反応に進む反応を逐次反応という．逐次反応のように，いくつかの連続した反応において，反応速度定数が最も遅い反応を律速段階という．次の2段階の逐次反応において

$$A \xrightarrow{k_1} B \xrightarrow{k_2} C \qquad (10.28)$$

$k_1 < k_2$ のとき，律速段階は $A \longrightarrow B$ である．生成した B は速やかに C になるので，B の濃度は高まらず，逐次反応は見かけ上，$A \xrightarrow{k_1} C$ の反応になる（図10.17(a)）．逆に，$k_1 > k_2$ では律速段階は $B \xrightarrow{k_2} C$ である．反応物 A はすぐに消失し，B はゆっくりと C になる．観測される反応は $B \longrightarrow C$ になる（図10.17(b)）．

$k_1 = k_2$ の場合には，反応中間体 B の濃度が高まった後ゆっくりと減少する（図10.17(c)）．アレニウスの式から活性化エネルギーは $E_{a1} = E_{a2}$ となる．逐次反応の反応座標に対してエネルギーの変化をグラフにすると図10.17(d)のようになる．ただし，各段階は発熱反応で描いてある．

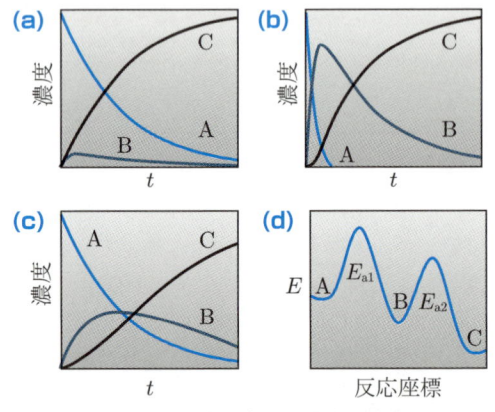

図 10.17 逐次反応の濃度時間変化
(a) $10k_1 = k_2$, (b) $k_1 = 10k_2$,
(c) $k_1 = k_2$ と (d) (c) の場合のエネルギー変化の概容

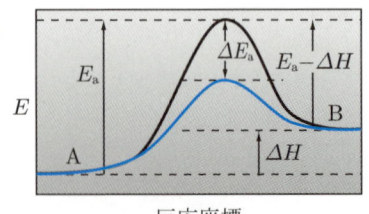

● **触媒の効果** ● 触媒は，活性化エネルギー E_a を減少させることによって反応速度を増加させる．次の可逆反応の場合

$$A \underset{k_{-1}}{\overset{k_1}{\rightleftarrows}} B \qquad (10.29)$$

正反応の活性化エネルギーが ΔE_a だけ減少すると，逆反応の活性化エネルギーも ΔE_a 減少する．アレニウスの式から正反応も逆反応も $\exp\left(\frac{E_a}{RT}\right)$ 倍速くなるため，平衡に達する時間 t_e もそれだけ短くなる．しかし，平衡定数 K は触媒添加前後で変化せず，反応の ΔG, ΔH, ΔS なども変化しない．

図 10.18 触媒を添加前（黒線）と添加後（青線）の反応座標

10.5 律速段階と触媒

---**例題 7**---

逐次反応 (10.28) の 3 つの連立微分速度式

(1) $-\frac{d[A]}{dt} = k_1[A]$ (2) $\frac{d[B]}{dt} = k_1[A] - k_2[B]$ (3) $\frac{d[C]}{dt} = k_2[B]$

を，$t = 0$ のとき $[A] = [A]_0$, $[B] = [C] = 0$ として解くと，$[C]$ の一般解は

$$[C] = [A]_0 + [A]_0(k_1 e^{-k_2 t} - k_2 e^{-k_1 t})/(k_2 - k_1)$$

$k_1 \ll k_2$ および $k_1 \gg k_2$ の条件下で，$[C]$ を求めて律速段階について論ぜよ．

[解答] $k_1 \ll k_2$ の場合は

$k_2 - k_1 \fallingdotseq k_2$, $k_1 e^{-k_2 t} - k_2 e^{-k_1 t} \fallingdotseq -k_2 e^{-k_1 t}$ として $[C] = [A]_0(1 - e^{-k_1 t})$

$k_1 \gg k_2$ の場合は

$k_2 - k_1 \fallingdotseq -k_1$, $k_1 e^{-k_2 t} - k_2 e^{-k_1 t} \fallingdotseq k_1 e^{-k_2 t}$ として $[C] = [A]_0(1 - e^{-k_2 t})$

それぞれの $[C]$ の時間変化は，律速段階の反応速度定数で表される．

---**例題 8**---

逐次反応 (10.28) のポテンシャルエネルギーの反応座標による変化が図 **10.19(a)** または **(b)** であるとき，律速段階について論じて，濃度の変化を述べよ．

[解答] (a) の場合は $E_{a1} > E_{a2}$ であり，$k_1 < k_2$ となるので律速段階は $A \xrightarrow{k_1} B$ である．各物質の濃度の時間変化は図 **10.17(a)** のように，生成した B は速やかに C になる．

(b) では $E_{a1} < E_{a2}$ であり，$k_1 > k_2$ となるので律速段階は $B \xrightarrow{k_2} C$ である．図 **10.17(b)** のように，A はすぐに消失し，生成した B はゆっくり C になる．

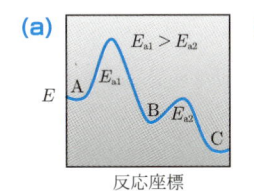

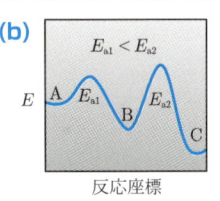

図 **10.19** 逐次反応のエネルギー変化
(a) $E_{a1} > E_{a2}$ と (b) $E_{a1} < E_{a2}$

問題

10.20 逐次反応 $A \xrightarrow{k_1} B \xrightarrow{k_2} C \xrightarrow{k_3} D$ について，以下の問に答えよ．
  (1) 反応中間体 B, C がともに観測できないとき，律速段階はどの過程か．
  (2) $k_1, k_3 \gg k_2$ のとき，どのような反応が観測されるか．

10.21 図 **10.18** において，触媒を入れると正反応も逆反応も同じ割合だけ速くなり，平衡定数は触媒の有無で変化しないことをアレニウスの式を用いて示せ．

10.22 触媒を入れると 25°C で反応速度定数が 10,000 倍大きくなった．活性化エネルギーは何 kJ mol^{-1} 減少したと考えられるか．

10.23 アンモニアの合成反応であるハーバー–ボッシュ法には鉄触媒が用いられ，200 atm 以上，500°C で反応させ，生じた NH$_3$ を冷却して液化している．この反応条件について，$\Delta_r G°$，平衡移動，反応速度の観点から説明せよ．

総合演習問題

■ 1 ■

近代化学は 1860 年の国際会議でカニツァロがアボガドロの考え方を再評価したことから始まった．次の問に答えよ．

(1) アボガドロの法則を説明し，それが果たした歴史的役割について述べよ．
(2) 塩化ナトリウムの密度は $2.17\,\mathrm{g\,cm^{-3}}$ である．塩化ナトリウムの結晶は Na と Cl の面心立方格子が互いに入り込んだ形をしていて，1 辺 $0.281\,\mathrm{nm}$ の立方体の中に 1 個の原子（Na または Cl）が含まれていると考えられる．塩化ナトリウムの結晶構造をもとに，NaCl を 1 つの分子とみなしてアボガドロ定数を求めよ．

■ 2 ■

水素原子中の電子のエネルギーは次の式で表すことができる．次の問に答えよ．

$$E_n = -\frac{m_e e^4}{8\varepsilon_0^2 h^2}\frac{1}{n^2} \quad (n = 1, 2, 3, \cdots)$$

(1) 水素原子 1 個を $n = 1$ から $n = 2$ の状態に励起するのに必要なエネルギーを求めよ．
(2) 水素原子 1 mol を $n = 1$ から $n = 2$ の状態に励起するのに必要なエネルギーを求めよ．
(3) 水素原子から電子 1 つを奪ってイオン化するエネルギーは n の値が，いくつからいくつに変化することに相当するか．
(4) 水素原子 1 個当たりのイオン化エネルギーを計算せよ．
(5) 水素原子 1 mol あたりのイオン化エネルギーを計算せよ．

■ 3 ■

水素原子スペクトルについて次の問に答えよ．

(1) 水素分子は二原子分子である．この水素分子からどのようにして水素原子のスペクトルが観測されるのか，簡単に説明せよ．
(2) 水素原子スペクトルには $656.3\,\mathrm{nm}$ の波長の赤い光が含まれている．この光の振動数はいくらか．
(3) 水素原子スペクトルは桃色から薄赤色に見える．一方，電球に用いられるタングステンのスペクトルは黄色から白色をしている．この色の違いから，水素とタング

ステンの原子の性質の違いについてどのようなことがわかるか．

▌ 4 ▐

基底状態にある水素の電子が波長 1 nm の光子の全エネルギーを吸収したとする．次の問に答えよ．
(1) このとき，電子は原子から飛び出ることを示せ．
(2) 原子から飛び出した電子の速さはどれくらいか．

▌ 5 ▐

デビソンとジャーマーはニッケルの単結晶に電子線を照射して電子の波動性について研究した．35 V で電子線を加速してニッケルの単結晶に当てたとき，入射角 75° のときに反射が観測された．次の問に答えよ．
(1) 電子線のエネルギーを求めよ．
(2) ブラッグの式を用いて電子の波長を計算せよ．ニッケルの結晶面の間隔が $d = 1.075 \times 10^{-10}$ m，観測された反射は $n = 1$ の反射であるとする．
(3) 問 (2) で求めた波長をド・ブロイの式 (2.13) で求めた波長と比較せよ．

▌ 6 ▐

1,3-ブタジエン（$CH_2 = CH-CH = CH_2$）の炭素原子 1 つに含まれる電子 1 個が分子全体にわたって自由に動き回ることができると考えるとする．この状態は注目している電子が分子と等しい長さの 1 次元の箱に閉じ込められているのと同じ状態と考えることができる．ブタジエンを長さ $L = 0.56$ nm の 1 次元の箱とすると，そこに閉じ込められている電子のエネルギーは

$$E_n = \frac{h^2}{8mL^2} n^2$$

と表される．この系について次の問に答えよ．
(1) 最初の 5 つのエネルギー準位のエネルギーを求め，エネルギー準位図を描け．
(2) プランク–アインシュタインの式（$E = h\nu = hc/\lambda$）を用いて，隣接するエネルギー準位間（E_n と E_{n+1}，$n = 1, 2, 3, 4$）を電子が遷移するときに放出されるスペクトルの輝線の波長を求めよ．
(3) 実測の観測結果は $\lambda \sim 220$ nm である．この結果はどの準位間の遷移に近いか．

▌ 7 ▐

フィラメントから出た熱電子を加速して銅に衝突させると X 線が発生する．銅の X 線スペクトルでは 0.154 nm の波長の光が放射される．この光は 2p から 1s への電子の遷移に伴うものであることが知られている．2 つの準位のエネルギー差はいくらか．

8

Na^+, Mg^{2+}, Al^{3+} はいずれも $(1s)^2(2s)^2(2p)^6$ の閉殻構造をもっている．イオン化エネルギーはそれぞれ $4.563 \times 10^3 \, \text{kJ mol}^{-1}$, $7.730 \times 10^3 \, \text{kJ mol}^{-1}$, $1.157 \times 10^4 \, \text{kJ mol}^{-1}$ である．次の問に答えよ．
(1) 同じ電子構造なのにイオン化エネルギーが異なる理由を述べよ．
(2) これらのイオンをイオン半径の大きい順に並べよ．

9

アンモニア分子（NH_3）は三角錐構造である．この分子は反転運動をすることが知られている．この反転に関するエネルギー準位のうち，一番低い2個の準位の差はおよそ $0.8 \, \text{cm}^{-1}$ である．反転の振動数を求め，1秒間に何回反転が起こるかを示せ．

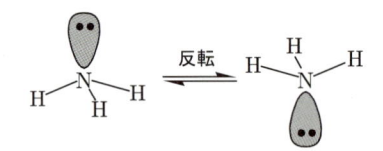

10

ハイゼンベルクは位置の不確定さ Δx と運動量の不確定さ Δp_x の間に

$$\Delta x \Delta p_x \geq \frac{h}{4\pi}$$

という関係があることを示した．1辺 $1.0 \, \text{nm}$ の立方体の箱の中に閉じ込められた電子の速度の不確定さはどの程度か．また，1辺 $1.0 \, \text{m}$ の立方体の箱の中に閉じ込められた質量 $0.1 \, \text{kg}$ の球の速度の不確定さはどの程度か．

11

デビソンとジャーマーの実験では電子線をニッケルの結晶の表面に垂直に入射した．回折した電子線は表面に垂直な方向から $50°$ の角度で観測された．電子線のエネルギーは $54.0 \, \text{eV}$，ニッケルの結晶は最密充填であったとして，次の値を求めよ．
(1) 電子線の波長　　(2) ニッケルの結晶の層間距離　　(3) ニッケル原子の半径

12

一酸化炭素（CO）の分子軌道のエネルギー準位は N_2 と似ている．表を参考にして CO のエネルギー準位の概要を描いて電子配置を示して，CO の化学結合を説明せよ．

炭素原子と酸素原子の軌道のイオン化エネルギー

原子	軌道	イオン化エネルギー/MJ mol^{-1}
O	2s	3.116
	2p	1.524
C	2s	1.872
	2p	1.023

13

一酸化炭素（CO），炭化窒素（CN），一酸化窒素（NO）について陰イオンになると安定になるもの，陽イオンになると安定になるもの，イオン化すると不安定になるものはどれか推定せよ．

14

表を参考にして次の問に答えよ．
(1) HCl の電荷の偏り δ_e と結合のイオン性を求めよ．
(2) HF, HCl, HBr, HI の双極子モーメントの相対的な値を電気陰性度の違いで説明せよ．

二原子分子の双極子モーメント μ と核間距離 r

2 原子分子	μ/D	r/pm
HF	1.98	91.7
HCl	1.03	127.5
HBr	0.78	141.5
HI	0.38	160.9

15

遷移金属元素の電子配置について次の問に答えよ．
(1) 基底状態のクロム原子（$_{24}$Cr）は不対電子を 6 個もつことが知られている．クロム原子の基底状態の電子配置を示せ．
(2) 基底状態の銅原子（$_{29}$Cu）は不対電子を 1 個もつことが知られている．銅原子の基底状態の電子配置を示せ．

16

ベンゼンの 2 つのケクレ構造で共鳴安定化エネルギーの 80% を説明することができる．残りの 20% は 3 つのデュワー構造で説明できる．この事実を共鳴安定化の視点から説明せよ．

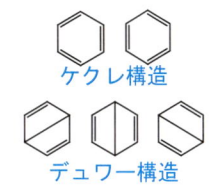

17

ブタジエンもベンゼンも sp^2 混成軌道と共鳴の効果により，結合に関与する電子が非局在化している．ベンゼンの場合は 6 本の C–C 結合がすべて同じ長さなのに対し，ブタジエンの場合は末端の C–C 結合と中央の C–C 結合とで少し長さが異なる．なぜか，説明せよ．

18

(1) シクロヘキサンのいす型構造を各炭素が sp^3 混成軌道をとることをもとに説明せよ．
(2) いす型構造のシクロヘキサンを真上から見ると正六角形になっているとすると，真横から見た形はどのようになっているか，図示せよ．

(3) いす型構造のシクロヘキサンを斜め上から見たときの構造を描き、なぜそのように描けるのかを説明せよ．
(4) 問 (1), (2) の結果をベンゼンの場合と比較せよ．

19

ダイヤモンドとグラファイト（黒鉛）はいずれも炭素だけでできている．ダイヤモンドはかたくて電気を通さないが、グラファイトは柔らかく、電気伝導性をもつ．この違いを説明せよ．

20

塩化ナトリウムは面心立方格子をとる結晶をつくる．次の問に答えよ．
(1) 塩化ナトリウムの密度を $2.17\,\mathrm{g\,cm^{-3}}$ とすると、塩化ナトリウムの単位格子の 1 辺の長さはいくらになるか．アボガドロ定数を $6.021 \times 10^{23}\,\mathrm{mol^{-1}}$ として計算せよ．
(2) $154\,\mathrm{pm}$ の波長の X 線を塩化ナトリウムの結晶に当てると、反射角 $15.9°$ に強い回折が観測された．この回折が隣接する結晶面によるものとすると、その面間隔はいくらか．

21

同じ半径 r の大きさの球を単純立方格子、面心立方格子、体心立方格子で詰めたとき、単位格子の 1 辺の長さ (a) と充填率 (b) とが次のようになることを示せ．

単純立方格子	面心立方格子	体心立方格子
$a=2r,\ b=\pi/6$	$a=4r/\sqrt{2},\ b=\sqrt{2}\pi/6$	$a=4r/\sqrt{3},\ b=\sqrt{3}\pi/8$

22

(1) HCl の双極子モーメントは $1.03\,\mathrm{D}$ である．2 個の HCl 分子の間に働く双極子–双極子相互作用の $1/r^6$ の項の係数を求めよ．温度は $300\,\mathrm{K}$ とする．
(2) 2 個の HCl 分子の間に働く双極子–誘起双極子相互作用の $1/r^6$ の項の係数を求めよ．HCl の α は $4\pi\varepsilon_0 \times (2.63 \times 10^{-30}\,\mathrm{m^3})$ とする．

23

デオキシリボ核酸（DNA）の二重らせん構造は核酸塩基の分子間水素結合によって形成される．以下に示したのは核酸塩基の構造である．アデニンとチミン、グアニンとシトシンがそれぞれ分子間水素結合を形成する．それらの水素結合を示せ．

アデニン(A)　　グアニン(G)　　チミン(T)　　シトシン(C)

24

大気圧（1.0×10^5 Pa）下，25°C において断面積 $5\,\mathrm{cm}^2$ のピストン付き体積可変の円筒容器に空気を $50\,\mathrm{cm}^3$ 入れた．以下の問に答えよ．ただし，ピストンの質量は無視せよ．

(1) ピストンの上に質量 m の重りを載せたときの体積 V を記録した（表）．この結果からボイルの法則を検証せよ．

m/kg	1.0	2.0	5.0
V/cm^3	41.8	35.7	25.0

(2) 容器全体を 80°C に加熱したときに体積は $59\,\mathrm{cm}^3$ となった．この結果からシャルル–ゲイリュサックの法則を検証せよ．

25

壁に小さな穴のあいた容器に酸素を閉じ込めたところ，$50\,\mathrm{cm}^3$ の気体が $20\,\mathrm{s}$ で流出した．同じ温度および圧力で，この容器に臭素の蒸気を閉じ込めたところ，同じ体積だけ流出するのに $45\,\mathrm{s}$ 掛かった．以下の問に答えよ．

(1) 気体分子運動論の前提条件を箇条書きで 4 つ書け．
(2) 気体の根平均 2 乗速度 $\sqrt{u^2}$ を温度 T，分子量 M，気体定数 R を用いて表せ．
(3) 100°C における酸素分子の根平均 2 乗速度（m s^{-1}）を求めよ．
(4) グラハムの法則を式で書き，臭素の分子量を求めよ．ただし，気体 A（分子量 M_A）および気体 B（分子量 M_B）の細孔からの流出時間をそれぞれ t_A と t_B とし，気体 A および B の速度をそれぞれ u_A, u_B とせよ．

26

2 つのエネルギー準位 N_i と N_j（N_i が基底状態）間のエネルギー差に対応する電磁波の周波数 ν が $300\,\mathrm{MHz}$ である．$300\,\mathrm{K}$ において熱平衡状態にあるとき，$\dfrac{N_i - N_j}{N_i}$ の値を有効数字 2 桁で求めよ．ただし，プランク定数 $h = 6.6 \times 10^{-34}\,\mathrm{J\,s}$，ボルツマン定数 $k = 1.38 \times 10^{-23}\,\mathrm{J\,K^{-1}}$ を用い，エネルギー準位に縮退はないものとせよ．

27

ある物質の等温線を示す P-V 図と状態図（P-T 図）を示す．以下の問に答えよ．

(1) 状態図における X 点，Y 点，曲線 XY の名称を書け．
(2) P-V 図における A → B → C → D → A の状態変化に対応する変化を，状態図に描き込み，状態変化を簡潔に説明せよ．ただし，2 つの軸において縦軸（P）の値は対応しているとせよ．

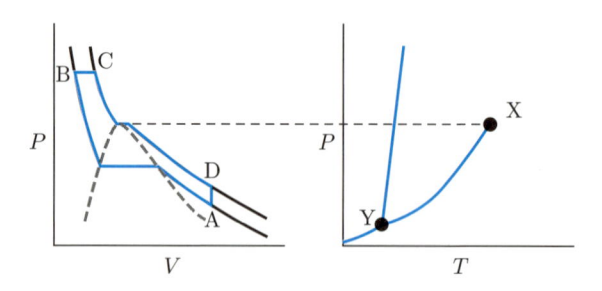

28

水とメタノールを混合した溶液がある．この溶液を理想溶液として以下の問に答えよ．ただし，75°C での純物質の蒸気圧は，水が 40 kPa，メタノールが 160 kPa とせよ．
(1) 75°C において，気相における水とメタノールのモル分率が等しくなる圧力は何 kPa か，また，そのときの液相の水のモル分率を求めよ．
(2) 水/メタノール混合溶液が大気圧（100 kPa）下，75°C で沸騰するときの，液相のメタノールのモル分率を求めよ．
(3) 75°C での水とメタノールの蒸気圧–溶液組成（液相線）および蒸気圧–蒸気組成（気相線）を図に描け．気相線は問 (1), (2) の結果をふまえて描くこと．液相線と気相線の他に，水の分圧，メタノール分圧を示す線，および，液相のみが存在する領域を灰色で図中に明示せよ．
(4) 大気圧下で，水 3 mol とエタノール 1 mol を混合した溶液を蒸留しても，95.6%（w/w）以上のエタノールは得られない．その理由をエタノール/水の系の沸点図（大気圧下での温度–組成図）の概要にもとづいて説明せよ．

29

塩化アンモニウムと水の固体同士は全く混ざらず，−15.8°C より低い温度では 2 つの固相が共存した状態となる．以下の問に答えよ．

塩化アンモニウムの水への溶解度

温 度	−15.8	0	20	40	60	80
溶解度	23	29	37	46	55	66

(1) 60°C での塩化アンモニウムの飽和水溶液のモル分率 X_a を求めよ．

(2) 塩化アンモニウム–水系の温度–組成図の概要を，塩化アンモニウムのモル分率 X に対して，$0 \leq X \leq 0.2$ の範囲で描け．
(3) モル分率 X_a の溶液を 80°C から -40°C へ冷却するときの状態変化を，温度 (T) –冷却時間 (t) のグラフを描いて説明せよ．グラフには適宜数字，文字を入れること．

30

x g の溶媒 A（分子量 M_A）に y g の少量の不揮発性の溶質 B（分子量 M_B）を溶かした溶液について，以下の問に答えよ．1 atm 下の純溶媒 A の沸点を T_b とせよ．
(1) B のモル分率 X_B を質量モル濃度 m で表し，少量の B を溶かした希薄溶液の条件ならば，X_B と m が比例することを示せ．
(2) 溶液中の A のモル分率が X_A^ℓ のとき沸点は T へ上昇する．溶媒 A の蒸発エンタルピー $\Delta_{vap}H^\circ$ が温度 T_b から T の範囲で変化しないとして，以下の式を導出せよ．

$$\ln X_A^\ell = \frac{\Delta_{vap}H^\circ}{R}\left(\frac{1}{T} - \frac{1}{T_b}\right)$$

(3) モル沸点上昇度 $\Delta T_b (= T - T_b)$ とモル沸点上昇定数 K_b が以下の式で表されることを問 (1), (2) を用いて導出せよ．ただし，展開式 $\ln(1+x) = x - \frac{x^2}{2} + \frac{x^3}{3} - \cdots$ を使用せよ．

$$\Delta T_b = \frac{RT_b^2}{\Delta_{vap}H^\circ}X_B, \quad K_b = \frac{RT_b^2 M_A}{\Delta_{vap}H^\circ \times 1000}$$

(4) 水の K_b は 0.52 K kg mol^{-1} である．水の $\Delta_{vap}H^\circ$ を求めよ．
(5) 沸点上昇や凝固点降下などのように，その強度が溶質粒子の濃度には依存するが，溶質の種類には無関係な溶液の性質を何というか．

31

ベンゼンとナフタレンは理想溶液を形成し，それぞれの固体同士は全く混じり合わずに共融混合物となる．以下の問に答えよ．
(1) 固体ベンゼン $C_6H_6(s)$ の標準生成エンタルピー $\Delta_f H^\circ$，標準モルエントロピー S° は，それぞれ 38.4 kJ mol^{-1} と 135 J K^{-1} mol^{-1} である．液体ベンゼン $C_6H_6(\ell)$ では $\Delta_f H^\circ = 49.0$ kJ mol^{-1}, $S^\circ = 173$ J K^{-1} mol^{-1} である．標準状態におけるベンゼンの凝固点を予測せよ．
(2) ベンゼン 100.00 g にナフタレン 4.00 g を融解した溶液の凝固点降下は 1.58°C であった．ナフタレンの分子量を求めよ．ベンゼンの K_f は 5.065 K kg mol^{-1} である．
(3) ある物質 A が B と理想溶液を形成し，A の融解エンタルピー $\Delta_{fus}H^\circ$ が温度で変化しない場合，温度 T での A の溶解度（モル分率 X_A^ℓ）は以下の式で与えられる．

$$\ln\frac{X_A^\ell}{1} = -\frac{\Delta_{\text{fus}}H^\circ}{R}\left(\frac{1}{T} - \frac{1}{T_f}\right)$$

ここで，T_f は純 A の融点である．25°C の理想溶液におけるナフタレンのモル分率を求めよ．ただし，純ナフタレンの $T_f = 80°C$, $\Delta_{\text{fus}}H^\circ = 18.8\,\text{kJ mol}^{-1}$ とせよ．

(4) ベンゼンとナフタレンが理想溶液を形成すると仮定して，共融点の組成と温度をグラフから求める方法を述べよ．

32

以下の問に答えよ．

(1) 溶液の束一的性質とは何か，100 字程度で説明せよ．
(2) 体積 V の中に溶質が物質量 n だけ含まれる溶液が，温度 T で純溶媒と接しているとき生じる浸透圧 π を求める式を書き，その法則の名称を答えよ．
(3) スクロース（$C_{12}H_{22}O_{11}$）$8.0\,\text{g}$ を水に溶かして $100\,\text{cm}^3$ にした．この溶液の 30°C における浸透圧に釣り合う水柱の高さを求めよ．ただし，溶液の密度は $1.00\,\text{g cm}^{-3}$，重力加速度は $9.8\,\text{m s}^{-2}$ を用いよ．

33

$T_H = 600\,\text{K}$ のもとで，単原子分子の理想気体をピストン付き円筒容器に入れると圧力 $4.0 \times 10^5\,\text{Pa}$，体積 $2.0 \times 10^{-3}\,\text{m}^3$ となった（状態 A）．熱 $Q\,\text{J}$ を加えて $4.0 \times 10^{-3}\,\text{m}^3$（状態 B）まで等温膨張させ，その後，$8.0 \times 10^{-3}\,\text{m}^3$（状態 C）まで断熱膨張させた．次に，状態 C から温度 T_L に保ち等温圧縮して状態 D とし，さらに断熱圧縮して状態 A に戻った．すべての過程で，外圧と内圧が常に同じになるように十分ゆっくり可逆的に変化させたとして，以下の問に答えよ．

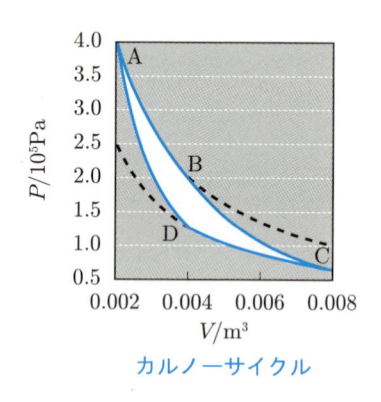

カルノーサイクル

(1) 状態 C の温度 T_L と圧力 P_C の値を求めよ．
(2) 状態 D の体積 V_D と圧力 P_D の値を求めよ．
(3) 各過程における ΔU, q, w, ΔT, ΔS の値を符号を明示して答えよ．
(4) $A \to B \to C \to D \to A$ の間に気体が外部へした仕事を W' とし，このカルノーサイクルとよばれる機関の熱効率 $\eta = W'/Q$ を求めよ．
(5) $\eta = 1 - \dfrac{T_L}{T_H}$ で表されることを示し，$\dfrac{q_{A \to B}}{T_H} + \dfrac{q_{C \to D}}{T_L} = 0$ となることを導出してエントロピーが状態量であることを示せ．

34

共役する二重結合は共鳴による電子の非局在化によって安定化される．その安定化のエネルギーを非局在化エンタルピーとよぶ．ベンゼンの3つの二重結合は共鳴によって大きく安定化されている．以下の問に従って，仮想的な 1,3,5-シクロヘキサトリエンと比較したベンゼンの非局在化エンタルピーを求めよ．ただし，ベンゼン，シクロヘキセン，1,3-シクロヘキサジエンの水素化エンタルピーは，それぞれ $-207, -120, -230\,\mathrm{kJ\,mol^{-1}}$ である．

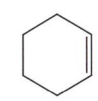

ベンゼン　シクロヘキセン　1,3-シクロヘキサジエン　1,3,5-シクロヘキサトリエン

(1) シクロヘキセンと比較して，1,3-シクロヘキサジエンの共役する2つの二重結合間の非局在化エンタルピー ΔH_1° を求めよ．

(2) 上の結果を用いて 1,3,5-シクロヘキサトリエンの水素化エンタルピー ΔH_2° を計算で求め，ベンゼンの非局在化エンタルピー ΔH_3° を求めよ．

35

標準状態，$-20\,°\mathrm{C}$ の $\mathrm{H_2O(s)}$ から $120\,°\mathrm{C}$ の $\mathrm{H_2O(g)}$ までのモルエントロピー S_m° をグラフにせよ．そのとき，以下の状態の S_m° の値を求めよ．
(1) $0\,°\mathrm{C}$ と $100\,°\mathrm{C}$ の $\mathrm{H_2O(\ell)}$ 　　(2) $0\,°\mathrm{C}$ と $-20\,°\mathrm{C}$ の $\mathrm{H_2O(s)}$
(3) $100\,°\mathrm{C}$ と $120\,°\mathrm{C}$ の $\mathrm{H_2O(g)}$
ただし，$25\,°\mathrm{C}$ の $\mathrm{H_2O(\ell)}$ の標準モルエントロピーを $S_\mathrm{m}^\circ = 70\,\mathrm{J\,K^{-1}\,mol^{-1}}$ とし，融解熱は $6.0\,\mathrm{kJ\,mol^{-1}}$，蒸発熱は $41\,\mathrm{kJ\,mol^{-1}}$，$\mathrm{H_2O(s)}$, $\mathrm{H_2O(\ell)}$, $\mathrm{H_2O(g)}$ のそれぞれの定圧モル熱容量 $C_p^\mathrm{s}, C_p^\ell, C_p^\mathrm{g}$ はそれぞれ $38, 75, 34\,\mathrm{J\,K^{-1}\,mol^{-1}}$ を用いよ．

36

$\mathrm{H_2O(\ell)}$ の生成反応の $25\,°\mathrm{C}$ での $\Delta_\mathrm{r} H^\circ$ は $-285.8\,\mathrm{kJ\,mol^{-1}}$，$\Delta_\mathrm{r} S^\circ$ は $-163.5\,\mathrm{J\,K^{-1}\,mol^{-1}}$ である．以下の問に答えよ．

$$\mathrm{H_2(g)} + \tfrac{1}{2}\mathrm{O_2(g)} \longrightarrow \mathrm{H_2O(\ell)}$$

(1) この反応の $100\,°\mathrm{C}$ での $\Delta_\mathrm{r} H^\circ, \Delta_\mathrm{r} S^\circ, \Delta_\mathrm{r} G^\circ$ はいくらか．$\mathrm{H_2(g)}, \mathrm{O_2(g)}, \mathrm{H_2O(\ell)}$ の定圧モル熱容量はそれぞれ $28.8, 29.1, 75.3\,\mathrm{J\,K^{-1}\,mol^{-1}}$ を用いよ．

(2) 問 (1) で得られた $\Delta_\mathrm{r} G^\circ$ の値は，標準状態において $\mathrm{H_2(g)}$ と $\mathrm{O_2(g)}$ の混合物と $\mathrm{H_2O(\ell)}$ では，$\mathrm{H_2O(\ell)}$ の方が熱力学的にはるかに安定であることを示している．しかし，$\mathrm{H_2(g)}$ と $\mathrm{O_2(g)}$ を混合しただけでは反応は進行しない．その理由を述べよ．

37

$N_2O_4 \longrightarrow 2NO_2$ の反応について以下の問に答えよ．ただし，N_2O_4, NO_2 の標準生成エンタルピーは，それぞれ 9.2, 33.2 kJ mol^{-1} であり，N_2O_4, NO_2 の標準モルエントロピーは，それぞれ 304 および 240 J K^{-1} mol^{-1} とせよ．

(1) この反応の 25°C, 1 atm における $\Delta_r H°$, $\Delta_r S°$, および，$\Delta_r G°$ を有効数字 3 桁で求めよ．数値の符号を明確にして，吸熱反応か，発熱反応かを答えよ．

(2) $\Delta_r G°$ と圧平衡定数 K_P との間の関係式を書き，25°C での K_P を求めよ．

(3) 25°C, P atm において，初期状態では N_2O_4 のみが 1 mol 存在し，平衡に達したときの N_2O_4 の物質量を $(1-\xi)$ mol として，ξ を圧力 P と K_P で表し，P が 1 atm のときの NO_2 のモル分率を求めよ．

(4) 熱力学第二法則を簡潔に説明せよ．

(5) 25°C, 1 atm の定温定圧条件下において，問 (3) の ξ の値で N_2O_4 と NO_2 が平衡状態になる理由について，ギブズエネルギー (G) と $G' = dG/d\xi$ の ξ に対する変化をグラフに描いて説明せよ．グラフには適宜数値を入れよ．

38

反応 $A(g) \longrightarrow B(g)$ において，初期状態で 1 mol の A だけが存在する．25°C, 1 atm において ξ mol の A が反応したときのギブズエネルギー $G(\xi)$ のグラフを $0 < \xi < 1$ mol の範囲で $\Delta_r G°$ が (1) +3 kJ mol^{-1}, (2) 0, (3) -3 kJ mol^{-1} の各条件について描け．ただし，$G(0) = 0$ とせよ．

39

気相中の cis-2-ブテンから $trans$-2-ブテンへの異性化反応について以下の問に答えよ．

$$cis\text{-2-ブテン} \longrightarrow trans\text{-2-ブテン}$$

ただし，この反応の $\Delta_r H$ と $\Delta_r S$ は温度に依存しないとせよ．

(1) $trans$-2-ブテンと cis-2-ブテンの 25°C における標準燃焼エンタルピーは，それぞれ -2707 kJ mol^{-1} と -2711 kJ mol^{-1} である．cis-2-ブテンから $trans$-2-ブテンへの異性化反応の標準反応エンタルピー $\Delta_r H°$ を求め，吸熱反応か発熱反応か述べよ．

(2) $trans$-2-ブテンと cis-2-ブテンの 25°C における標準生成ギブズエネルギー $\Delta_f G°$ はそれぞれ 63.1 kJ mol^{-1} と 66.0 kJ mol^{-1} である．25°C での平衡定数を求めよ．

(3) 227°C での平衡定数を求めよ．

(4) この異性化反応は 1 次反応速度式に従い，その反応速度定数は 227°C で 2.2×10^{-14} s^{-1}, 427°C で 1.5×10^{-6} s^{-1} である．活性化エネルギーを求めよ．

(5) この異性化反応が 227°C において観測可能かどうかを，熱力学および反応速度の見地から論述せよ．

40

アンモニアの解離反応に対する圧平衡定数 K_P は 600 K で 2.33×10^1 atm, 800 K で 3.28×10^2 atm である．この温度範囲で $\Delta_r H$ と $\Delta_r S$ が温度に依存しないとして以下の問に答えよ．

$$\mathrm{NH_3(g)} \rightleftharpoons \frac{1}{2}\mathrm{N_2(g)} + \frac{3}{2}\mathrm{H_2(g)}$$

(1) ルシャトリエの原理に基づいて，吸熱反応か発熱反応か答えよ．
(2) $\mathrm{NH_3}$ 1 mol あたりの定圧解離エンタルピー $\Delta_r H$ は何 $\mathrm{kJ\,mol^{-1}}$ か．
(3) 800 K において圧力を 1 atm から 200 atm に上昇させたとき，K_P の変化を述べて平衡移動を説明せよ．
(4) 700 K におけるアンモニアの合成反応 $\mathrm{N_2(g) + 3H_2(g) \longrightarrow 2NH_3(g)}$ の圧平衡定数 K'_P を求めよ．

41

小さい球状タンパク質は天然構造（N）と変性構造（D）との間に平衡が存在する．

$$\mathrm{N} \underset{}{\overset{K}{\rightleftharpoons}} \mathrm{D}$$

あるタンパク質 A の変性反応 $\mathrm{N \longrightarrow D}$ は $\Delta H° = 195\,\mathrm{kJ\,mol^{-1}}$, $\Delta S° = 600\,\mathrm{J\,K^{-1}\,mol^{-1}}$ であり，これらが温度に依存しないと仮定して以下の問に答えよ．

(1) 37°C でのタンパク質 A の変性反応の $\Delta G°(37°\mathrm{C})$ と K を求めよ．
(2) タンパク質 A の融解温度（N と D の濃度が等しくなる温度）T_m を求めよ．
(3) 37°C から 67°C の範囲で $\theta = \dfrac{[\mathrm{N}]}{[\mathrm{N}] + [\mathrm{D}]}$ の値を 5°C おきに求め，グラフにせよ．
(4) タンパク質 A の変性の $\Delta G°$ への $\Delta H°$ および $\Delta S°$ の寄与を議論せよ．

42

以下のイオン平衡からなる電池の 25°C における標準起電力 $E°$ を求め，平衡定数 K と $\Delta_r G°$ を求めよ．$E°(\mathrm{Cu, Cu^{2+}}) = +0.337\,\mathrm{V}$, $E°(\mathrm{Ag, Ag^+}) = +0.799\,\mathrm{V}$

$$\mathrm{Cu(s) + 2Ag^+(aq) \rightleftharpoons Cu^{2+}(aq) + 2Ag(s)}$$

43

25°C における以下のイオン式の標準電極電位を求めよ．

$$\mathrm{Cu^+(aq) + e^- \longrightarrow Cu(s)}$$

ただし，$E°(\mathrm{Cu^{2+}, Cu}) = +0.337\,\mathrm{V}$, $E°(\mathrm{Cu^{2+}, Cu^+}) = +0.153\,\mathrm{V}$ を用いよ．

44

以下の電池の式で表現されるダニエル電池について，以下の問に答えよ．

$$(-)\mathrm{Zn}|\mathrm{Zn}^{2+}(c\,\mathrm{mol\,dm}^{-3})||\mathrm{Cu}^{2+}(0.1\,\mathrm{mol\,dm}^{-3})|\mathrm{Cu}(+)$$

(1) この電池のネルンストの式は，常用対数で
$$E = E^\circ(\mathrm{Cu},\mathrm{Cu}^{2+}) - E^\circ(\mathrm{Zn},\mathrm{Zn}^{2+}) - \frac{59\,\mathrm{mV}}{2}\log_{10}\left(\frac{c}{0.1}\right)$$
のように表されることを示せ．

(2) 亜鉛イオンの濃度 c をさまざまに変化させて 25°C で起電力を測定した結果を表に示す．これがネルンスト式をみたすことを示せ．

$c/\mathrm{mol\,dm}^{-3}$	0.100	0.050	0.010	0.005
E/V	1.100	1.109	1.130	1.138

45

$^{226}_{88}\mathrm{Ra}$ の α 崩壊は $^{226}_{88}\mathrm{Ra}$ の原子数の 1 次反応であり，その速度定数 k は $1.373 \times 10^{-11}\,\mathrm{s}^{-1}$ である．以下の問に答えよ．

(1) $1.0\,\mathrm{g}$ の $^{226}_{88}\mathrm{Ra}$ の原子数を N_0 とし，それが $1\,\mathrm{s}$ 間に崩壊する原子数を N_1 とする．$k \ll 1$ のときは，$N_1 = kN_0$ と表せることを示せ．

(2) 放射能の単位である $1\,\mathrm{Ci}$（キュリー）は，$1.0\,\mathrm{g}$ の $^{226}_{88}\mathrm{Ra}$ が $1\,\mathrm{s}$ 間に崩壊する数 N_1 に由来している．N_1 を求めよ．

46

25°C と 40°C で，酢酸メチルを塩酸酸性水溶液に入れて加水分解した．各時刻において反応溶液 5.00 mL をサンプリングして，生じた酢酸を 0.1 mol L^{-1} NaOH で中和したところ，表の結果が得られた．

$$\mathrm{CH_3COOCH_3} + \mathrm{H_2O} \xrightarrow{\mathrm{H}^+} \mathrm{CH_3COOH} + \mathrm{CH_3OH}$$

(1) 各温度での擬 1 次反応速度定数は何 s^{-1} か．
(2) 活性化エネルギーは何 kJ mol^{-1} か．

	t/min	0	40	80	120	∞
25°C	V/mL	5.10	5.90	6.70	7.45	28.10
	t/min	0	20	40	60	∞
40°C	V/mL	5.10	6.40	7.60	8.75	28.10

47

温度が一定の状態で，次の可逆反応を考える．

$$A \underset{k_2}{\overset{k_1}{\rightleftarrows}} B$$

ここで，正反応の速度 v_1 は [A] の 1 次（反応速度定数 k_1）で表され，逆反応の速度 v_2 は，[B] の 1 次（反応速度定数 k_2）で表される．初期濃度は $[A]_0 = \frac{1}{3}\,\mathrm{mol\,dm^{-3}}$, $[B]_0 = \frac{2}{3}\,\mathrm{mol\,dm^{-3}}$ で，ある時間 (t_e) が経過すると，見かけ上，A から B への変化が止まって平衡状態となる．平衡定数 $K = 0.5$ として，以下の問に答えよ．

(1) 時刻 t における A の濃度変化 $d[A]/dt$ を，$k_1, k_2, [A]$ を用いて表せ．
(2) 平衡定数 K を k_1, k_2 を用いて表せ．また，平衡になったときの A の濃度 $[A]_e$ を k_1, k_2 を用いて書け．
(3) A および B の濃度の時間変化をグラフに明示せよ．また $t = 0$ のときの v_2 の大きさを 1 として，反応速度 v_1, v_2，見かけの反応速度 $v\,(= |v_1 - v_2|)$ の相対的な変化をグラフに明示せよ．
(4) 触媒を用いると，k_1, k_2, K, t_e，正反応および逆反応の活性化エネルギー E_{a1}, E_{a2}，および，正反応の $\Delta_r H, \Delta_r S, \Delta_r G$ は，どのように変化するか，増加，減少，変化しない，に分類して書け．

48

次の逐次反応に対する 2 つの正触媒 X と Y がある．

$$A \xrightarrow{k_1} B \xrightarrow{k_2} C$$

X は反応 A $\longrightarrow$ B だけを 10 倍速くし，Y は反応 B $\longrightarrow$ C だけを 10 倍速くする．触媒を入れる前の反応速度は $k_1 = k_2$ であり，反応は右図のように進行した．

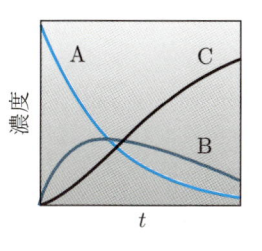

(1) 逐次反応の 3 つの連立微分速度式（10 章例題 7 参照）を解き，触媒 X だけを添加した場合の濃度の時間変化の概要を描け．
(2) X だけを添加した場合も，Y だけを添加した場合も C の生成速度は同じであった．その理由を述べよ．
(3) X と Y を同時に添加すると，速度定数は $5 \times k_1$ と $5 \times k_2$ に変化した．濃度の時間変化はどのように変化するか図を描いて説明せよ．

問題解答

1章の問題解答

◆ 問題 1.1 18gの水は2gの水素と16gの酸素から成るから，水素と酸素の割合は $2/(2+16) = 1/9$ と $16/(2+16) = 8/9$ である．従って，1kgの水から得られる水素と酸素の質量は

$$\text{水素}：1\,\text{kg} \times 1/9 = 0.11\,\text{kg}, \quad \text{酸素}：1\,\text{kg} \times 8/9 = 0.89\,\text{kg}$$

◆ 問題 1.2

$$\begin{array}{cccccc}
\text{酸化銅} & & \text{銅} & & \text{酸素} & \quad \text{銅} \quad \text{酸素} \\
2.0\,\text{g} & = & 1.6\,\text{g} + (2.0-1.6)\,\text{g} & = & 1.6\,\text{g} + 0.4\,\text{g} \\
5.0\,\text{g} & = & 4.0\,\text{g} + (5.0-4.0)\,\text{g} & = & 4.0\,\text{g} + 1.0\,\text{g}
\end{array}$$

従って，$1.6 : 0.4 = 4 : 1$ と $4.0 : 1.0 = 4 : 1$

◆ 問題 1.3 赤色酸化銅では0.89gの銅に対して0.11gの酸素であり，黒色酸化銅では0.4gの銅に対して0.1gの酸素である．

赤色と黒色酸化銅における銅の一定量（1g）に対する酸素の質量比は

$$0.11/0.89 : 0.1/0.4 = 1 : 2$$

酸素の一定量（1g）に対する銅の質量比は $0.89/0.11 : 0.4/0.1 = 2 : 1$

◆ 問題 1.4 (1) $CH_4 + 2O_2 \longrightarrow CO_2 + 2H_2O$ であり体積比は $1 : 2 : 1 : 2$

(2) 16gの CH_4，2×32g の O_2，44gの CO_2，2×18g の H_2O であるから，反応系における質量は80gであり，生成系における質量も80gである．このことから，質量保存の法則が成り立っている．

◆ 問題 1.5 原子番号，陽子数，中性子数，質量数，電子数の順に

$$\begin{array}{llllll}
{}^{13}_{6}\text{C}: & 6, & 6, & 7, & 13, & 6 \\
{}^{16}_{8}\text{O}: & 8, & 8, & 8, & 16, & 8 \\
{}^{56}_{26}\text{Fe}: & 26, & 26, & 30, & 56, & 26 \\
{}^{184}_{74}\text{W}: & 74, & 74, & 110, & 184, & 74
\end{array}$$

◆ 問題 1.6 Mn 69.6gに対してOは30.4gである．MnとOの原子量から両者の原子数の割合に直すと $69.6/54.938 : 30.4/15.999 = 1 : 1.5 = 2 : 3$ となる．

従って，$(Mn_2O_3)_n$ であり，Mn_2O_3 あるいは Mn_4O_6 などと予想される．

◆ 問題 1.7 $(15.9949 \times 99.759 + 16.9991 \times 0.037 + 17.9992 \times 0.204)/100 = 15.9994$

◆ 問題 1.8 (1) H_2O 中のHには ${}^1H$ と ${}^2H$ があり，組み合わせ方は3通りある．一方，O

での同位体として問題 1.7 より 3 種類（質量数 16, 17, 18）が存在するから，存在する水分子としては $3 \times 3 = 9$ 種類となる．

(2) $^1\text{H}_2{}^{16}\text{O}$ (3) 最も重い分子 $^2\text{H}_2{}^{18}\text{O}$，最も軽い分子 $^1\text{H}_2{}^{16}\text{O}$

◆ 問題 1.9 $12/(1.9926 \times 10^{-23}) = 6.0222 \times 10^{23}\,\text{mol}^{-1}$

◆ 問題 1.10 1 個の銅の質量は $(3.61 \times 10^{-8})^3 \times 8.96/4 = 105.38 \times 10^{-24}\,\text{g}$
アボガドロ定数の ^{12}C は 12 g であり，これと比較すると
$$105.38 \times 10^{-24} \times 6.022 \times 10^{23} = 63.46$$

2 章の問題解答

◆ 問題 2.1 (1) 陰極線は電場を受けると曲がるが，電場がなくなると直線の軌跡を描く．

(2) 陰極線が電場の中でプラスの方向に曲がったことから，負の電荷をもつことがわかる．

(3) 荷電粒子は磁場からローレンツ力 $F = qv \times B$ を受けて下向きに曲がる．q は電荷，v は電荷の速度，B は磁場の大きさである．負の電荷をもつ陰極線は磁場の中でローレンツ力を受ける．

◆ 問題 2.2 α 線はヘリウムの原子核で，プラスの電荷をもち，β 線は電子なので，マイナスの電荷をもっている．図で β 線が磁場の中で曲がる方向と電子線が磁場の中で曲がった方向とが同じことに注意．

◆ 問題 2.3 (1) 電子の運動方程式
$$m\frac{v^2}{R} = evB \quad \text{より} \quad v = \frac{eBR}{m}$$

(2) 求める速さを v とすると，エネルギー保存則より
$$\frac{1}{2}mv^2 = eV \quad \text{から} \quad v = \sqrt{\frac{2eV}{m}}$$

(3) (1) の v と (2) で求めた v とが等しいとおくと，
$$\frac{eBR}{m} = \sqrt{\frac{2eV}{m}} \quad \text{なので} \quad \frac{e}{m} = \frac{2V}{B^2R^2}$$

◆ 問題 2.4 金の原子核からのクーロン斥力による位置エネルギーが α 線の運動エネルギーより大きくならなければならない．求める金の原子核の半径を R とすると
$$\frac{Z_{\text{He}} Z_{\text{Au}} e^2}{4\pi\varepsilon_0 R} \geq E_k$$
より

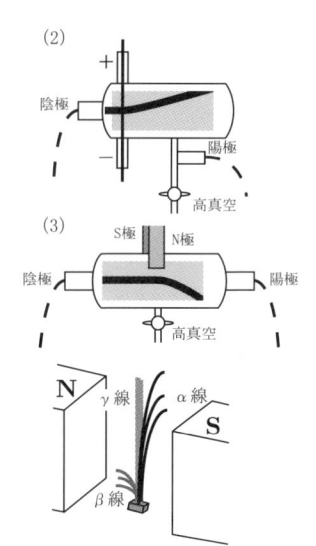

$$R \leq \frac{Z_{\text{He}} Z_{\text{Au}} e^2}{4\pi\varepsilon_0 E_{\text{k}}}$$
$$= \frac{2 \times 79 \times (1.602 \times 10^{-19}\,\text{C})^2}{4 \times 3.14 \times (8.854 \times 10^{-12}\,\text{C}^2\,\text{N}^{-1}\,\text{m}^{-2}) \times (10 \times 10^6 \times 1.602 \times 10^{-19}\,\text{J})}$$
$$= 2.28 \times 10^{-14}\,\text{m}$$

このようにしてラザフォードは原子核の大きさを推定した．

◆ 問題 2.5 $\dfrac{10^{-15}\,\text{m} \times 10^2\,\text{m}}{1.2 \times 10^{-10}\,\text{m}} = 8.3 \times 10^{-4}\,\text{m}$

水素原子が野球場ほどの大きさのとき，その原子核は砂粒程度の大きさである．

◆ 問題 2.6 静電引力と万有引力との比は G_{N} を万有引力定数として $\dfrac{e^2}{4\pi\varepsilon_0 r^2}$ と $\dfrac{G_{\text{N}} m_{\text{p}}^2}{r^2}$ との比なので，$\dfrac{e^2}{4\pi\varepsilon_0}$ と $G_{\text{N}} m_{\text{p}}^2$ とを比べればよい．

$$\frac{e^2}{4\pi\varepsilon_0} = \frac{(1.602 \times 10^{-19}\,\text{C})^2}{4 \times 3.14 \times 8.854 \times 10^{-12}\,\text{C}^2\,\text{N}^{-1}\,\text{m}^{-2}} = 2.3 \times 10^{-28}\,\text{N}\,\text{m}^2$$

万有引力は
$$G_{\text{N}} m_{\text{p}}^2 = 6.67 \times 10^{-11}\,\text{m}^3\,\text{s}^{-2}\,\text{kg}^{-1} \times (1.67 \times 10^{-27}\,\text{kg})^2$$
$$= 1.86 \times 10^{-64}\,\text{m}^3\,\text{s}^{-2}\,\text{kg} = 1.86 \times 10^{-64}\,\text{N}\,\text{m}^2$$

となるので，静電引力と万有引力の比は $1.2 \times 10^{36} : 1$ であることがわかる．

◆ 問題 2.7 1 mol にはアボガドロ定数個の原子が含まれている．1 つあたりの質量は
$$\frac{1 \times 10^{-3}\,\text{kg}}{6.02 \times 10^{23}} = 1.66 \times 10^{-27}\,\text{kg}$$

となり，この値は陽子の静止質量に近い値である．

◆ 問題 2.8 プランク–アインシュタインの式 (2.4) より
$$E = h\nu = \frac{hc}{\lambda} = \frac{(6.63 \times 10^{-34}\,\text{J s}) \times (3.00 \times 10^8\,\text{m s}^{-1})}{532 \times 10^{-9}\,\text{m}} = 3.746 \times 10^{-19}\,\text{J}$$

◆ 問題 2.9 $E = nh\nu$ より
$$n = \frac{E}{h\nu} = \frac{2 \times 10^{-17}\,\text{J}}{(6.63 \times 10^{-34}\,\text{J s}) \times (10^{15}\,\text{s}^{-1})} = 30.17$$

したがって n は 30 である．

◆ 問題 2.10 振動数 ν の光は $h\nu$ のエネルギーをもつ光子（光量子）とみなすことができる．この光が金属表面に当たり，金属中の電子がそのエネルギーを受け取る．電子が受け取るエネルギーが仕事関数 (W) より大きいとき，仕事関数を超える部分のエネルギー $\left(\dfrac{1}{2} m v_{\text{max}}^2\right)$ を運動エネルギーとしてもつ電子が金属の外へ放出される．この過程に対するエネルギーの収支から (2.3) が導き出される．

◆ 問題 2.11 (2.4) から $E = h\nu = hc/\lambda$ の関係を用いて
$$E = h\nu = \frac{hc}{\lambda} = \frac{h \times (3.00 \times 10^8\,\text{m s}^{-1})}{220 \times 10^{-9}\,\text{m}} = 1.79 \times 10^{-10}\,\text{J} + W$$
$$E = h\nu = \frac{hc}{\lambda} = \frac{h \times (3.00 \times 10^8\,\text{m s}^{-1})}{150 \times 10^{-9}\,\text{m}} = 5.99 \times 10^{-10}\,\text{J} + W$$

これを解いて $h = 6.60 \times 10^{-34}\,\text{J s}, W = 7.20 \times 10^{-19}\,\text{J}$

◆ **問題 2.12** 19世紀の終わり頃製鉄業が盛んになり，溶鉱炉の中の温度の制御が重要になった．溶鉱炉の色と温度との関係がわかれば，製鉄の効率が良くなった．

◆ **問題 2.13** それまで連続的に変化すると考えられてきたエネルギーがとびとびの値をとると考えたこと．その結果，観測結果をよく説明できるようになった．

◆ **問題 2.14** $n=3$ のとき
$$\lambda = A\frac{n^2}{n^2-4} = 364.56 \times \frac{3^2}{3^2-4} = 656.2\,\text{nm}$$
同様に，$n=4$ のとき 486.1 nm，$n=5$ のとき 434.0 nm，$n=6$ のとき，410.1 nm となって，実測とよく合っている．

◆ **問題 2.15** ライマン系列は $n_1=1$ なので
$$\frac{1}{\lambda} = R_\infty\left(\frac{1}{n_1^2} - \frac{1}{n_2^2}\right) \quad \text{から} \quad \frac{1}{1.03\times 10^{-7}\,\text{m}} = 1.097 \times 10^7\,\text{m}^{-1}\left(\frac{1}{1^2} - \frac{1}{n_2^2}\right)$$
このとき，n_2 はおよそ3になる．

◆ **問題 2.16** パッシェン系列は $n_1=3$ なので最大波長は
$$\frac{1}{\lambda} = R_\infty\left(\frac{1}{n_1^2} - \frac{1}{n_2^2}\right) = 1.097 \times 10^7\,\text{m}^{-1}\left(\frac{1}{3^2} - \frac{1}{4^2}\right)$$
$$= 0.05333 \times 10^7\,\text{m}^{-1} = 5.333 \times 10^5\,\text{m}^{-1}$$
$$\lambda = 1.875 \times 10^{-6}\,\text{m} = 1875\,\text{nm}$$
最小波長は $n_2=\infty$ のときなので，同様に計算して $\lambda = 8.205 \times 10^{-7}\,\text{m} = 820.5\,\text{nm}$

◆ **問題 2.17** スペクトル線が輝線としてとびとびの値に現れたところ．連続的に変化するのではないかと考えていたため．

◆ **問題 2.18** 太陽光のスペクトルを分析すると，含まれている元素に特有のスペクトル線が観測されるため．

◆ **問題 2.19** (2.7) より
$$\frac{1}{\lambda} = R_\infty\left(\frac{1}{n_1^2} - \frac{1}{n_2^2}\right) = 1.097 \times 10^7\,\text{m}^{-1}\left(\frac{1}{2^2} - \frac{1}{\infty^2}\right)$$
$$= 0.2743 \times 10^7\,\text{m}^{-1} = 2.743 \times 10^6\,\text{m}^{-1}$$
$\lambda = 364.56\,\text{nm}$ となり，(2.6) の A の値と一致する．

◆ **問題 2.20** (1) 基底状態では $n=1$，イオン化した状態では $n=\infty$ なので，イオン化エネルギーは $E_\infty - E_1$ で求められる．
$$E_\infty - E_1 = \frac{m_e e^4}{8\varepsilon_0^2 h^2}\left(\frac{1}{1^2} - \frac{1}{\infty^2}\right)$$
$$= \frac{(9.109\times 10^{-31}\,\text{kg}) \times (1.602\times 10^{-19}\,\text{C})^4}{8\times(8.854\times 10^{-12}\,\text{F\,m}^{-1})^2 \times (6.626\times 10^{-34}\,\text{J\,s})}$$
$$= 2.18 \times 10^{-18}\,\text{J}$$
これは1原子あたりの値なので，1 mol あたりに直すと
$$2.18\times 10^{-18}\,\text{J} \times 6.02\times 10^{23}\,\text{mol}^{-1} = 1.31\times 10^6\,\text{J\,mol}^{-1}$$
(2) $E = \dfrac{hc}{\lambda}$ より

$$\lambda = \frac{hc}{E} = \frac{(6.626 \times 10^{-34}\,\text{J s}) \times (2.998 \times 10^9\,\text{m s}^{-1})}{2.18 \times 10^{-18}\,\text{J}} = 9.112 \times 10^{-18}\,\text{m}$$

91.1 nm の光の波長に相当する．

◆ 問題 2.21　運動エネルギーは $\frac{1}{2}mv^2$ で表される．引力と遠心力の釣合いから

$$\frac{e^2}{4\pi\varepsilon_0 r^2} = \frac{m_\text{e} v^2}{r}$$

ここから $m_\text{e}v^2 = \dfrac{e^2}{4\pi\varepsilon_0 r}$．また，量子条件から $m_\text{e}vr = \dfrac{nh}{2\pi}$ なので，$v = \dfrac{e^2}{2nh\varepsilon_0}$．

運動エネルギーは $\dfrac{1}{2}mv^2 = \dfrac{m_\text{e}}{2}\left(\dfrac{e^2}{2nh\varepsilon_0}\right)^2 = \dfrac{m_\text{e}e^4}{8n^2h^2\varepsilon_0^2}$

◆ 問題 2.22　数値を入れて計算すると

$$\frac{m_\text{e}e^4}{8\varepsilon_0^2 ch^3} = \frac{(9.109 \times 10^{-31}\,\text{kg}) \times (1.602 \times 10^{-19}\,\text{C})^4}{8 \times (8.854 \times 10^{-12}\,\text{C}^2\,\text{N}^{-1}\,\text{m}^{-2})^2 \times (2.997 \times 10^8\,\text{m s}^{-1}) \times (6.626 \times 10^{-34}\,\text{J s})^3}$$

$$= \frac{59.996 \times 10^{-107}\,\text{kg C}^4}{546776.77 \times 10^{-118}\,\text{C}^4\,\text{N}^{-2}\,\text{m}^{-3}\,\text{J}^3\,\text{s}^2} = 1.097 \times 10^7\,\text{m}^{-1}$$

となり，リュードベリ定数と一致し，ボーアの仮説の正しさが証明された．

◆ 問題 2.23　ド・ブロイ波の波長は

$$\lambda = \frac{h}{mv} = \frac{6.626 \times 10^{-34}\,\text{J s}}{(3.4 \times 10^{-27}\,\text{kg}) \times (1700\,\text{m s}^{-1})} = 1.15 \times 10^{-10}\,\text{m}$$

◆ 問題 2.24　どのような物質にも「波」としての性質があると考える．ただ，その「波」の性質を考慮する必要があるのは，物質の質量が非常に小さい場合のみであり，原子や分子の性質はその「質量が非常に小さい場合」に相当する．

◆ 問題 2.25　電気素量を e とすると電子のエネルギーは eV と書ける．50 V で加速された電子のエネルギーは $(1.602 \times 10^{-19}\,\text{C}) \times 50\,\text{V} = 8.01 \times 10^{-18}\,\text{J}$ となる．運動量は

$$p = \sqrt{2m_\text{e}E} = \sqrt{2 \times (9.109 \times 10^{-31}\,\text{kg}) \times (8.01 \times 10^{-18}\,\text{J})} = 3.82 \times 10^{-24}\,\text{kg m s}^{-1}$$

ド・ブロイ波の波長は $\lambda = \dfrac{h}{p} = \dfrac{6.626 \times 10^{-34}\,\text{J s}}{3.82 \times 10^{-24}\,\text{kg m s}^{-1}} = 1.73 \times 10^{-10}\,\text{m}$

◆ 問題 2.26　電気素量を e とすると電子のエネルギーは eV と書ける．10000 V で加速された電子のエネルギーは

$$(1.602 \times 10^{-19}\,\text{C}) \times 10000\,\text{V} = 1.602 \times 10^{-15}\,\text{J}$$

運動量は

$$p = \sqrt{2m_\text{e}E} = \sqrt{2 \times (9.109 \times 10^{-31}\,\text{kg}) \times (1.602 \times 10^{-15}\,\text{J})} = 5.402 \times 10^{-23}\,\text{kg m s}^{-1}$$

電子線のド・ブロイ波の波長は

$$\lambda = \frac{h}{p} = \frac{6.626 \times 10^{-34}\,\text{J s}}{5.402 \times 10^{-23}\,\text{kg m s}^{-1}} = 1.23 \times 10^{-11}\,\text{m}$$

解像度の違いはおよそ 10^4 倍なので 1 万倍．

◆ 問題 2.27　(1) $\dfrac{hc}{\lambda} = \dfrac{hc}{\lambda'} + \dfrac{1}{2}mv^2$　　(2) $\dfrac{h}{\lambda} = \dfrac{h}{\lambda'}\cos\theta + mv\cos\varphi$

(3) $0 = \dfrac{h}{\lambda'}\sin\theta - mv\sin\varphi$

(1), (2), (3) から v と φ を消去すると $\Delta\lambda = \lambda' - \lambda = \dfrac{h}{mc}(1 - \cos\theta)$ となる．

◆ 問題 2.28　電気素量を e とすると電子のエネルギーは eV と書ける．$eV = \dfrac{1}{2}m_e v^2$ から $m_e v = \sqrt{2m_e eV}$ なのでド・ブロイの式から $m_e v = \dfrac{h}{\lambda} = \sqrt{2m_e eV}$ となり

$$V = \dfrac{h^2}{2m_e e\lambda^2} = \dfrac{(6.626\times 10^{-34}\,\mathrm{J\,s})^2}{2\times(9.109\times 10^{-31}\,\mathrm{kg})\times(1.602\times 10^{-19}\,\mathrm{C})^2\times(0.3\times 10^{-9}\,\mathrm{m})^2} = 16.7\,\mathrm{V}$$

となる．運動量は

$$m_e v = \dfrac{h}{\lambda} = \dfrac{6.626\times 10^{-34}\,\mathrm{J\,s}}{0.3\times 10^{-9}\,\mathrm{m}} = 2.21\times 10^{-24}\,\mathrm{kg\,m\,s^{-1}}$$

◆ 問題 2.29　$\psi(x,t)$ を x に関して 2 回微分すると以下のようになる．

$$\dfrac{d^2\psi(x)}{dx^2} = -\left(\dfrac{2\pi}{\lambda}\right)^2 \psi(x) \quad \cdots ①$$

電子の全エネルギー E は，運動エネルギー $\left(\dfrac{mv^2}{2}\right)$ とポテンシャルエネルギー $U(x)$ の和であるので $\dfrac{1}{2}mv^2 + U(x) = E$
運動量 $p = mv$ を代入して変形すると $p^2 = 2m\{E - U(x)\}$ $\cdots ②$ となる．ド・ブロイの関係から導かれる $p = h/\lambda$ を ② に代入すると $\dfrac{1}{\lambda^2} = \dfrac{2m}{h^2}\{E - U(x)\}$
これを ① に代入して変形すると

$$\dfrac{d^2\psi(x)}{dx^2} = -\dfrac{8\pi^2 m}{h^2}\{E - U(x)\}\psi(x)$$

となるから (2.15) が得られる．

◆ 問題 2.30　$\psi(x) = A\sin\left(\dfrac{2\pi x}{\lambda}\right)$ より $\dfrac{d\psi(x)}{dx} = \dfrac{2\pi}{\lambda}A\cos\left(\dfrac{2\pi x}{\lambda}\right)$
さらに微分して $\dfrac{d^2\psi(x)}{dx^2} = -\dfrac{4\pi^2}{\lambda^2}A\sin\left(\dfrac{2\pi x}{\lambda}\right)$

◆ 問題 2.31　電子の場合 $m_e = 9.109\times 10^{-31}\,\mathrm{kg}$, $L = 1\,\mathrm{nm} = 1\times 10^{-9}\,\mathrm{m}$ なので

$$E_n = \dfrac{h^2}{8mL^2}n^2 = \dfrac{(6.626\times 10^{-34}\,\mathrm{J\,s})^2}{8\times(9.109\times 10^{-31}\,\mathrm{kg})\times(1\times 10^{-9}\,\mathrm{m})^2}n^2 = 6.03\times 10^{-20}\,\mathrm{J}\times n^2$$

電子の場合，n が $1, 2, 3, \cdots$ と変化するとエネルギーは飛躍的に大きくなり，とびとびの値をとると考えられる．0.1 kg の球の場合，$m = 0.1\,\mathrm{kg}$, $L = 0.1\,\mathrm{m}$ なので

$$E_n = \dfrac{h^2}{8mL^2}n^2 = \dfrac{(6.626\times 10^{-34}\,\mathrm{J\,s})^2}{8\times(0.1\,\mathrm{kg})\times(0.1\,\mathrm{m})^2}n^2 = 5.49\times 10^{-65}\,\mathrm{J}\times n^2$$

となる．これは非常に小さな値で，n が $1, 2, 3, \cdots$ と変化してもエネルギーは連続的に変化するとみなすことができる．

◆ 問題 2.32　d 軌道はどのような n に対しても $l = 2$ なので，d 軌道の数は $2l + 1$ となる．したがって許容される d 軌道の数は 5 となる．

◆ 問題 2.33　f 軌道はどのような n に対しても $l = 3$ なので，f 軌道の数は $2l + 1$ となる．したがって許容される f 軌道の数は 7 となる．

◆ 問題 2.34　s 軌道の角度部分 $Y_{lm_l}(\theta,\varphi)$ は $\left(\dfrac{1}{2\sqrt{\pi}}\right)$ の形をしていて，θ も φ も含まれていないため，s 軌道の波動関数に角度依存性はなく球対称となる．1s 軌道の $R(r)$ は $2\left(\dfrac{1}{a_0}\right)^{3/2}e^{-r/a_0}$ の形で常に正になるが，2s 軌道の $R(r)$ は，$\dfrac{1}{2\sqrt{2}}\left(\dfrac{1}{a_0}\right)^{3/2}\left(2-\dfrac{r}{a_0}\right)e^{-r/a_0}$ で，$r=2a_0$（a_0 はボーア半径）の点で波動関数の符号が変化する．

p 軌道の動径波動関数は，3 つの軌道 $2p_x, 2p_y, 2p_z$ 軌道で $\dfrac{1}{2\sqrt{6}}\left(\dfrac{1}{a_0}\right)^{3/2}\dfrac{r}{a_0}e^{-r/2a_0}$ と同一であるが，角度部分において差異がある．$2p_x, 2p_y$ 軌道の角度部分は θ と φ の両方に依存して変化するが，$2p_z$ 軌道は $\dfrac{1}{2}\sqrt{\dfrac{3}{\pi}}\cos\theta$ で，$\cos\theta$ にのみ依存し，φ には依存しない．このことから，z 軸周りで軸対称であることがわかる．

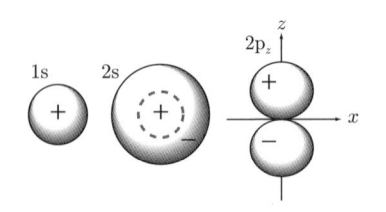

◆ 問題 2.35　2p 軌道の動径部分は $R(r) = \dfrac{1}{2\sqrt{6}}\left(\dfrac{1}{a_0}\right)^{3/2}\dfrac{r}{a_0}e^{-r/2a_0}$ で与えられる．動径確率分布の極大は，1 階微分 $\dfrac{d}{dr}\{r^2|R(r)|^2\}=0$ となる r のときに起こる．2p 軌道では

$$\dfrac{d}{dr}\left[r^2\left\{\dfrac{1}{2\sqrt{6}}\left(\dfrac{1}{a_0}\right)^{3/2}\dfrac{r}{a_0}e^{-r/2a_0}\right\}^2\right]$$
$$=\dfrac{1}{24}\left(\dfrac{1}{a_0}\right)^5\dfrac{d}{dr}(r^4 e^{-r/a_0}) = \dfrac{1}{24}\left(\dfrac{1}{a_0}\right)^5\left\{\left(4r^3-\dfrac{r^4}{a_0}\right)e^{-r/a_0}\right\}$$

となる．これが 0 になるのは，$4r^3 - \dfrac{r^4}{a_0} = 0$ のときであり $r=0$ と $r=4a_0$ とが得られる．このうち極大になるのは $r=4a_0$ のときである．

◆ 問題 2.36

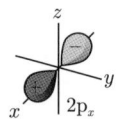

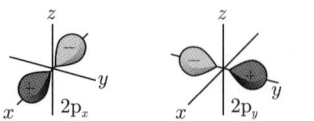

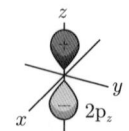

◆ 問題 2.37　(1)　$\varphi(x)$ と $\psi(x)$ がハミルトニアン $\mathscr{H}$ の固有関数であれば，それぞれの絶対値の 2 乗は確率密度関数で，全空間にわたって積分すると 1 になる．これは電子の存在確率を全空間で積分すると 1 になるということであり，$\varphi(x)$ と $\psi(x)$ が規格化されているという．

$$\int |\varphi(x)|^2 d\tau = \int |\psi(x)|^2 = 1$$

(2)　$\varphi(x)$ と $\psi(x)$ がエネルギーの異なる波動関数のとき，その積を全空間にわたって積分すると 0 になることを，$\varphi(x)$ と $\psi(x)$ が直交しているという．

$$\int \varphi^*(x)\psi(x) d\tau = 0$$

◆ 問題 2.38　(1)　粒子線は電気的に中性なので，粒子線に掛かった力は静電気力ではないといえる．

(2) たとえ粒子線が電荷をもっていたとしても，ローレンツ力が働くとすると，それはトムソンの陰極線管の実験の際のように，磁場に垂直に，また速度にも垂直に働くため，電荷をもった粒子線は N 極や S 極の方向ではなく，N → S の方向に対して横向きに速度の向きを変えるはずである．従って，粒子線に掛かった力はローレンツ力ではないといえる．

(3) 粒子線が磁場によって N 極方向または S 極方向の 2 つの方向へ曲げられたということは，粒子線に磁気的な相互作用を示す性質があることを示す．

◆ 問題 2.39 (1) $1s^2 2s^2 2p^6 3s^1$ (2) 3p 軌道から 3s 軌道への遷移

(3) プランク–アインシュタインの式より

$$\Delta E = \frac{hc}{\lambda_2} - \frac{hc}{\lambda_1}$$
$$= \frac{(6.626 \times 10^{-34}\,\mathrm{J\,s})(2.998 \times 10^8\,\mathrm{m\,s}^{-1})}{589.0 \times 10^{-9}\,\mathrm{m}} - \frac{(6.626 \times 10^{-34}\,\mathrm{J\,s})(2.998 \times 10^8\,\mathrm{m\,s}^{-1})}{589.6 \times 10^{-9}\,\mathrm{m}}$$
$$= 3.41 \times 10^{-22}\,\mathrm{J}$$

となる．これはとても小さなエネルギー差である．

◆ 問題 2.40 例えば 3d 軌道に入る電子はすべて $n = 3, l = 2$ の値をとる．そのとき許容される m_l と m_s の組合せは右表の通りなので，第 4 周期の元素の 3d 軌道には最大で 10 個の電子が入る．この結果は，n が 3 以上のすべての周期に当てはまるので，どの周期の遷移元素の d 軌道にも入る電子は最大で 10 個である．

m_l	m_s
2	$\pm 1/2$
1	$\pm 1/2$
0	$\pm 1/2$
-1	$\pm 1/2$
-2	$\pm 1/2$

◆ 問題 2.41 s 軌道や p 軌道など主量子数の小さな軌道は主量子数が大きな軌道を超えて外側に分布することが少ないのに対し，d 軌道（や f 軌道）の電子は，より主量子数の大きな s 軌道や p 軌道の内側にも外側にも分布する．d 軌道（や f 軌道）の電子が原子の外側の方に分布するということは，結合に関与し得る電子が多いということを示していて，その結果，金属結合をつくりやすい構造となっている．

◆ 問題 2.42 カリウム原子に電子が 1 つ付加すると，その電子は 4s 軌道に入り，既に 4s 軌道に入っている電子と電子対を形成する．4s 軌道の 2 つの電子間には反発力が生じるが，有効核電荷によって打ち消される程度の大きさである．

　カルシウム原子の場合，4s 軌道は既に詰まっているので，新たに付加された電子は次にエネルギー準位の低い 3d 軌道へ入る．この 3d 軌道へ電子を入れるエネルギーは 4s 軌道へ電子を入れるエネルギーよりも大きい．

3 章の問題解答

◆ 問題 3.1 四フッ化炭素（CF_4）は標準状態で無色の気体で，正四面体型構造をとり，フロン類の一種で，温室効果ガスと考えられている．

◆ 問題 3.2 希ガスは化合物をつくらないことが多いが，Xe や Kr などは電気陰性度の大きなフッ素や酸素などと化合物をつくることがある．四フッ化キセノンは標準状態で無色の結晶

で，空気中の水分と反応する．Xe の価電子数は 8 と考えるので，フッ素原子が 4 つつくと価電子の総数は $8 + 7 \times 4 = 36$ となる．Xe–F 結合を単結合と考えると Xe に 4 つの電子が残る．これを Xe の上に配置すると右図のようになる．実際の XeF_4 の構造は平面構造で，上下に非共有電子対が配置されると考えられている．

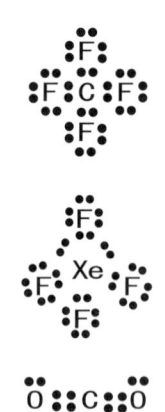

◆ **問題 3.3** 二酸化炭素は中心の炭素の電子対間の反発を避けるように，分子は直線構造をとる．実際の C–O の結合距離は 0.116 nm で，エーテルなどの炭素と酸素の単結合の距離 0.143 nm よりも少し短い．

◆ **問題 3.4** 最外殻電子が結合の形成に関与するから．3.3, 3.4 節の分子軌道のところで学ぶように，最外殻の電子の入る原子軌道が分子軌道の形成に関与する．

◆ **問題 3.5** クーロンの法則から

$$E(\text{p-p}) = \frac{N_A e^2}{4\pi\varepsilon_0 r} = \frac{(6.022 \times 10^{23}\,\text{mol}^{-1}) \times (1.6022 \times 10^{-19}\,\text{C})^2}{4 \times 3.14 \times (8.854 \times 10^{-21}\,\text{C}^2\,\text{N}^{-1}\,\text{m}^{-2}) \times (0.106 \times 10^{-9}\,\text{m})}$$
$$= 1311\,\text{kJ}\,\text{mol}^{-1}$$

となり，反発エネルギーは $1311\,\text{kJ}\,\text{mol}^{-1}$

◆ **問題 3.6** H_2^+ の方が長い．H_2 は電子が 2 つあり，陽子–電子間の引力がより強く働くため結合距離は短くなる．

◆ **問題 3.7** H_2 の場合，結合に関与する電子は 2 つあるので，H_2^+ のときより結合は強くなるが，2 倍にはならないのは，電子間の反発が起こるからである．

◆ **問題 3.8** He_2 の電子配置は $(\sigma_{1s})^2(\sigma_{1s}^*)^2$ なので $(1/2) \times (2-2) = 0$
He_2^+ の電子配置は $(\sigma_{1s})^2(\sigma_{1s}^*)^1$ なので $(1/2) \times (2-1) = 1/2$

となり，He_2 は安定に存在し得ないが，He_2^+ は実際に存在する．

◆ **問題 3.9** 分子のエネルギーを安定化させ，結合を安定に存在するようにする軌道である．反結合性軌道はエネルギーを不安定化させ，分子間の結合を開裂するように働く軌道である．

◆ **問題 3.10** 分子のもつ電子の存在確率を全空間にわたって積分すると必ずその空間内で電子が存在するという条件を与えること．

◆ **問題 3.11**

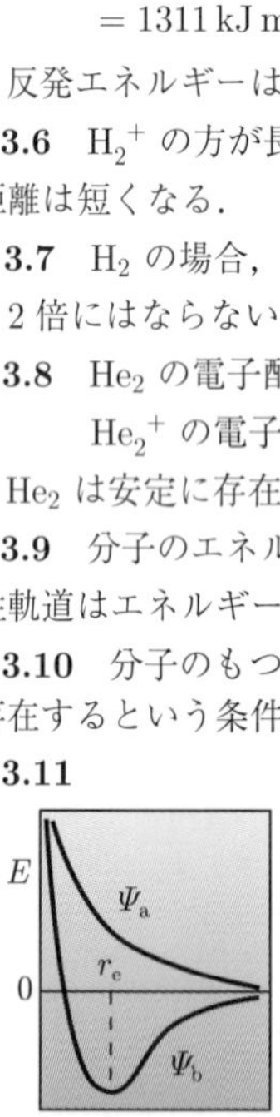

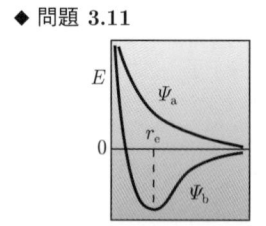

◆ **問題 3.12** 右図のようになり，2 つの s 軌道間，および 2 つの p 軌道間の相互作用で生じる分子軌道のエネルギーは上にいくほど高くなる．

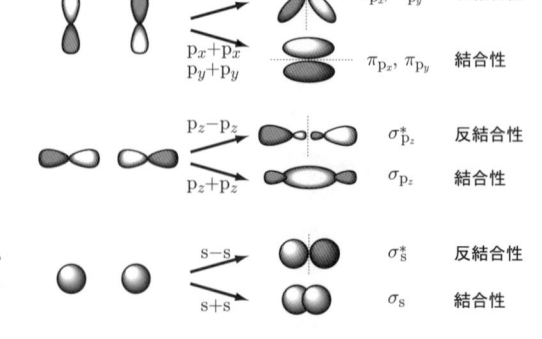

3章の問題解答

◆ **問題 3.13** 電子配置は以下のようになる．

$$F_2 : (\sigma_{1s})^2(\sigma_{1s}^*)^2(\sigma_{2s})^2(\sigma_{2s}^*)^2(\sigma_{2p_z})^2(\pi_{2p_x})^2(\pi_{2p_y})^2(\pi_{2p_x}^*)^2(\pi_{2p_y}^*)^2$$

$$F_2^+ : (\sigma_{1s})^2(\sigma_{1s}^*)^2(\sigma_{2s})^2(\sigma_{2s}^*)^2(\sigma_{2p_z})^2(\pi_{2p_x})^2(\pi_{2p_y})^2(\pi_{2p_x}^*)^2(\pi_{2p_y}^*)^1$$

F_2 の結合次数は $(1/2) \times (10-8) = 1$

F_2^+ の結合次数は $(1/2) \times (10-7) = 1.5$

となり，F_2^+ の方が結合が強いと考えられる．結合解離エネルギーの実測値は，F_2 が $150\,\mathrm{kJ\,mol^{-1}}$，$F_2^+$ が $270\,\mathrm{kJ\,mol^{-1}}$ でこの考察とあっている．

◆ **問題 3.14** C_2 の基底状態の電子配置は

$$(\sigma_{1s})^2(\sigma_{1s}^*)^2(\sigma_{2s})^2(\sigma_{2s}^*)^2(\pi_{2p_x})^2(\pi_{2p_y})^2$$

結合次数は $(1/2) \times (8-4) = 2$ となる．従って，C_2 は存在し得ると予想できる．また，磁性は反磁性であると予想される．C_2 は実験によって検出されていて，その磁性は反磁性である．

◆ **問題 3.15** カーバイドイオンと窒素分子との違いは，電荷をもつイオンと中性分子との違いで，マイナスの電荷をもつカーバイドイオンは負電荷による静電反発によって結合長が少し伸びていると考えられる．

◆ **問題 3.16** S_2 の結合次数は O_2 と同様に2となり，反結合性の π 軌道に2つの不対電子をもつので常磁性である．

◆ **問題 3.17** F_2 でも HF でも 1s 軌道の電子は結合には使われていない．しかし，結合に関与している電子は 1s 電子と原子核との間に働く力に影響を及ぼす．F_2 の場合，結合に関与している電子は2つの原子上に均等に分布しているが，HF の場合は均等ではなく，電気陰性度の大きいフッ素の方に電子が偏っている．その結果，HF のフッ素原子の 1s 軌道の電子の遮蔽効果が，F_2 の場合よりも大きくなっている．つまり，1s 軌道から電子をとってイオン化する際に，HF から電子をとる方が，F_2 から電子をとるよりもより大きなエネルギーが必要になる．

◆ **問題 3.18** N_2 の方が第1イオン化エネルギーが大きいと考えられる．NO 分子の分子軌道を見ると反結合性軌道に電子が1つ入っていて，これを取り去ってイオン化する方が容易だからである．

◆ **問題 3.19** この場合の酸性度は H^+ の濃度に関係している．HCl 水溶液中で HCl は H^+ と Cl^- とに解離して，強い酸性を示す．そのとき，HCl と H_2O とが反応して，H_3O^+ が生成する．この反応が酸性度の源であり，元の分子の結合の強さとは本質的に関係がない．

◆ **問題 3.20** 双極子モーメントはベクトル量で表される．o-：$2.25\,\mathrm{D}$，m-：$1.30\,\mathrm{D}$，p-：$0\,\mathrm{D}$

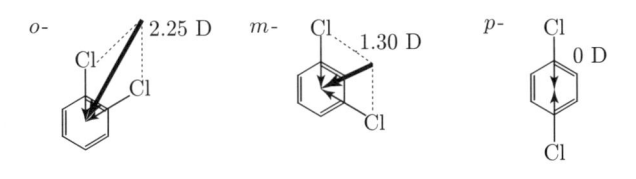

4 章の問題解答

◆ **問題 4.1** 「双極子モーメント 0 D」，「二置換体（例えばジクロロメタン）が 1 種類しかできない」，「核磁気共鳴スペクトルで観測される ^{1}H 核が 1 種類である」，が正四面体型構造と係わりがある．

◆ **問題 4.2** sp^3 混成軌道をとり，正四面体型の混成軌道の各頂点に水素原子 3 個とフッ素原子 1 個とがそれぞれ σ 結合をつくる．

◆ **問題 4.3** (1) 各頂点の成分は $A(1,1,1), B(1,-1,-1), C(-1,-1,1), D(-1,1,-1)$ なので
$$A: i+j+k, \quad B: i-j-k, \quad C: -i-j+k, \quad D: -i+j-k$$
となり，混成軌道（図 4.2）の p 軌道の符号と一致している．

(2) $i=j$ の場合，任意の j に対して
$$\int \Psi_j^* \Psi_j d\tau = \frac{1}{4}\int \varphi_s^* \varphi_s d\tau + \frac{1}{4}\int \varphi_{p_x}^* \varphi_{p_x} d\tau + \frac{1}{4}\int \varphi_{p_y}^* \varphi_{p_y} d\tau + \frac{1}{4}\int \varphi_{p_z}^* \varphi_{p_z} d\tau$$
$$= \frac{1}{4}+\frac{1}{4}+\frac{1}{4}+\frac{1}{4} = 1$$

$i \neq j$ の場合，例えば $i=1, j=2$ とすると
$$\int \Psi_1^* \Psi_2 d\tau = \frac{1}{4}\int (\varphi_s^* + \varphi_{p_x}^* + \varphi_{p_y}^* + \varphi_{p_z}^*)(\varphi_s + \varphi_{p_x} - \varphi_{p_y} - \varphi_{p_z}) d\tau$$
$$= \frac{1}{4}+\frac{1}{4}-\frac{1}{4}-\frac{1}{4} = 0$$

◆ **問題 4.4** sp^3 混成軌道により正四面体型の構造をとるとすると，正四面体の各頂点に水素原子，塩素原子，OH の酸素原子，CH_3 の炭素原子が中心の炭素原子と σ 結合を形成する．このように 4 本の結合すべてに異なる原子または原子団が結合している炭素を**不斉炭素**とよぶ．

◆ **問題 4.5** $\varepsilon_{sp^2} = \dfrac{\varepsilon_s + 2\varepsilon_p}{3}$

◆ **問題 4.6** 混成軌道の波動関数の絶対値の 2 乗の全空間にわたる積分を計算して，その和が 1 になることを示せばよい．
$\Psi_1(sp^2) = \dfrac{1}{\sqrt{3}}\varphi_s + \sqrt{\dfrac{2}{3}}\varphi_{p_x}$ の場合
$$\int |\Psi_1(sp^2)|^2 d\tau = \int \left| \frac{1}{\sqrt{3}}\varphi_s + \sqrt{\frac{2}{3}}\varphi_{p_x} \right|^2 d\tau$$
$$= \frac{1}{3}\int |\varphi_s|^2 d\tau + \frac{2}{3}\int |\varphi_{p_x}|^2 d\tau = \frac{1}{3}+\frac{2}{3} = 1$$

$\Psi_2(sp^2) = \dfrac{1}{\sqrt{3}}\varphi_s - \dfrac{1}{\sqrt{6}}\varphi_{p_x} + \dfrac{1}{\sqrt{2}}\varphi_{p_y}$ の場合

$$\int |\Psi_2(\mathrm{sp}^2)|^2 d\tau = \int \left| \frac{1}{\sqrt{3}}\varphi_\mathrm{s} - \frac{1}{\sqrt{6}}\varphi_{\mathrm{p}_x} + \frac{1}{\sqrt{2}}\varphi_{\mathrm{p}_y} \right|^2 d\tau$$

$$= \frac{1}{3}\int |\varphi_\mathrm{s}|^2 d\tau + \frac{1}{6}\int |\varphi_{\mathrm{p}_x}|^2 d\tau + \frac{1}{2}\int |\varphi_{\mathrm{p}_y}|^2 d\tau = \frac{1}{3} + \frac{1}{6} + \frac{1}{2} = 1$$

$\Psi_3(\mathrm{sp}^2) = \dfrac{1}{\sqrt{3}}\varphi_\mathrm{s} - \dfrac{1}{\sqrt{6}}\varphi_{\mathrm{p}_x} - \dfrac{1}{\sqrt{2}}\varphi_{\mathrm{p}_y}$ の場合

$$\int |\Psi_3(\mathrm{sp}^2)|^2 d\tau = \int \left| \frac{1}{\sqrt{3}}\varphi_\mathrm{s} - \frac{1}{\sqrt{6}}\varphi_{\mathrm{p}_x} - \frac{1}{\sqrt{2}}\varphi_{\mathrm{p}_y} \right|^2 d\tau$$

$$= \frac{1}{3}\int |\varphi_\mathrm{s}|^2 d\tau + \frac{1}{6}\int |\varphi_{\mathrm{p}_x}|^2 d\tau + \frac{1}{2}\int |\varphi_{\mathrm{p}_y}|^2 d\tau = \frac{1}{3} + \frac{1}{6} + \frac{1}{2} = 1$$

◆ **問題 4.7** メチルラジカルの 3 本の C–H 結合は sp^2 混成軌道によって形成され，互いに 120° の角度で平面状の構造をとる．炭素原子の 1 個の不対電子は混成軌道と直交する 2p 軌道に入り，ラジカル分子の平面に対し垂直の方向に向いている．

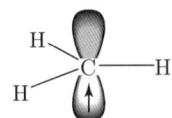

◆ **問題 4.8** (1) ホルムアルデヒドの炭素はエチレンの炭素と同じく sp^2 混成軌道をとり，平面に 120° の角度で広がる．sp^2 混成軌道の 2 つの混成軌道と水素の 1s 軌道とで σ 結合をつくり，残りの 1 つの混成軌道は酸素の sp^2 混成軌道と σ 結合をつくる．炭素の残った p_z 軌道は混成軌道の面に対して垂直方向に軸をもつ．この p_z 軌道は酸素の p_z 軌道との重なりによって π 型の結合が形成され，炭素–酸素結合は二重結合となって回転できなくなる．酸素原子は炭素原子より電子が 2 個多いため，sp^2 混成軌道の 2 つは共有電子対を形成している．

(2) エチレンもホルムアルデヒドも平面状の分子で，炭素は sp^2 混成軌道で結合しているため，その結合角はほぼ 120° である．結合電子対が原子核を引く力は二重結合の方が単結合よりも強いので，炭素の 3 組の結合の結合電子対と原子核との引力のバランスから，エチレンでもホルムアルデヒドでも H–C–H 角は 120° よりも少し小さくなる．酸素原子の方が炭素よりも電気陰性度が大きいので，引く力がより強くなると，ホルムアルデヒドの H–C–H 角はエチレンよりも小さくなる．実測値はエチレンが 117.5°，ホルムアルデヒドが 116.5° である．

◆ **問題 4.9** $\varepsilon_\mathrm{sp} = \dfrac{\varepsilon_\mathrm{s} + \varepsilon_\mathrm{p}}{2}$

◆ **問題 4.10** HCN はアセチレンの片方の CH が N に置き換わった構造をしている．

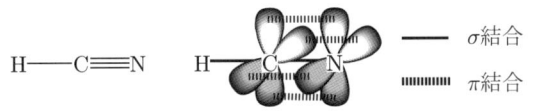

◆ **問題 4.11** 二酸化炭素の炭素は sp 混成軌道，酸素は sp^2 混成軌道をとるので，軌道の重なりはアレン ($\mathrm{CH}_2=\mathrm{C}=\mathrm{CH}_2$) と似ている．

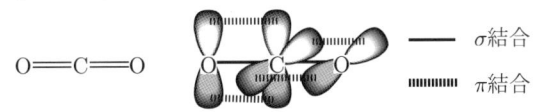

◆ **問題 4.12** 表からは，混成軌道の s 性が増すと，その隣の炭素－炭素結合の距離が短く

なっていくように見える．p 軌道の重なりによって形成される π 結合の影響を考えると，結合電子対が原子核を引く力は二重結合の方が単結合よりも強い．その結果，結合電子対と原子核との引力のバランスから，sp^3 に隣接する炭素−炭素結合より，sp^2 に隣接する炭素−炭素結合が強くなり，結合距離は短くなる．同様に sp^2 に隣接する炭素−炭素結合より，sp に隣接する炭素−炭素結合が強くなり，さらに短くなる．

◆ 問題 4.13 SF$_6$ の場合，S 原子の基底電子配置 ($\cdots$3s^{2}3p^4) から ($\cdots$3s^{1}3p^{3}3d^2) へと昇位して sp^{3}d^2 混成軌道をとり，正八面体型構造をとる．このとき S-F 結合生成によるエネルギーの安定化が昇位のエネルギーを上回るので，SF$_6$ は安定に存在し得る．

一方，OF$_6$ の場合，O 原子の基底電子配置 ($\cdots$2s^{2}2p^4) から ($\cdots$2s^{1}2p^{3}3d^2) へと昇位するためのエネルギーは，O-F 結合生成による安定化エネルギーよりも大きいので，昇位によって安定な OF$_6$ をつくることができないためである．

◆ 問題 4.14 Xe の価電子数は 8 なので，フッ素原子が 4 つつくと価電子の総数は 8+7×4 = 36 となる．Xe-F 結合は単結合で Xe に 4 つの電子が残る．4 個の結合電子対と 2 個の非共有電子対とで八面体型構造をつくるとすると，XeF$_4$ の構造は平面状構造で，上下に非共有電子対が配置される．

◆ 問題 4.15 電子対反発側から，電子対間の反発の大きさは，結合電子対は相手原子にも引かれるので，中心からの距離は 結合電子対 > 非共有電子対 になり

$$\text{非共有電子対間} > \begin{matrix}\text{非共有電子対と}\\ \text{結合電子対間}\end{matrix} > \text{結合電子対間}$$

という順序になる．水には非共有電子対が 2 個あり，アンモニアには 1 個ある．水の方が非共有電子対間の反発が大きいため，NH$_3$ の結合角は H$_2$O の結合角よりも大きくなる．

◆ 問題 4.16 Si には非共有電子対はないが，P には 1 個，S には 2 個の非共有電子対があり，非共有電子対同士の反発は非共有電子対と結合電子対との間の反発や結合電子対同士の反発よりも大きいので，H-Si-H，H-P-H，H-S-H の順になる．実際，H-Si-H（109.5°），H-P-H（93.3°），H-S-H（92.2°）と，この順になっている．

◆ 問題 4.17 H$_2$O，H$_2$S，H$_2$Se と水素と結合する元素の原子番号が大きくなり，原子半径も大きくなると，非共有電子対間の反発はあまり大きくならない．そのため結合は純粋な p 軌道で記述できるようになり，その結果，結合角は 90° に近付く．

◆ 問題 4.18 表 4.1 よりそれぞれ直線状，正三角形，正四面体形の構造をとる．

5 章の問題解答

◆ 問題 5.1 (5.1) の右辺を単位の形にして書き直すと

$$U_{\text{d-d}} = -\frac{2}{3kT}\left(\frac{\mu_1\mu_2}{4\pi\varepsilon_0}\right)^2 \frac{1}{r^6} = \frac{1}{\text{J K}^{-1}\text{ K}}\left(\frac{\text{C}^2\text{ m}^2}{\text{C}^2\text{ N}^{-1}\text{ m}^{-2}}\right)^2 \frac{1}{\text{m}^6}$$

$$= \frac{1}{\text{J}}\left(\frac{\text{m}^4}{\text{m}^{-2}\text{ kg}^{-2}\text{ s}^4\text{ m}^{-4}}\right)\frac{1}{\text{m}^6} = \frac{\text{kg}^2\text{ s}^{-4}\text{ m}^2}{\text{J}} = \frac{\text{J}^2}{\text{J}} = \text{J}$$

となり，単位はエネルギーの単位 J（ジュール）である．

◆ 問題 5.2 （1）例題 1 から $r_{\min} = \sqrt[6]{2}\,\sigma = 1.12\sigma$ なので，水素原子の場合は

$$r_{\min} = 1.12 \times 0.292 = 0.327 \text{ nm}$$

（2）図のようになり，$\varepsilon = 1.96 \times 10^{-21}$ J mol^{-1}，σ は 0.385 nm．エネルギーが最小となるときの距離は $1.12\sigma = 0.431$ nm．

（3）σ の値は距離の単位をもっていて，原子がどこまで接近できるかに関するパラメーターである．この値は分子のファンデルワース半径，つまり分子の大きさと関連がある．

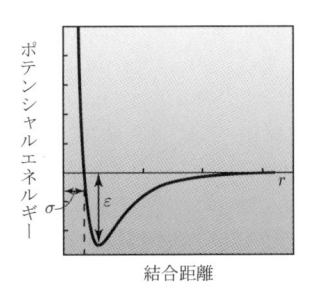

◆ 問題 5.3　1 mol あたりでは

$$1.28 \times 10^{-21} \text{ J molecule}^{-1} \times 6.02 \times 10^{23} \text{ mol}^{-1} = 7.71 \times 10^2 \text{ J mol}^{-1}$$

この値は窒素分子の結合エネルギーの 1225 分の 1（およそ 1000 分の 1）である．

◆ 問題 5.4　ホウ素は原子番号 5 で，$1s^2 2s^2 2p^1$ が基底状態である．2s から電子が 1 つ昇位して，$1s^2 2s^1 2p^2$ となり，sp^2 型の混成軌道をつくる．三フッ化ホウ素 BF$_3$ は sp^2 混成軌道とフッ素とが結合をつくり，正三角形型の平面状構造をとり，分子面と垂直な p 軌道は空軌道になっている．そこに NH$_3$ の非共有電子対が配位するとホウ素周りは 4 個の電子対をもつようになり，正四面体型になる．配位した NH$_3$ も窒素周りが正四面体型の構造をもつ．

◆ 問題 5.5　アンモニアは共有結合による 3 つの N–H 結合の他に非共有電子対を 1 つもっている．水素原子から電子を 1 つ失った水素イオン（H$^+$）がこの非共有電子対を窒素原子と共有することで新たな結合ができる．アンモニウムイオンはメタンと同様の正四面体型構造をしていて，4 本の N–H 結合がすべて等価である．

◆ 問題 5.6　（1）H$_3$O$^+$ は H$_2$O の非共有電子対と水素イオンとが配位結合してできる化合物であり，3 本の O–H 結合は等価である．3 本の O–H 結合と 1 つの非共有電子対が周囲の空間を占めるので，アンモニアと同じような三角錐型の構造をとる．

（2）水の H–O–H 角の方が小さい（狭い）．電子対反発則により，非共有電子対と結合電子対のと間の反発は，結合電子対間の反発より大きい．そのため，非共有電子対を 2 組もつ水の方が非共有電子間の反発に押されて，H–O–H 角が狭くなる．

◆ 問題 5.7　亜鉛は原子番号 30 で，電子配置は [Ar] 3d^{10} 4s^2 である．テトラアンミン亜鉛(II)[Zn^{II}(NH$_3$)$_4$]$^{2+}$ の錯イオンの亜鉛イオン（Zn^{2+}）の電子配置は [Ar] 3d^{10} 4s^0 となり，4s 軌道と 3 つの 4p 軌道とで sp^3 混成軌道をとり，正四面体型の構造になる．

銅は原子番号 29 で，電子配置は [Ar] 3d^{10} 4s^1 である．テトラアンミン銅(II) [Cu(NH$_3$)$_4$]$^{2+}$ の銅イオン（Cu^{2+}）は [Ar] 3d^9 4s^0 の電子配置となり，3d 軌道の不対電子が 4p 軌道へ昇位して，空になった d 軌道と 4s および 2 つの 4p 軌道で dsp^2 混成をつくる．dsp^2 混成軌道は正方形の各頂点方向へ広がるので，正方形型の構造をとる．

◆ 問題 5.8　水の水素結合の存在は，図 5.6 のように沸点（や融点）が特異な値をとること

からわかる．氷の水素結合の存在は，規則正しい水素結合によって氷の密度が水より低くなることからわかる．

◆ **問題 5.9** 図 5.6 で，H_2Te, H_2Se, H_2S の値を外挿すると，H_2O の沸点は $-80°C$ から $-90°C$ くらいになる（融点は $-110°C$ くらいの値になる）．この値が水素結合が働かず，分子間相互作用によって決まる値である．

◆ **問題 5.10** (a) 沸点は $HF(19.5°C), HCl(-85°C), HBr(-66°C), HI(-35°C)$ である．HF の沸点がとび抜けて高いことがわかる．これは $-H\cdots F-H$ の水素結合によって分子間の相互作用が強くなるためである．

(b) 酢酸は分子間で図のような水素結合を形成し，2 量体となる．凝固点降下法で測定すると 2 分子で 1 分子のようにふるまうので，見かけの分子量が 2 倍になっているように観測される．

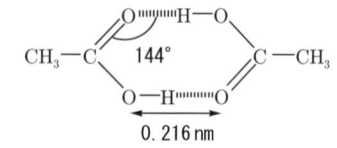

◆ **問題 5.11** 図に示すように，分子間で，$NH\cdots O=C$ の水素結合が幾重にも働く．このため，分子鎖方向に非常に強い繊維となる．

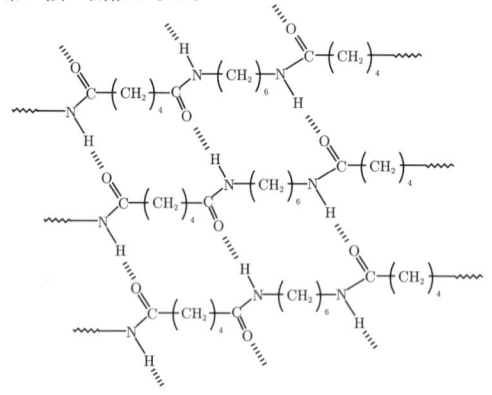

◆ **問題 5.12** (1) 中心に 1 個，各頂点に 1/8 個ずつあるので，$(1/8) \times 8 + 1 = 2$ 個

(2) 体対角線の長さを r で表すと $4r$．また，a で表すと底面の対角線が三平方の定理より $\sqrt{2}a$ なので，体対角線の長さは同じようにして $\sqrt{3}a$ と表される．$4r = \sqrt{3}a$ から $a = \dfrac{4}{\sqrt{3}}r$

(3) $a^3 = \left(\dfrac{4}{\sqrt{3}}r\right)^3 = \dfrac{64}{3\sqrt{3}}r^3$

(4) 1 つの原子が占める体積は $V = \dfrac{4}{3}\pi r^3$ なので

$$V = \dfrac{4}{3}\pi\left(\dfrac{\sqrt{3}}{4}a\right)^3 = \dfrac{\sqrt{3}}{16}\pi a^3$$

格子の体積は a^3 なので，この中に原子が 2 個あるとき，その原子が占める体積は

$$\dfrac{2 \times (4/3)\pi r^3}{(4r/\sqrt{3})^3} = \dfrac{\sqrt{3}\pi}{8} = 0.68$$

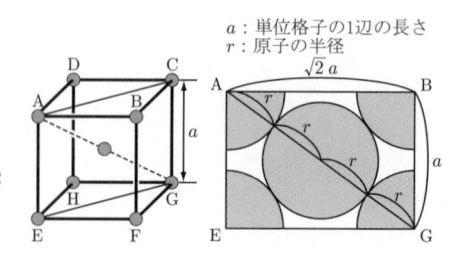

a：単位格子の 1 辺の長さ
r：原子の半径

より 68% を占めている。この値を **充填率** という。a で計算すると $\dfrac{(2\sqrt{3}/16)\pi a^3}{a^3} = \dfrac{2\sqrt{3}\pi}{16} = 0.68$ となり，同じ結果が得られる．

◆ 問題 5.13　(1)　中心に 1 個，各頂点に 1/8 個ずつ，各面内に 1/2 個ずつあるので
$$(1/8) \times 8 + (1/2) \times 6 = 4\ \text{個}$$

(2)　面内の対角線方向の原子と接しているので，$4r = \sqrt{2}\,a$ となり，$a = 2\sqrt{2}\,r$

(3)　$a^3 = (2\sqrt{2}\,r)^3 = 16\sqrt{2}\,r^3$

(4)　1 つの原子が占める体積が $V = \dfrac{4}{3}\pi r^3$ なので
$$V = \dfrac{4}{3}\pi\left(\dfrac{1}{2\sqrt{2}}a\right)^3 = \dfrac{1}{12\sqrt{2}}\pi a^3$$

格子の体積は a^3 なので，この中に原子が 4 個あるとき，その原子が占める体積は $\dfrac{4 \times (4/3)\pi r^3}{16\sqrt{2}\,r^3} = \dfrac{\sqrt{2}}{6}\pi = 0.74$ より 74% を占めている．

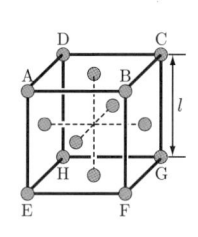

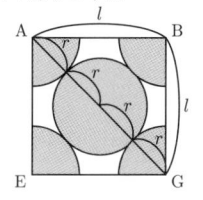

◆ 問題 5.14　(1)　表面で X 線が反射する点を P とすると，∠APB = ∠CPB = θ なので，$\sin\theta = (\text{AB})/d$ であり，$\sin\theta = (\text{BC})/d$ である．$d\sin\theta = \text{AB} = \text{BC}$ なので，$\text{AB} + \text{BC} = 2d\sin\theta$

(2)　第 2 層で反射する X 線は表面の第 1 層で反射する X 線に比べて AB+BC だけ長い距離を進んで，反射波となる．第 1 層で反射した X 線と第 2 層で反射した X 線が同じ位相で強め合うためには，第 2 層の反射波が余分に進んだ AB + BC が X 線の波長の整数倍になっている必要がある．その結果，(5.5) が得られる．

◆ 問題 5.15　体積は格子定数 a の 3 乗に等しいので $a = \sqrt[3]{4.727 \times 10^{-23}\,\text{cm}^3} = 361.6\,\text{pm}$ 結晶格子の 1 つの面の対角線が原子半径 r の 4 倍に等しいので，$\sqrt{2}\,a = 4r$ より
$$r = \dfrac{\sqrt{2}}{4}a = \dfrac{\sqrt{2} \times 361.6\,\text{pm}}{4} = 127.8\,\text{pm}$$

◆ 問題 5.16　金属の示す電気伝導性や熱伝導性はこの自由電子によるものである．自由電子に光が当たると反射されて金属光沢を示す．金属結合には方向性がなく，外から力が加わって金属イオンの位置がずれても自由電子がそれを結び付けるので展性や延性が生まれる．また，金属イオンは球状で，すき間なく最も密に詰まっているため密度が高い．

◆ 問題 5.17　銅の方が結合に用いられる電子が多い．その結果，結合はより強い金属結合をつくることができるので，単体の性質として固くなる．

◆ 問題 5.18　(1)　結晶格子の 1 つの面の対角線が原子半径 r の 4 倍に等しいので
$$\sqrt{2}\,a = 4r \quad \text{より} \quad r = \dfrac{\sqrt{2}}{4}a = \dfrac{\sqrt{2} \times 351.8\,\text{pm}}{4} = 124.4\,\text{pm}$$

(2)　Ni の原子量は 58.69，単位格子あたり 4 個の原子があるので，格子あたりの質量は
$$\dfrac{4 \times (58.69\,\text{g mol}^{-1})}{6.022 \times 10^{23}\,\text{mol}^{-1}} = 3.898 \times 10^{-22}\,\text{g}$$

密度は $\dfrac{3.898 \times 10^{-22}\,\text{g}}{(351.8 \times 10^{-12}\,\text{m})^3} = 8.953\,\text{g}\,\text{cm}^{-3}$

◆ 問題 **5.19** (1) 鉄原子の半径を r とする．体心立方格子ならば，格子の体対角線の長さが半径の4倍に相当する．格子の1辺の長さを a とすると $\sqrt{3}a = 4r$．ここから

$$a = \frac{4}{\sqrt{3}}r = \frac{4}{1.7321} \times 126\,\text{pm} = 291\,\text{pm}$$

(2) 格子の1辺が 291 pm なので体積は

$$(291 \times 10^{-12}\,\text{m})^3 = 2.46 \times 10^{-29}\,\text{m}^3 = 2.46 \times 10^{-23}\,\text{cm}^3$$

(3) 単位格子あたりの質量は

$$(2.46 \times 10^{-23}\,\text{cm}^3) \times (7.8740\,\text{g}\,\text{cm}^{-3}) = 1.94 \times 10^{-22}\,\text{g} = 1.94 \times 10^{-25}\,\text{kg}$$

(4) 鉄原子1個あたりの質量は $\dfrac{55.85\,\text{g}\,\text{mol}^{-1}}{6.022 \times 10^{23}\,\text{mol}^{-1}} = 9.274 \times 10^{-23}\,\text{g} = 9.274 \times 10^{-26}\,\text{kg}$

単位格子の質量を鉄原子1個あたりの質量で割ると $\dfrac{1.94 \times 10^{-25}\,\text{kg}}{9.274 \times 10^{-26}\,\text{kg}} = 2.09$

単位格子あたり 2.09 個の鉄原子が含まれることになる．この格子は体心立方格子である．

◆ 問題 **5.20** イオン結晶では，例えば塩化ナトリウムの場合，Na^+ と Cl^- とが交互に配列している．ここに衝撃が加わるとイオンの配列がずれ，Na^+ と Na^+ あるいは Cl^- と Cl^- が隣合せになると静電反発で結合がなくなり分解する．一方，金属結合の場合は同種の原子が自由電子でつなぎ合わされていて，衝撃が加わって少しずれたとしても原子間の反発は起こらず，自由度の高い自由電子が原子同士をつなぎとめるため，展性や延性などが出る．

◆ 問題 **5.21** (1) Cs^+ は単位格子中に1個，Cl^- は $(1/8) \times 8 = 1$ 個含まれる．組成は CsCl となる．

(2) 1つの Cs^+ は8個の Cl^- に囲まれている．

(3) 格子の1辺の長さを a とすると，格子の体対角線方向に Cs^+ と Cl^- が接しているので，$r_1 + r_2 = \sqrt{3}a/2$ となる．最も近い Cl^- 間の距離は a より小さくならなければならないので $a > 2r_2$ 2つの式から a を消去すると $r_1/r_2 > \sqrt{3} - 1$ となる．この条件のときイオン結晶は体心立方格子をとる．

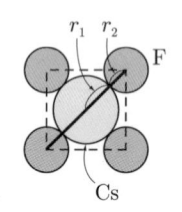

6章の問題解答

◆ 問題 **6.1** 単位換算の方法は

・単位自身を方程式の中の数値と同じように扱い，数値との間に × が入っているとして，1次方程式を機械的に解く．

・単位を基本的な SI 単位系へと換算していく．

すると，両辺の単位は必ず同じになるので消去できる．ここでは単位換算の練習のため，数値と単位の間に × を入れて表記する．

6 章の問題解答

気体定数 $R = y\,\text{L atm K}^{-1}\,\text{mol}^{-1}$ とすると
$$8.31446 \times \text{J} \times \text{K}^{-1} \times \text{mol}^{-1} = y \times \text{L} \times \text{atm} \times \text{K}^{-1} \times \text{mol}^{-1}$$
$1 \times \text{atm} = 1.01325 \times 10^5\,\text{Pa}$, $1 \times \text{dm}^3 = 1 \times (10^{-1} \times \text{m})^3 = 10^{-3}\,\text{m}^3$ を代入して
$$8.31446 \times \text{J} = y \times 10^{-3} \times \text{m}^3 \times 1.01325 \times 10^5 \times \text{Pa}$$
仕事の単位 J と圧力の単位 Pa を簡単な単位に変換して
$$8.31446 \times \text{N} \times \text{m} = y \times 1.01325 \times 10^2 \times \text{m}^3 \times \text{N} \times \text{m}^{-2}$$
$$8.31446 = y \times 1.01325 \times 10^2 \quad \to \quad y = 8.20573 \times 10^{-2}$$
よって, $R = 8.20573 \times 10^{-2}\,\text{L atm K}^{-1}\,\text{mol}^{-1}$

◆ 問題 6.2　重力下, $76\,\text{cm} \times 1\,\text{cm}^2$ の水銀柱の底面に掛かる圧力を $P°$ とする.
$$P° = 13.595\,\text{g cm}^{-3} \times 76\,\text{cm}^3 \times 9.8067\,\text{m s}^{-2}/1\,\text{cm}^2$$
$$= 13.595 \times 10^{-3}\,\text{kg} \times 76 \times 9.8067\,\text{m s}^{-2} \times 10^4\,\text{m}^{-2}$$
$$= 1.013 \times 10^5\,\text{N m}^{-2} = 1.013 \times 10^5\,\text{Pa}$$

◆ 問題 6.3　気体の体積を $z\,\text{L}$ とする.
$$1\,\text{atm} \times z\,\text{L} = 1\,\text{mol} \times 8.31446\,\text{J K}^{-1}\,\text{mol}^{-1} \times 298.15\,\text{K}$$
$$1.01325 \times 10^5\,\text{Pa} \times z \times 10^{-3}\,\text{m}^3 = 8.31446 \times 298.15\,\text{J}$$
$$1\,\text{Pa m}^3 = 1\,\text{J} \quad \to \quad z = 24.465$$
よって, $V = 24.465\,\text{L}$

◆ 問題 6.4　25°C における理想気体 1 分子と 1 mol の並進エネルギーは, それぞれ
$$\overline{\varepsilon} = \frac{3}{2}kT = \frac{3}{2} \times 1.38 \times 10^{-23}\,\text{J K}^{-1} \times 298\,\text{K} = 6.2 \times 10^{-21}\,\text{J}$$
$$\overline{E} = \frac{3}{2}RT = \frac{3}{2} \times 8.31\,\text{J K}^{-1}\,\text{mol}^{-1} \times 298\,\text{K} = 3.7\,\text{kJ mol}^{-1}$$

◆ 問題 6.5　分子量をモル質量として kg mol^{-1} に変換して (6.6) に数値を代入する.
$$\sqrt{\overline{u^2}} = \sqrt{\frac{3RT}{mN_A}} = \sqrt{\frac{3 \times 8.31\,\text{J K}^{-1}\,\text{mol}^{-1} \times 298\,\text{K}}{44.0 \times 10^{-3}\,\text{kg mol}^{-1}}} = 411\,\text{m s}^{-1}$$

◆ 問題 6.6　$u(6000°\text{C})/u(25°\text{C}) = \sqrt{\dfrac{6273}{298}} = 4.6$

◆ 問題 6.7　$u(\text{H}_2) : u(\text{N}_2) : u(\text{Cl}_2) = \dfrac{1}{\sqrt{2}} : \dfrac{1}{\sqrt{28}} : \dfrac{1}{\sqrt{71}} = 6.0 : 1.6 : 1.0$

◆ 問題 6.8　求める二原子分子の分子量を M として, (6.7) に数値を代入する.
$$\frac{30}{48} = \sqrt{\frac{28}{M}} \qquad M = 72\,\text{となるので, 塩素分子である.}$$

◆ 問題 6.9　$F(u)$ は規格化されているので, $\int_0^\infty F(u)du = 1$ である.
$$\overline{u} = \int_0^\infty uF(u)du = \int_0^\infty 4\pi u^3 \left(\frac{m}{2\pi kT}\right)^{3/2} \exp\left(-\frac{mu^2}{2kT}\right)du$$
$$= 4\pi \left(\frac{m}{2\pi kT}\right)^{3/2} \int_0^\infty u^3 \exp\left(-\frac{mu^2}{2kT}\right)du$$

$$\int_0^\infty u^3 \exp(-au^2)du = \left[\frac{u^2}{-2a}\exp(-au^2)\right]_0^\infty - \int_0^\infty \frac{u}{-a}\exp(-au^2)du$$
$$= \frac{-1}{2a^2}\left[\exp(-au^2)\right]_0^\infty = \frac{1}{2a^2}$$
$$\overline{u} = 4\pi\left(\frac{m}{2\pi kT}\right)^{3/2} \times \frac{1}{2}\left(\frac{m}{2kT}\right)^{-2} = 2\left(\frac{\pi m}{2kT}\right)^{-1/2} = \sqrt{\frac{8kT}{\pi m}}$$

分子量 M と気体定数 R で表すと，気体分子の平均の速さが得られる．
$$\overline{u} = \int_0^\infty uF(u)du \bigg/ \int_0^\infty F(u)du = \sqrt{\frac{8RT}{\pi M \times 10^{-3}}}$$

気体分子の速さの関係は，$u < \overline{u} < \sqrt{\overline{u^2}}$ となる．どれも温度の平方根 $\sqrt{T}$ に比例し，気体の分子量の平方根 $\sqrt{M}$ に逆比例することは同じである．

◆ 問題 6.10 (1) $RT = 8.31\,\mathrm{J\,K^{-1}\,mol^{-1}} \times 300\,\mathrm{K} = 2.4\,\mathrm{kJ\,mol^{-1}}$

(2)

$\Delta\varepsilon/kT$	100	10	1	0.1	0.01
N_{i+1}/N_i	3.7×10^{-44}	4.5×10^{-5}	0.37	0.90	0.99

◆ 問題 6.11 気体分子を球とみなして，その直径を d とすると，d を半径とする球の範囲には他の分子の中心は入り込むことができない．ただし，その範囲は他の分子の範囲と重複しているため，気体分子 1 mol あたりの排除体積 b は
$$b = \frac{4\pi d^3}{3} \times N_\mathrm{A} \times \frac{1}{2} = \frac{2\pi d^3}{3} \times N_\mathrm{A}$$
となる．ここで N_A はアボガドロ定数である．球の体積 V は
$$V = \frac{4\pi}{3}\left(\frac{d}{2}\right)^3 = \frac{\pi d^3}{6}$$
よって，$b = 4V \times N_\mathrm{A}$ となり排除体積は分子の体積の 4 倍である．

◆ 問題 6.12 液体ヘリウム（モル質量が $4.00\,\mathrm{g\,mol^{-1}}$）の体積が排除体積に相当するとして，密度 $0.145\,\mathrm{g\,cm^{-3}}$ からヘリウム 1 mol の排除体積 b を求めると
$$b = \frac{1\,\mathrm{cm^3}}{0.145\,\mathrm{g}/4.00\,\mathrm{g\,mol^{-1}}} = 2.76 \times 10^{-5}\,\mathrm{m^3\,mol^{-1}}$$
ヘリウム 1 分子の体積 V は，排除体積の 1/4 であるので
$$V = \frac{b}{4N_\mathrm{A}} = \frac{2.76 \times 10^{-5}\,\mathrm{m^3\,mol^{-1}}}{4 \times 6.02 \times 10^{23}\,\mathrm{mol^{-1}}} = 1.15 \times 10^{-29}\,\mathrm{m^3}$$
ヘリウム分子の半径を r とすると $V = \frac{4\pi r^3}{3} = 1.15 \times 10^{-29}\,\mathrm{m^3}$
$$\therefore\ r = 1.40 \times 10^{-10}\,\mathrm{m} = 140\,\mathrm{pm}$$

◆ 問題 6.13 (1) 理想気体として圧力 P_ideal を計算すると
$$P_\mathrm{ideal} = \frac{nRT}{V} = \frac{\frac{10}{44} \times 8.31 \times 323}{93.1 \times 10^{-6}} = 6.55 \times 10^6\,\mathrm{Pa} = 64.7\,\mathrm{atm}$$
実測値 $50.0\,\mathrm{atm}$ が P_ideal より小さい理由は分子間相互作用のためであると考えられる．

(2) ファンデルワールスの状態方程式 ($a = 0.366\,\mathrm{Pa\,m^6\,mol^{-2}}, b = 4.29 \times 10^{-5}\,\mathrm{m^3\,mol^{-1}}$) に数値を代入して P_vdW を計算すると $P_\mathrm{vdW} = \dfrac{nRT}{V - nb} - a\left(\dfrac{n}{V}\right)^2 = 5.14 \times 10^6\,\mathrm{Pa} = 50.7\,\mathrm{atm}$
となり，P_vdW は実測値 $50.0\,\mathrm{atm}$ に近い．第 1 項は $+72.2\,\mathrm{atm}$ で b の効果により理想気体の場

合よりさらに +7.6 atm であるが，分子間相互作用による a の効果により第 2 項は -21.5 atm の寄与となり，第 1 項の + の寄与を打ち消して実測値に近くなっている．

◆ **問題 6.14** $P' = \dfrac{RT}{V'_m - b} - \dfrac{a}{V'^2_m}$ の 1 次微分，2 次微分は以下のようになる．

$$\frac{dP'}{dV'} = \frac{-RT}{(V'_m - b)^2} + \frac{2a}{V'^3_m}, \quad \frac{d^2P'}{dV'^2} = \frac{2RT}{(V'_m - b)^3} - \frac{6a}{V'^4_m}$$

臨界点では $\dfrac{dP'}{dV'} = \dfrac{d^2P'}{dV'^2} = 0$ となり，そのとき $V'_m = V_c$ かつ $T = T_c$ である．上の式それぞれから，$\dfrac{RT_c}{(V_c - b)^2} = \dfrac{2a}{V_c^3}, \dfrac{2RT_c}{(V_c - b)^3} = \dfrac{6a}{V_c^4}$ が得られる．

これらの式から T_c を消去すると $\dfrac{V_c - b}{2} = \dfrac{V_c}{3}$ ∴ $V_c = 3b$

$T_c = \dfrac{2a}{V_c^3} \times \dfrac{(V_c - b)^2}{R}$ に $V_c = 3b$ を代入して $T_c = \dfrac{8a}{27Rb}$

$P_c = \dfrac{RT_c}{V_c - b} - \dfrac{a}{V_c^2}$ に $V_c = 3b$ および $T_c = \dfrac{8a}{27Rb}$ を代入して $P_c = \dfrac{a}{27b^2}$

$a = 0.366$ Pa m^6 mol^{-2}, $b = 4.29 \times 10^{-5}$ m^3 mol^{-1} を代入して P_c, T_c を求めると

$$P_c = \frac{a}{27b^2} = 7.37 \times 10^6 \text{ Pa} = 72.7 \text{ atm}, \quad T_c = \frac{8a}{27Rb} = 304.2 \text{ K} = 31.2°\text{C}$$

CO_2 の臨界点とほぼ等しい値が得られる．

◆ **問題 6.15** Z の値が 1 からずれる理由は，
- 気体を圧縮して体積を小さくした場合，実在気体の圧力 P' は，気体分子間の相互作用（a の効果）のため理想気体の状態方程式から求められる圧力より低くなり Z の値は 1 より小さくなる．分子量が大きく，分子間相互作用の強い気体分子では，その効果が大きい．
- 高い圧力領域（> 50 MPa）においては，実在気体では，その排除体積（b の効果）のため，理想気体として振る舞える体積は非常に小さい．そのため，実在気体の圧力は理想気体の状態方程式で求まる圧力より高くなるため，Z は 1 より大きい方向へ大きくずれる．

◆ **問題 6.16** (1) すべて気体（水蒸気）になり，気体の圧力が 4 kPa になるまで体積は変化する．　(2) 外部との熱のやりとりがなければ，気体と液体が任意の割合で安定に共存する気液平衡状態．　(3) すべて液体になる．

◆ **問題 6.17** 5.0 dm^3 にした場合は，その分だけ水蒸気が液化して再び気液平衡となるので，容器内部の圧力は蒸気圧 12.3 kPa である．体積を増加して 50.0 dm^3 にした場合は

$$P \text{ kPa} \times 50.0 \text{ dm}^3 = 0.200 \text{ mol} \times 8.31 \text{ J K}^{-1} \text{ mol}^{-1} \times 323 \text{ K}$$

$P = 10.7$ kPa < 12.3 kPa で水の蒸気圧より低くなるので，0.200 mol の水はすべて気体となる．よって，容器内部の圧力は 10.7 kPa である．

◆ **問題 6.18** 表の水の蒸気圧を用いて蒸気圧曲線と，0.2 mol の水がすべて水蒸気になったときの圧力を示す直線 BC を描く．問題 6.17 から直線 BC は (50°C, 10.7 kPa) を通ることがわかっている．一定体積中の気体の圧力は絶対温度に比例しているので，直

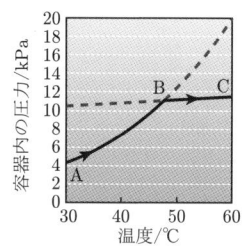

線 BC を伸ばすと $(-273°C, 0\,\text{kPa})$ を通る．30°C から加熱すると $A \to B$ までは気液平衡状態で蒸気圧曲線に沿って圧力は上昇し，B 点ですべてが気体となり，その後は温度上昇と共に直線 BC に沿って圧力は上昇する．

◆ **問題 6.19** 1 atm, 374°C の水蒸気を 100°C まで定積条件下で冷却したとき，圧力は
$$(273+100)/(273+374) = 0.58\,\text{atm}$$
である．温度と圧力は 2 点 $(1.0\,\text{atm}, 647\,\text{K})$, $(0.58\,\text{atm}, 373\,\text{K})$ を結ぶ直線に沿って変化する．

◆ **問題 6.20** 二酸化炭素の状態図では，$P = 1\,\text{atm}$ は三重点より低い圧力なので昇華曲線としか交わらない．よって固体の温度を上昇させると昇華する．

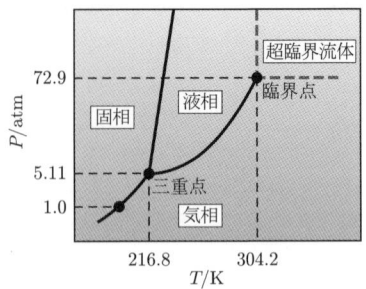

二酸化炭素を液体にするためには，固体の圧力を三重点以上に上げて温度を上げる．もしくは，三重点の温度以上において気体の圧力を上げる．

◆ **問題 6.21** 純物質の三重点の場合は，1 成分 3 相系で自由度は 0 $(= 1 - 3 + 2)$ である．すなわち，三重点における温度 T と圧力 P は決まった値をもつ．

◆ **問題 6.22** 純物質の四重点が存在するとすれば，ギブズの相律の自由度は -1 $(= 1 - 4 + 2)$ となり不適切であるので，四重点を取り得ない．

◆ **問題 6.23** 25°C, 1 atm において水は液体なので，$\mu_\text{液}$ が最も小さい．

◆ **問題 6.24** (1) 4 kPa の圧力を加えたときはすべて水蒸気になるので $\mu_\text{気}$ が最も小さい．
(2) 水と水蒸気 $(4.2\,\text{kPa})$ が気液平衡にあるとき $\mu_\text{気} = \mu_\text{液} < \mu_\text{固}$
(3) 5 kPa の圧力を加えたときは，液体になるので $\mu_\text{液}$ が最も小さい．

◆ **問題 6.25** 融点 $\mu_\text{固} = \mu_\text{液} < \mu_\text{気}$， 沸点 $\mu_\text{固} > \mu_\text{液} = \mu_\text{気}$，
三重点 $\mu_\text{固} = \mu_\text{液} = \mu_\text{気}$， 臨界点 $\mu_\text{固} > \mu_\text{液} = \mu_\text{気}$

◆ **問題 6.26** 三重点の圧力より低い圧力においては，各温度において $\mu_\text{液} > \mu_\text{気}$ または $\mu_\text{液} > \mu_\text{固}$ なので，液相が現れることはない．温度を変化させると，$\mu_\text{気} = \mu_\text{固}$ となる温度で昇華が観測される．

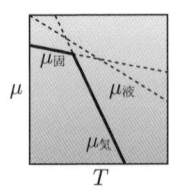

◆ **問題 6.27**

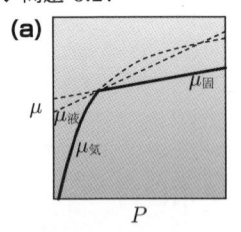

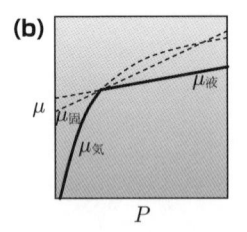

図 水以外の物質 (a) と水 (b) の三重点での μ-P 面

◆ **問題 6.28** 圧力 P_1 から P_2 へと増加したときに，$\mu_\text{固}$ は $V_\text{固}$ に比例した分だけ上昇し，$\mu_\text{液}$ は $V_\text{液}$ に比例した分だけ上昇する．水以外の物質では $V_\text{固} < V_\text{液}$ なので，図 (a) のように融点は T_1 から T_2 へと上昇する．水では $V_\text{固} > V_\text{液}$ なので，図 (b) のように，圧力が上がると融点が下がることになる．

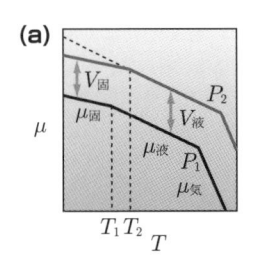

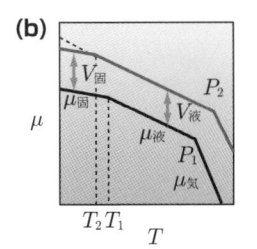

図 水以外の物質 (a) と水 (b) の μ-T 断面の圧力変化の違い

7 章の問題解答

◆ **問題 7.1** $1.067\,\mathrm{mol\,L^{-1}}$ の塩化ナトリウム NaCl 水溶液（密度 $1.04\,\mathrm{g\,cm^{-3}}$）$1\,\mathrm{dm^3}$ の質量は

$$1.04\,\mathrm{g\,cm^{-3}} \times 1\,\mathrm{dm^3} = 1.04\,\mathrm{g\,cm^{-3}} \times 1000\,\mathrm{cm^3} = 1040\,\mathrm{g}$$

である．この水溶液 $1\,\mathrm{dm^3}$ 中の NaCl と H_2O の質量は

NaCl：$1.067 \times 58.5 = 62.4\,\mathrm{g}$

H_2O ：$1040 - 62.4 = 977.6\,\mathrm{g}$ である．それぞれの濃度は

$$\text{質量パーセント濃度} = \frac{62.4\,\mathrm{g}}{1040\,\mathrm{g}} \times 100 = 6.00\%$$

$$\text{質量モル濃度} = \frac{62.4\,\mathrm{g}}{58.5\,\mathrm{g\,mol^{-1}}} \times \frac{1}{977.6\,\mathrm{g}} = \frac{62.4}{58.5} \times \frac{1000}{977.6}\,\mathrm{mol\,kg^{-1}} = 1.091\,\mathrm{mol\,kg^{-1}}$$

$$\text{モル分率} = \frac{62.4\,\mathrm{g}}{58.5\,\mathrm{g\,mol^{-1}}} \bigg/ \left(\frac{977.6\,\mathrm{g}}{18.0\,\mathrm{g\,mol^{-1}}} + \frac{62.4\,\mathrm{g}}{58.5\,\mathrm{g\,mol^{-1}}} \right) = 0.0193$$

◆ **問題 7.2** 質量パーセント濃度で与えられているので，空気が $100.00\,\mathrm{g}$ あるとして，それぞれの物質量を計算してモル分率と分圧を求める．

	分子量	質量%	モル分率	分圧 P/kPa
N_2	28.02	75.52	0.7808	79.10
O_2	32.00	23.14	0.2095	21.22
Ar	39.95	1.28	0.0093	0.94
CO_2	44.01	0.06	0.0004	0.04

◆ **問題 7.3** $\xi\,\mathrm{mol}$ の N_2 と反応した H_2 は $3\xi\,\mathrm{mol}$ であり，生じた NH_3 は $2\xi\,\mathrm{mol}$ である．よって，それぞれの物質量，モル分率，分圧は右の通りである．

	N_2	H_2	NH_3
物質量/mol	$1-\xi$	$3-3\xi$	2ξ
モル分率	$\frac{1-\xi}{4-2\xi}$	$\frac{3-3\xi}{4-2\xi}$	$\frac{\xi}{2-\xi}$
分圧/atm	$\frac{1-\xi}{4-2\xi}P$	$\frac{3-3\xi}{4-2\xi}P$	$\frac{\xi}{2-\xi}P$

◆ **問題 7.4** 気体 A, B の混合物は 2 成分 1 相であるので，ギブズの相律からすると，自由度は $f = 2 - 1 + 2 = 3$ となる．混合物の場合に状態を記述するためには，混合物の組成も自由度の 1 つとなる．$f = 3$ の意味するところは，混合気体は，温度 T で全圧 P が決められた

としても，A, B の組成は決定できない，ということである．別の言い方をすれば，混合気体は，T, P が決められても，一方の濃度がわからなければ，他方のモル数を決定できて状態を記述できない．

◆ 問題 **7.5** 与えられた表から，80°C でベンゼンとトルエンの純成分の蒸気圧は，$P^*_{ベンゼン} = 749\,\text{mmHg}$，$P^*_{トルエン} = 289\,\text{mmHg}$ である．モル分率 $X^\ell_{ベンゼン}$ から $P_{ベンゼン}$ と $P_{トルエン}$ を

$$P_{ベンゼン} = X^\ell_{ベンゼン} \times 749\,\text{mmHg}, \quad P_{トルエン} = (1 - X^\ell_{ベンゼン}) \times 289\,\text{mmHg}$$

から求めると表のようになる．

P/mmHg	289	342	393	443	487	538	579	625	668	711	749
$X^\ell_{ベンゼン}/\%$	0	12	23	34	44	55	63	73	82	92	100
$P_{ベンゼン}$	0	87	170	253	326	408	475	549	616	688	749
$P_{トルエン}$	289	302	304	293	275	245	212	167	118	58	0

ベンゼンのモル分率 $X^\ell_{ベンゼン}$ に対して圧力をグラフにすると右図が得られる．ともに，全領域で直線関係が成立するので，ベンゼンとトルエンが理想溶液を形成する．

◆ 問題 **7.6** (1) $X^\ell_A = 0.80$ における全圧 P, P_A, P_B はラウールの法則から

$P_A = X^\ell_A P^*_A = 0.80 \times 25.0 = 20.0\,\text{kPa}$
$P_B = X^\ell_B P^*_B = (1 - 0.80) \times 100.0 = 20.0\,\text{kPa}$
$P = P_A + P_B = 20.0 + 20.0 = 40.0\,\text{kPa}$

(2) 圧力が $50\,\text{kPa}$ のときの液相の A, B のモル分率 $X^\ell_A, X^\ell_B, P_A, P_B$ を求めると

$$50 = 25.0 \times X^\ell_A + 100.0 \times (1 - X^\ell_A)$$

$X^\ell_A = 2/3 = 0.67, \quad X^\ell_B = 1/3 = 0.33$
$P_A = X^\ell_A P^*_A = 2/3 \times 25.0 = 16.7\,\text{kPa}, \quad P_B = X^\ell_B P^*_B = 1/3 \times 100.0 = 33.3\,\text{kPa}$

となる．気相の A, B のモル分率 X^g_A, X^g_B は，ドルトンの分圧の法則より

$$X^g_A = 16.7/50 = 0.33, \quad X^g_B = 33.3/50 = 0.67$$

(3) $P = 50\,\text{kPa}$ になったときの X^ℓ_A と X^g_A は (2) より $X^\ell_A = 0.67, X^g_A = 0.33$ である．圧力–組成図から，4 種類の組成 $X_A = 0.20, 0.40, 0.60, 0.80$ をもつ溶液を圧力 $101.3\,\text{kPa}$ から下げていき，$50\,\text{kPa}$ になったとき，$X_A = 0.20$ では気相だけが存在し，$X_A = 0.80$ では液相のみが存在することになる．$X_A = 0.40$ と 0.60 のときは液相と気相の 2 相が共存し，そのモル分率は，圧力–組成図の $P = 50\,\text{kPa}$ と液相線と気相線の交点から求まる．

$X_A = 0.20, \quad X^g_A = 0.20 \quad$ （気相のみ存在）
$X_A = 0.40, \quad X^\ell_A = 0.67, \quad X^g_A = 0.33$
$X_A = 0.60, \quad X^\ell_A = 0.67, \quad X^g_A = 0.33$
$X_A = 0.80, \quad X^\ell_A = 0.80 \quad$ （液相のみ存在）

すなわち，気相と液相の 2 相が観測されていれば，液相と気相の組成 X_A^ℓ と X_A^g は，組成 X_A に係わらず同じ値になる．

◆ 問題 7.7 液相の全物質量を n^ℓ，気相の全物質量を n^g とする．
$$n^\ell + n^g = n_A + n_B, \quad n^\ell = n_A^\ell + n_B^\ell, \quad n^g = n_A^g + n_B^g$$
$$X_A = \frac{n_A}{n_A + n_B} = \frac{X_A^\ell n^\ell + X_A^g n^g}{n^\ell + n^g}$$

この式は，数直線上において X_A は 2 点 X_A^g, X_A^ℓ（この問題では $X_A^g < X_A^\ell$）を $n^\ell : n^g$ に内分する点を意味する．$n^\ell : n^g = X_A - X_A^g : X_A^\ell - X_A$ となり，てこの原理とよばれる．$X_A^\ell = 2/3, X_A^g = 1/3$ より

$$X_A = 0.40 \text{ の場合は,} \quad n^\ell : n^g = \left(0.40 - \frac{1}{3}\right) : \left(\frac{2}{3} - 0.40\right) = 1 : 4$$

$$X_A = 0.60 \text{ の場合は,} \quad n^\ell : n^g = \left(0.60 - \frac{1}{3}\right) : \left(\frac{2}{3} - 0.60\right) = 4 : 1$$

$X_A = 0.40$ のときは気相に含まれる物質量が多く，$X_A = 0.60$ のときは液相に含まれる物質量が多くなるため，X_A が違う組成でも液相と気相の組成 X_A^ℓ と X_A^g は同じ値になる．
$n_A^\ell : n_A^g = X_A^\ell n^\ell : X_A^g n^g = X_A^\ell(X_A - X_A^g) : X_A^g(X_A^\ell - X_A)$ となるので

$$X_A = 0.40 \text{ の場合は,} \; n_A^\ell/n_A^g = \left\{\frac{2}{3} \times \left(0.40 - \frac{1}{3}\right)\right\} / \left\{\frac{1}{3} \times \left(\frac{2}{3} - 0.40\right)\right\} = 0.5$$

$$X_A = 0.60 \text{ の場合は,} \; n_A^\ell/n_A^g = \left\{\frac{2}{3} \times \left(0.60 - \frac{1}{3}\right)\right\} / \left\{\frac{1}{3} \times \left(\frac{2}{3} - 0.60\right)\right\} = 8.0$$

◆ 問題 7.8 (1) 気相と液相が存在している場合は，2 成分 2 相系で自由度 2 ($= 2 - 2 + 2$) であるので温度と圧力が決まると組成も決まる．ある温度 T における圧力-組成図において，P が与えられれば，組成は P と液相線，気相線の交点から X_A^ℓ と X_A^g が決定できる．

(2) 液相もしくは気相だけが観測されている場合は，2 成分 1 相系で自由度 3 ($= 2 - 1 + 2$) である．T と P を決めたとしても，まだ自由度は 1 残るので組成は決められない．すなわち，圧力-組成図の液相線より上にある領域の点 (X_A^ℓ, P) のどこかであり，気相だけが観測されている場合は，気相線より下にある領域の点 (X_A^g, P) のどこかであることを示す．

◆ 問題 7.9 各温度における，ベンゼンの液相中と気相中のモル分率 X^ℓ と X^g を計算で求める．例えば，90°C では

$$760 = 1040 \times X^\ell + 400 \times (1 - X^\ell), \quad X^\ell = 0.56, \quad X^g = 1040 \times 0.56/760 = 0.77$$

T/°C	80	90	100	110
$P^*_{\text{ベンゼン}}$/mmHg	760	1040	1400	1840
$P^*_{\text{トルエン}}$/mmHg	290	400	550	760
X^ℓ	1.00	0.56	0.25	0.00
X^g	1.00	0.77	0.46	0.00

760 mmHg でのベンゼン–トルエン系の温度–組成図の概要は図のようになる.

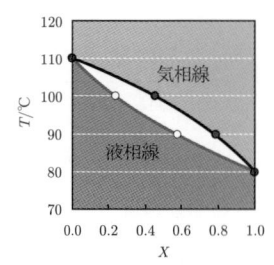

図　ベンゼン–トルエンの沸点図
横軸はベンゼンのモル分率
○印は液相線（X^ℓ），●印は気相線（X^g）を示す.

◆ **問題 7.10**　80°C になったときの X_A^ℓ と X_A^g は $101.3 = 47.0 \times X_A^\ell + 189.0 \times (1 - X_A^\ell)$ より，$X_A^\ell = 0.62$，$X_A^g = 47.0 \times 0.62/101.3 = 0.29$ となる.

$$X_A = 0.20, \quad X_A^g = 0.20 \quad \text{（気相のみ存在）}$$
$$X_A = 0.40, \quad X_A^\ell = 0.62, \quad X_A^g = 0.29$$
$$X_A = 0.60, \quad X_A^\ell = 0.62, \quad X_A^g = 0.29$$
$$X_A = 0.80, \quad X_A^\ell = 0.80 \quad \text{（液相のみ存在）}$$

モル分率が異なっていても，80°C において気相と液相の 2 相が観測されていれば，その液相の組成 X_A^ℓ は常に 0.62 であり，気相の組成 X_A^g は 0.29 となる．そのため，液相と気相の物質量の比が変化している．

◆ **問題 7.11**　てこの原理より $n^\ell : n^g = X_A - X_A^g : X_A^\ell - X_A$ である．

$X_A = 0.40$ の場合は，$n^\ell : n^g = (0.40 - 0.29) : (0.62 - 0.40) = 1 : 2 \quad n^\ell/n^g = 0.5$
$X_A = 0.60$ の場合は，$n^\ell : n^g = (0.60 - 0.29) : (0.62 - 0.60) = 31 : 2 \quad n^\ell/n^g = 15.5$

80°C において，$X_A = 0.40$ のときは気相に含まれる物質量が多く，$X_A = 0.60$ のときは液相に含まれる物質量が多くなるため，X_A が違う組成でも液相と気相の組成 X_A^ℓ と X_A^g は同じ値になる．

◆ **問題 7.12**　沸騰している液相の A のモル分率を X_A^ℓ とする．沸騰しているときは，蒸気圧が大気圧に等しくなっているとしてよいので，(7.12) に数値を代入して X_A^ℓ を求める．

$$101.3 = 40.0 \times X_A^\ell + 160.0 \times (1 - X_A^\ell) \quad \text{よって} \quad X_A^\ell = 0.49, \quad X_B^\ell = 1 - X_A^\ell = 0.51$$

◆ **問題 7.13**　(a) 減少　(b) 増加　(c) 吸収　(d) 減少　(e) 放出
水とエタノールのように正のずれを示すが，体積は減少して発熱する場合もある．

◆ **問題 7.14**　蒸気圧–組成図において正のずれを示す 2 成分 A, B からなる非理想溶液（例題 5）を共沸組成以外の組成から蒸留を開始する．共沸混合物が留出してくるが蒸留を続けると沸点が徐々に上昇して最終的には残った純物質だけが留出してくる．最初の溶液組成が共沸組成より大きいか小さいかによって，得られる純物質を変えることができる．例題 5 の X_1 の溶液を加熱して蒸留する場合については最終的に得られる純物質は A であり，X_e より低い組成から蒸留を始めれば，得られる純物質は B になる．

◆ 問題 **7.15** 蒸留開始時の溶液組成が，共沸組成より小さい X_1 だと低沸点である純粋な B が留出してくるが，蒸留開始時の溶液組成が共沸組成より大きい X_2 だと，B より高い沸点である A が純成分として出てくる．蒸留が進むと，フラスコに残る溶液が共沸混合物となるので，A や B が溶液中に残っていても，それ以上，純成分の A や B は得られない．

図　負のずれを示す非理想溶液の温度−組成図

◆ 問題 **7.16** 共沸組成をもつ混合物を蒸留すると，液相と同じ成分の気相が得られ，その間，温度は一定に保たれ，液相の組成は変化せずに蒸留される．得られた気相を冷却すると液相と同じものが得られるため，あたかも純物質のように見える．ただし，圧力を変化させて，例えば減圧して蒸留すると，共沸組成が変化することで純物質ではないことがわかる．

◆ 問題 **7.17** 0°C，10 atm において窒素と酸素の分圧はそれぞれ 8 atm と 2 atm である．水 5 L に対しては，窒素は $23 \times 8 \times 5 = 920\,\mathrm{cm}^3$，酸素は $49 \times 2 \times 5 = 490\,\mathrm{cm}^3$

◆ 問題 **7.18** ジエチルアニリンの分圧は $1013\,\mathrm{hPa} - 993\,\mathrm{hPa} = 20\,\mathrm{hPa}$ である．留出してくる水とジエチルアニリンの物質量の比は，分圧の比に等しいので，ジエチルアニリンの物質量を $n\,\mathrm{mol}$ とすると $10 : n = 993 : 20$ ∴ $n = 0.20$
留出するジエチルアニリンの質量は $0.20 \times 149 = 30\,\mathrm{g}$ である．

◆ 問題 **7.19** 2 つの液相と気相があるので 3 相となる．ギブズの相律を用いて説明すると，2 成分 3 相系で自由度 $1\,(=2-3+2)$ となる．温度を決めれば，圧力は純成分 A および B の蒸気圧の和なので，決まる．

◆ 問題 **7.20** 水 $4\,\mathrm{mol}$ $(72.06\,\mathrm{g}, 72.20\,\mathrm{cm}^3)$ とエタノール $1\,\mathrm{mol}$ $(46.07\,\mathrm{g}, 58.37\,\mathrm{cm}^3)$ を混ぜると，エタノールのモル分率 X_B は 0.2 であり，そのときの体積は
$$V(X_\mathrm{B} = 0.2) = 4 \times 17.70 + 1 \times 55.20 = 126.00\,\mathrm{cm}^3$$
となる．これは，純物質の体積の和 $130.57\,\mathrm{cm}^3$ より小さい．密度を求めると
$$d(X_\mathrm{B} = 0.2) = (72.06 + 46.07)/126.00 = 0.938\,\mathrm{g\,cm}^{-3}$$
水−エタノール系では混合によって体積は減少する．

◆ 問題 **7.21** (1) $X_\mathrm{a} = \dfrac{109/101}{109/101 + 100/18} = 0.163$

(2) $X^\ell = \dfrac{22/101}{22/101 + 100/18} = 0.038$，$X^\mathrm{s} = 1$

(3) 60°C の $\mathrm{KNO_3}$ 飽和溶液中の総物質量を n とすると $nX_\mathrm{a} = n^\ell X^\ell + n^\mathrm{s} X^\mathrm{s}$
$n = n^\mathrm{s} + n^\ell$ でもあるので，$X_\mathrm{a} = \dfrac{n^\ell X^\ell + n^\mathrm{s} X^\mathrm{s}}{n^\mathrm{s} + n^\ell}$
この式は，点 X_a が，点 X^ℓ と点 $X^\mathrm{s}\,(=1)$ を結ぶ線分を $n^\mathrm{s} : n^\ell$ に内分する点になることを示している．よって $n^\mathrm{s}/n^\ell = (X_\mathrm{a} - X^\ell)/(1 - X_\mathrm{a}) = 0.125/0.837 = 0.15$

◆ 問題 **7.22** (1) A と B の両固相が固液平衡にある場合，固相の数は 2 となる．ギブズの相律から，2 成分 3 相系で自由度 $1\,(=2-3+2)$ となる．この自由度 1 は圧力（大気圧）で

決まっているので，他の自由度は 0 である．よって，共融点での温度 T_{e}，共融組成 X_{e} は物質によって特定の値に決まる．

(2) どちらか一方の固相だけが固液平衡にある場合，2 成分 2 相系で自由度 2 ($= 2 - 2 + 2$) となる．1 つの自由度は圧力（大気圧）で決まっているので，もう 1 つの自由度を温度で決めてやれば，自由度は 0 となる．よって，大気圧下，温度を決めれば組成は決まることになる．溶液の組成は，温度 T と溶解度曲線との交点のモル分率となる．

(3) A と B が溶解した液だけしかない場合，2 成分 1 相系で自由度 3 ($= 2 - 1 + 2$) となる．圧力，温度を決めても自由度は 0 にならないので，組成は決まらない．すなわち，温度–組成図における A と B の溶解度曲線より上の範囲の点のどこかである．

◆ 問題 7.23

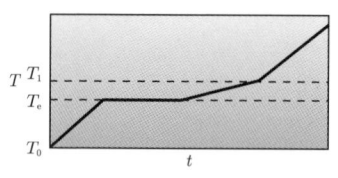

◆ 問題 7.24

$$n^{\mathrm{s}}/n^{\ell} = (X_0 - X_2^{\ell})/(X_2^{\mathrm{s}} - X_0)$$

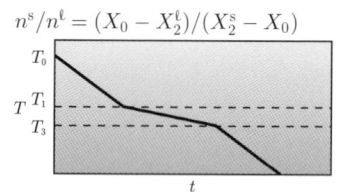

◆ 問題 7.25 (i), (ii), (iv)

◆ 問題 7.26 必要なジエチレングリコールを $w\,\mathrm{g}$ とすると

$$5\,\mathrm{K} = 1.86\,\mathrm{K\,kg\,mol^{-1}} \times \frac{w\,\mathrm{g}}{106\,\mathrm{g\,mol^{-1}}} \times \frac{1}{500\,\mathrm{g}} \quad \therefore \quad w = 142$$

よって 142 g 以上加えればよい．

◆ 問題 7.27 図 7.11(b) からわかるように，$\mu_\text{気}$ の傾き ($-S_{\mathrm{m}\text{気}}$) は $\mu_\text{固}$ の傾き ($-S_{\mathrm{m}\text{固}}$) より大きいので，$\mu_\text{液}$ が下がったときの融点と沸点の変化は融点の方が大きい．よって同じ溶媒で比べれば，モル沸点上昇定数 K_{b} よりモル凝固点降下定数 K_{f} の方が大きい．

◆ 問題 7.28 気液平衡が成立している場合，液相と気相の化学ポテンシャルの間に $\mu_{\mathrm{A}}^{\ell} = \mu_{\mathrm{A}}^{\mathrm{g}}$ が成立する．純溶媒 A の $\mu_{\mathrm{A}}^{\ell*}$ と気相の $\mu_{\mathrm{A}}^{\mathrm{g}}(P_{\mathrm{A}}^*)$ は等しい．

$$\mu_{\mathrm{A}}^{\ell*} = \mu_{\mathrm{A}}^{\mathrm{g}}(P_{\mathrm{A}}^*)$$

溶媒 A に溶質 B を溶かした理想溶液では，ラウールの法則が成立する．気相の A の分圧を P_{A} とし，A の液相のモル分率を X_{A}^{ℓ} とすると，$P_{\mathrm{A}} = X_{\mathrm{A}}^{\ell} P_{\mathrm{A}}^*$ である．液相と気相が平衡にあるので $\mu_{\mathrm{A}}^{\ell} = \mu_{\mathrm{A}}^{\mathrm{g}}(P_{\mathrm{A}})$ である．B を溶解したことによって，A の気相の化学ポテンシャル $\mu_{\mathrm{A}}^{\mathrm{g}}(P_{\mathrm{A}}^*)$ は $\mu_{\mathrm{A}}^{\mathrm{g}}(P_{\mathrm{A}})$ へと減少している．6 章の例題 8 で導出したように，温度一定のとき $\dfrac{d\mu}{dP} = V_{\mathrm{m}} = \dfrac{RT}{P}$ であり $\mu_{\mathrm{A}}^{\mathrm{g}}$ の圧力依存性は対数カーブになる．両辺を積分して，気相の $\mu_{\mathrm{A}}^{\mathrm{g}}$ が $P_{\mathrm{A}}^* \to P_{\mathrm{A}}$ となったとき，どれだけ減少したかを求めると

$$\int_{\mu_{\mathrm{A}}^{\mathrm{g}}(P_{\mathrm{A}}^*)}^{\mu_{\mathrm{A}}^{\mathrm{g}}(P_{\mathrm{A}})} d\mu = \int_{P_{\mathrm{A}}^*}^{P_{\mathrm{A}}} \frac{RT}{P} dP, \quad \mu_{\mathrm{A}}^{\mathrm{g}}(P_{\mathrm{A}}) - \mu_{\mathrm{A}}^{\mathrm{g}}(P_{\mathrm{A}}^*) = RT \ln \frac{P_{\mathrm{A}}}{P_{\mathrm{A}}^*} = RT \ln X_{\mathrm{A}}^{\ell}$$

$\mu_{\mathrm{A}}^{\ell} = \mu_{\mathrm{A}}^{\mathrm{g}}(P_{\mathrm{A}})$, $\mu_{\mathrm{A}}^{\ell*} = \mu_{\mathrm{A}}^{\mathrm{g}}(P_{\mathrm{A}}^*)$ なので $\mu_{\mathrm{A}}^{\ell} - \mu_{\mathrm{A}}^{\ell*} = RT \ln X_{\mathrm{A}}^{\ell}$, $X_{\mathrm{A}}^{\ell} < 1$ より $\ln X_{\mathrm{A}}^{\ell} < 0$
溶液の化学ポテンシャルは $|RT \ln X_{\mathrm{A}}|$ だけ下がる．

◆ 問題 7.29　タンパク質の水溶液の濃度を $x\,\mathrm{mol\,dm^{-3}}$ とすると，ファントホフの式 $\pi = CRT$ より $750\,\mathrm{Pa} = x\,\mathrm{mol\,dm^{-3}} \times 8.31\,\mathrm{J\,K^{-1}\,mol^{-1}} \times 300\,\mathrm{K}$

$$750\,\mathrm{J\,m^{-3}} = x\,\mathrm{mol\,(10^{-1}m)^{-3}} \times 8.31\,\mathrm{J\,K^{-1}\,mol^{-1}} \times 300\,\mathrm{K} \quad \therefore\ x = 3.0 \times 10^{-4}$$

よって，タンパク質の濃度は $3.0 \times 10^{-4}\,\mathrm{mol\,dm^{-3}}$ である．
タンパク質のモル質量を $y\,\mathrm{g\,mol^{-1}}$ とすると

$$\frac{198\,\mathrm{mg}}{y\,\mathrm{g\,mol^{-1}}} \times \frac{1}{10.0\,\mathrm{mL}} = \frac{0.198}{y} \times \frac{1000}{10}\,\mathrm{mol\,L^{-1}} = 3.0 \times 10^{-4}\,\mathrm{mol\,dm^{-3}} \quad \therefore\ y = 6.6 \times 10^{4}$$

よって，タンパク質の分子量は $y = 6.6 \times 10^{4}$ である．

◆ 問題 7.30　凝固点降下を ΔT とすると $\Delta T_\mathrm{f} = iK_\mathrm{f}m$ より

$$\Delta T_\mathrm{f} = 3 \times 1.86\,\mathrm{K\,kg\,mol^{-1}} \times \frac{100\,\mathrm{kg} \times 70\%}{111\,\mathrm{g\,mol^{-1}}} \times \frac{1}{1\,\mathrm{t}} = 3.5\,\mathrm{K}$$

◆ 問題 7.31　質量モル濃度 m を求めて，$\Delta T_\mathrm{f} = iK_\mathrm{f}m$ に代入する．

(1)　$\dfrac{0.1\,\mathrm{g}}{132\,\mathrm{g\,mol^{-1}}} \times \dfrac{1}{10.0\,\mathrm{g}} = \dfrac{0.1}{132} \times \dfrac{1000}{10}\,\mathrm{mol\,kg^{-1}} = 7.58 \times 10^{-2}\,\mathrm{mol\,kg^{-1}}$

$0.1\,\mathrm{g}\,(\mathrm{NH}_4)_2\mathrm{SO}_4\,(i=3)$ の凝固点降下度は，$3 \times 1.86 \times 7.58 \times 10^{-2} = 4.23 \times 10^{-1}\,\mathrm{K}$

(2)　$\dfrac{0.1\,\mathrm{g}}{42000\,\mathrm{g\,mol^{-1}}} \times \dfrac{1}{10.0\,\mathrm{g}} = \dfrac{0.1}{42000} \times \dfrac{1000}{10}\,\mathrm{mol\,kg^{-1}} = 2.38 \times 10^{-4}\,\mathrm{mol\,kg^{-1}}$

$0.1\,\mathrm{g}$ のタンパク質の凝固点降下度は，$1 \times 1.86 \times 2.38 \times 10^{-4} = 4.43 \times 10^{-4}\,\mathrm{K}$

(3)　(1) と (2) の混合物の凝固点降下は $4.23 \times 10^{-1}\,\mathrm{K}$ となり (1) と同じになる．高分子の凝固点降下は小さすぎて正確な測定は難しく，高分子の分子量決定法としては不適当と考えられる．高分子の分子量決定では，浸透圧測定の方が正確である．

◆ 問題 7.32　酢酸の重量モル濃度は $\dfrac{0.75\,\mathrm{g}}{60\,\mathrm{g\,mol^{-1}}} \times \dfrac{1}{50\,\mathrm{g}} = \dfrac{0.75}{60} \times \dfrac{1000}{50}\,\mathrm{mol\,kg^{-1}} = 0.25\,\mathrm{mol\,kg^{-1}}$

単量体として存在している酢酸の割合を x とすると $5.12 \times 0.25 \left(x + \dfrac{1-x}{2}\right) = 1.024$
$\therefore\ x = 0.60$

8 章の問題解答

◆ 問題 8.1　系と外界は境界面を通して熱やエネルギー，仕事，あるいは物質のやり取りが行われる．それらの出入りが可能かどうかによって系は右のように分類される．○は境界面を通過でき，×は通過できないものである．

	物質	熱	仕事
開放系	○	○	○
閉鎖系	×	○	○
断熱系	×	×	○
孤立系	×	×	×

◆ 問題 8.2　示量性変数 (1), (4), (5)，示強性変数 (2), (3), (6)

◆ 問題 8.3　$\mathrm{A} \to \mathrm{B}$ を断熱条件にすると $q_{\mathrm{A} \to \mathrm{B}} = 0$ となる．ジュールの法則から単原子分子の理想気体の内部エネルギーは温度だけの関数なので

$$\Delta U_{A\to B} = \frac{3}{2}nR\Delta T = \frac{3}{2} \times 0.16 \times 8.31 \times (378 - 600)\,\text{J} = -4.4 \times 10^2\,\text{J}$$

である．$q_{A\to B} = 0$ より $\Delta U_{A\to B} = w_{A\to B}$ であるので $w_{A\to B} = -4.4 \times 10^2\,\text{J}$
例題 1 の等温過程で気体が外界にする仕事に比べると，この断熱過程で気体がする仕事の方が小さい．断熱膨張では，仕事の形でエネルギーを失い（$w_{A\to B} < 0$），内部エネルギーもそれだけ減少する（$\Delta U_{A\to B} = w_{A\to B}$）．そのため温度が下がる．逆に，断熱圧縮では温度が上昇する．

◆ 問題 8.4 $H = U + PV$ より $\Delta H = \Delta U + \Delta(PV) = \Delta U + nR\Delta T$
理想気体では $\Delta U = nC_v\Delta T, \Delta H = nC_p\Delta T$ より $C_p - C_v = R$

◆ 問題 8.5 理想気体においては，内部エネルギー変化と同様，エンタルピー変化も温度にのみ依存し，$C_p - C_v = R$ が成立する．よって $\Delta H = nC_p\Delta T = \frac{5}{2}nR\Delta T$ と表される．A → B は等温変化 $\Delta T_{A\to B} = 0$ なので $\Delta H_{A\to B} = 0$ である．B → C では，定圧変化であるので，$\Delta H = q_{B\to C} = -1.0 \times 10^3\,\text{J}$ である．または，$\Delta T_{B\to C} = -300\,\text{K}$ より

$$\Delta H_{B\to C} = nC_p\Delta T = \frac{5}{2}nR\Delta T = \frac{5}{2}P\Delta V = \frac{5}{2} \times 1.0 \times 10^5 \times (0.004 - 0.008)\,\text{J} = -1.0 \times 10^3\,\text{J}$$

C → A は定積変化で，$\Delta T_{C\to A} = +300\,\text{K}$ より $\Delta H_{C\to A} = -\Delta H_{B\to C} = +1.0 \times 10^3\,\text{J}$

◆ 問題 8.6 $\Delta H = 40.7 \times \frac{180}{18} = +407\,\text{kJ}$
水 180 g を蒸発させたときに生じる水蒸気の体積は

$$V = \frac{nRT}{P} = \frac{10 \times 8.31 \times 373}{1.013 \times 10^5}\,\text{m}^3 = 0.306\,\text{m}^3 = 306\,\text{dm}^3$$

$$w = -P\Delta V = -1.013 \times 10^5 \times (0.306 - 0.00018)\,\text{J} = -31\,\text{kJ}$$

$$\Delta U = \Delta H + w = 407\,\text{kJ} - 31\,\text{kJ} = +376\,\text{kJ}$$

◆ 問題 8.7 断熱条件で $A(P_1, T_1, V_1) \to B'(P_2, T_2, V_2)$ に変化すると $q_{A\to B'} = 0$ となり $\Delta U_{A\to B'} = w$ となる．ジュールの法則から理想気体の内部エネルギーは温度だけの関数なので，$\Delta U_{A\to B'} = nC_v\Delta T$ である．微小量の変化を考えて，$dU = nC_v dT, w = -PdV$ とすると

$$nC_v dT = -PdV = -\frac{nRT}{V}dV, \quad \frac{C_v}{T}dT = -\frac{R}{V}dV$$

となる．左辺を $T_1 \to T_2$，右辺を $V_1 \to V_2$ の範囲で積分すると，断熱変化における温度変化と体積変化の関係が得られる．

$$C_v \ln\frac{T_2}{T_1} = R\ln\frac{V_1}{V_2} \qquad C_v = \frac{3}{2}R \text{ のとき} \left(\frac{T_2}{T_1}\right)^{3/2} = \frac{V_1}{V_2}$$

理想気体では，$C_p - C_v = R$ より，以下の圧力変化と体積変化の関係が得られる．

$$\ln\frac{P_2 V_2}{P_1 V_1} = \frac{R}{C_v}\ln\frac{V_1}{V_2} \quad \text{より} \quad \ln\frac{P_2}{P_1} = \frac{C_p}{C_v}\ln\frac{V_1}{V_2}$$

$$\frac{P_2}{P_1} = \left(\frac{V_1}{V_2}\right)^{C_p/C_v} \qquad C_v = \frac{3}{2}R, C_p = \frac{5}{2}R \text{ のとき} \frac{P_2}{P_1} = \left(\frac{V_1}{V_2}\right)^{5/3}$$

$$\therefore\ P_1 V_1^{C_p/C_v} = P_2 V_2^{C_p/C_v}$$

$A(2.0 \times 10^5\,\text{Pa}, 600\,\text{K}, 4.0 \times 10^{-3}\,\text{m}^3) \to B'(P_2, T_2, 8.0 \times 10^{-3}\,\text{m}^3)$ であるので，$\left(\frac{T_2}{T_1}\right)^{3/2} = \frac{V_1}{V_2}, \frac{P_2}{P_1} = \left(\frac{V_1}{V_2}\right)^{5/3}$ に数値を代入して P_2 と T_2 を求める．

$$\left(\frac{T_2}{600}\right)^{3/2} = \frac{4 \times 10^{-3}}{8 \times 10^{-3}} \quad \therefore T_2 = 378\,\text{K}, \quad \frac{P_2}{2 \times 10^5} = \left(\frac{4 \times 10^{-3}}{8 \times 10^{-3}}\right)^{5/3} \quad \therefore P_2 = 6.3 \times 10^4\,\text{Pa}$$

得られた P_2 は，例題 1 の状態 B（等圧過程）の圧力 $1 \times 10^5\,\text{Pa}$ より低い．

◆ 問題 8.8　標準反応エンタルピーを標準生成エンタルピーから求める．

(1) $\Delta_\text{r}H° = 1 \times \Delta_\text{f}H°(\text{C, g}) - 1 \times \Delta_\text{f}H°(\text{C, diamond})$
$\quad\quad\quad = 1 \times 715 - 1 \times 1.90 = +713.1\,\text{kJ mol}^{-1}$　吸熱反応

(2) $\Delta_\text{r}H° = 2 \times \Delta_\text{f}H°(\text{NH}_3, \text{g}) - \{1 \times \Delta_\text{f}H°(\text{N}_2, \text{g}) + 3 \times \Delta_\text{f}H°(\text{H}_2, \text{g})\}$
$\quad\quad\quad = 2 \times (-45.9) - (1 \times 0 + 3 \times 0) = -91.8\,\text{kJ mol}^{-1}$　発熱反応

(3) $\Delta_\text{r}H° = 1 \times \Delta_\text{f}H°(\text{NO}_2, \text{g}) - \frac{1}{2} \times \Delta_\text{f}H°(\text{N}_2\text{O}_4, \text{g})$
$\quad\quad\quad = 1 \times 33.18 - \frac{1}{2} \times 9.16 = +28.60\,\text{kJ mol}^{-1}$　吸熱反応

(4) $\Delta_\text{r}H° = \{2 \times \Delta_\text{f}H°(\text{Fe, s}) + 3 \times \Delta_\text{f}H°(\text{H}_2\text{O}, \ell)\} - \{1 \times \Delta_\text{f}H°(\text{Fe}_2\text{O}_3, \text{s}) + 3 \times \Delta_\text{f}H°(\text{H}_2, \text{g})\}$
$\quad\quad\quad = \{2 \times 0 + 3 \times (-285.85)\} - \{1 \times (-824.70) + 3 \times 0\}$
$\quad\quad\quad = -32.85\,\text{kJ mol}^{-1}$　発熱反応

◆ 問題 8.9　$\text{HCl(g)} + \text{aq} \longrightarrow \text{H}^+(\text{aq}) + \text{Cl}^-(\text{aq})$

付録 5 の標準生成エンタルピーを次式に代入する．

$$\Delta H° = \Delta_\text{f}H°(\text{H}^+, \text{aq}) + \Delta_\text{f}H°(\text{Cl}^-, \text{aq}) - \Delta_\text{f}H°(\text{HCl, g})$$
$$-74.85 = 0 + \Delta_\text{f}H°(\text{Cl}^-, \text{aq}) - (-92.31), \quad \Delta_\text{f}H°(\text{Cl}^-, \text{aq}) = -167.16\,\text{kJ mol}^{-1}$$

◆ 問題 8.10　$\Delta H_\text{L}° = (418 + 122 + 89 + 437) - 349 = 717\,\text{kJ mol}^{-1}$

◆ 問題 8.11　$\text{CaCl}_2(\text{s}) + \text{aq} \longrightarrow \text{Ca}^{2+}(\text{aq}) + 2\text{Cl}^-(\text{aq})$

付録 5 の標準生成エンタルピーを次式に代入する．

$$\Delta_\text{sol}H° = \Delta_\text{f}H°(\text{Ca}^{2+}, \text{aq}) + 2\Delta_\text{f}H°(\text{Cl}^-, \text{aq}) - \Delta_\text{f}H°(\text{CaCl}_2, \text{s})$$
$$= -543.0 + 2 \times (-167.16) - (-795.8) = -81.5\,\text{kJ mol}^{-1}$$

よって $\text{CaCl}_2(\text{s})$ の標準溶解エンタルピーは $-81.5\,\text{kJ mol}^{-1}$ であり，発熱反応である．

◆ 問題 8.12　ベンゼン $\text{C}_6\text{H}_6(\ell)$ の燃焼反応は $\text{C}_6\text{H}_6(\ell) + \frac{15}{2}\text{O}_2(\text{g}) \longrightarrow 6\text{CO}_2(\text{g}) + 3\text{H}_2\text{O}(\ell)$

$\Delta_\text{c}H° = \{6 \times \Delta_\text{f}H°(\text{CO}_2, \text{g}) + 3 \times \Delta_\text{f}H°(\text{H}_2\text{O}, \ell)\} - \{1 \times \Delta_\text{f}H°(\text{C}_6\text{H}_6, \ell) + \frac{15}{2}\Delta_\text{f}H°(\text{O}_2, \text{g})\}$
$\quad\quad = \{6 \times (-393.522) + 3 \times (-285.83)\} - \{1 \times 49.028 + \frac{15}{2} \times 0\} = -3268\,\text{kJ mol}^{-1}$

◆ 問題 8.13　水素の燃焼反応 $\text{H}_2(\text{g}) + \frac{1}{2}\text{O}_2(\text{g}) \longrightarrow \text{H}_2\text{O}(\ell)$ では体積変化 ΔV は，液体の体積を無視すれば，気体が 1.5 mol 減少することになる．$P\Delta V = \Delta n RT$ より $\Delta n = -1.5\,\text{mol}$ である．エンタルピー変化は $\Delta H = \Delta U + P\Delta V$ より

$$\Delta H = -282.1\,\text{kJ mol}^{-1} + (-1.5 \times 8.3 \times 298)\,\text{J mol}^{-1} = -285.8\,\text{kJ mol}^{-1}$$

となる．水素の燃焼反応の $\Delta_\text{c}H°$ は $-285.8\,\text{kJ mol}^{-1}$ である．

◆ 問題 8.14　水素化エンタルピーは $\Delta H°(1\text{-ブテン}) < \Delta H°(cis\text{-}2\text{-ブテン}) < \Delta H°(trans\text{-}2\text{-ブテン}) < 0$ である．水素化されるとすべて n-ブタンになるので，水素化に伴う発熱が少ない順番に安定である．よって安定性は，$trans\text{-}2\text{-ブテン} > cis\text{-}2\text{-ブテン} > 1\text{-ブテン}$ と考えられる．

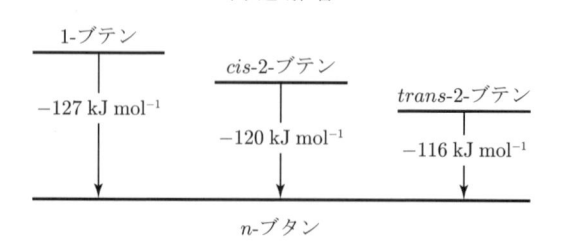

```
         1-ブテン
     ────────────
          │         cis-2-ブテン
          │       ────────────
    −127 kJ mol⁻¹    │          trans-2-ブテン
          │      −120 kJ mol⁻¹  ────────────
          │          │              │
          │          │         −116 kJ mol⁻¹
          ▼          ▼              ▼
     ──────────────────────────────────────
                    n-ブタン
```

◆ **問題 8.15** $H_2O(\ell)$ の生成エンタルピー $\Delta_f H^\circ(H_2O, \ell)$ を与える化学式

$$H_2(g) + \tfrac{1}{2}O_2(g) \longrightarrow H_2O(\ell)$$

の両辺それぞれから分子中の結合をすべて切断して気相の原子 $2H(g) + O(g)$ とする.

$$H_2(g) + \tfrac{1}{2}O_2(g) \longrightarrow 2H(g) + O(g) \quad \Delta H^\circ(\text{左辺}) = \Delta H^\circ(\text{H-H}) + \tfrac{1}{2}\Delta H^\circ(\text{O-O})$$

$$H_2O(\ell) \longrightarrow 2H(g) + O(g) \qquad \Delta H^\circ(\text{右辺}) = \Delta_{\text{vap}} H^\circ(H_2O) + 2\Delta H^\circ(\text{O-H})$$

得られたエンタルピー差が $\Delta_f H^\circ(H_2O, \ell)$ に等しい. $\Delta H^\circ(\text{O-H}) = x$ とすると

$$\Delta H^\circ(\text{左辺}) - \Delta H^\circ(\text{右辺}) = \Delta_f H^\circ(H_2O, \ell)$$

$$\left(436.0 + \frac{1}{2} \times 498.7\right) - (44.0 + 2x) = -285.8 \quad \therefore \quad x = 463\,\text{kJ mol}^{-1}$$

◆ **問題 8.16** N_2, H_2, NH_3 の定圧モル熱容量 C_p は, それぞれ 29.1, 28.8, 35.1 J K⁻¹ mol⁻¹ より ΔC_p を求めると

$$\Delta C_p = \{2 \times C_p(NH_3, g)\} - \{1 \times C_p(N_2, g) + 3 \times C_p(H_2, g)\} = -45.3\,\text{J K}^{-1}\,\text{mol}^{-1}$$

となる. 反応に関与するすべての化合物の C_p が, 298 K から 400 K の温度範囲で一定であるので, キルヒホフの式は次式のようになる.

$$\begin{aligned}
\Delta_r H^\circ(400\,\text{K}) &= \Delta_r H^\circ(298\,\text{K}) + \Delta C_p(400 - 298) \\
&= (-45.9\,\text{kJ mol}^{-1}) \times 2 + (-45.3\,\text{J K}^{-1}\,\text{mol}^{-1}) \times 102\,\text{K} \\
&= -96.4\,\text{kJ mol}^{-1}
\end{aligned}$$

9 章の問題解答

◆ **問題 9.1** 平衡定数にほとんど影響を及ぼさない同位体を利用して, 平衡状態においても, 同位体が他の物質に取り込まれていくことを観測する. 同温, 同圧において間仕切りのある部屋の片方に $HI(g)$ を, もう片方に $DI(g)$ ($D = {}^2H$) を等濃度入れる. $H_2(g) + I_2(g) \rightleftarrows 2HI(g)$ と $D_2(g) + I_2(g) \rightleftarrows 2DI(g)$ の平衡が両部屋で達成された後, 間仕切りをとる. 時間が経過すると, $H_2(g)$ と $D_2(g)$ の他に $HD(g)$ が観測されることで動的平衡が証明される.

◆ **問題 9.2** 初期状態が a mol の $N_2O_4(g)$ と b mol の $NO_2(g)$ を混合して得られる平衡状態も, 初期状態が $\left(a + \frac{b}{2}\right)$ mol の $N_2O_4(g)$ から得られる平衡状態も同じである. 平衡状態に達

したときの解離度を α とすると

	$N_2O_4(g)$	$NO_2(g)$
物質量/mol	$(a+\frac{b}{2})(1-\alpha)$	$2(a+\frac{b}{2})\alpha$
モル分率	$X_{N_2O_4} = \dfrac{1-\alpha}{1+\alpha}$	$X_{NO_2} = \dfrac{2\alpha}{1+\alpha}$
分圧	$\dfrac{1-\alpha}{1+\alpha}P$	$\dfrac{2\alpha}{1+\alpha}P$

となる.圧平衡定数 K_P にこれらを代入して,α を求める.

$$K_P = \frac{P_{NO_2}^2}{P_{N_2O_4}} = \frac{(X_{NO_2}P)^2}{X_{N_2O_4}P} = \frac{\left(\frac{2\alpha}{1+\alpha}\right)^2}{\frac{1-\alpha}{1+\alpha}}P = \frac{4\alpha^2 P}{1-\alpha^2} \quad \therefore \quad \alpha = \sqrt{\frac{K_P}{4P+K_P}}$$

N_2O_4 の物質量は $\left(a+\dfrac{b}{2}\right)\left(1-\sqrt{\dfrac{K_P}{4P+K_P}}\right)$ mol

NO_2 の物質量は $(2a+b)\sqrt{\dfrac{K_P}{4P+K_P}}$ mol

◆ **問題 9.3** アンモニアの合成反応の平衡反応を $\frac{1}{2}N_2(g) + \frac{3}{2}H_2(g) \rightleftharpoons NH_3(g)$ と表記したときの平衡定数を K_1 は $K_1 = \dfrac{[NH_3]}{[N_2]^{1/2}[H_2]^{3/2}}$

これと $K_C = \dfrac{[NH_3]^2}{[N_2][H_2]^3}$ を比較すると $K_C = K_1^2$

◆ **問題 9.4** (1) $N_2O_4(g) \rightleftharpoons 2NO_2(g)$ $\quad K_P = K_C(RT)$

(2) $H_2(g) + I_2(g) \rightleftharpoons 2HI(g)$ $\quad K_P = K_C$

◆ **問題 9.5** 求める PbS の濃度を $x \,\text{mol dm}^{-3}$ とすると,$x^2 = 1.0 \times 10^{-28}$ となる.よって
$$[Pb^{2+}] = [S^{2-}] = 1.0 \times 10^{-14} \,\text{mol dm}^{-3}$$

◆ **問題 9.6** 求める AgCl の溶解度を $x \,\text{mol dm}^{-3}$ とすると,$x(x+1.0\times 10^{-3}) = 1.0\times 10^{-10}$ より $x \simeq 1.0\times 10^{-7}$,よって $1.0\times 10^{-7}\,\text{mol dm}^{-3}$

◆ **問題 9.7** 赤熱したコークス(炭素)に水蒸気を作用させて,水生ガス(一酸化炭素と水素の混合物)をつくる平衡の平衡定数は気体だけの圧平衡定数で記述される.

$$C(s) + H_2O(g) \rightleftharpoons CO(g) + H_2(g) \quad K_P = \frac{P_{CO}P_{H_2}}{P_{H_2O}}$$

◆ **問題 9.8** NaOH の滴下量 V_{NaOH} を $x\,\text{mL}$ とすると,表 9.1 の濃度に

$C_{HA} = 0.100 \times \dfrac{25-x}{25+x}$

$C_{A^-} = 0.100 \times \dfrac{x}{25+x}, \quad C_{OH^-} = 0.100 \times \dfrac{x-25}{25+x}$

を代入して pH を表計算ソフトで計算すると右図のようになる.ヘンダーソン–ハッセルバルチ式より,pK_a は NaOH を 12.5 mL 滴下した点の pH に等しい.

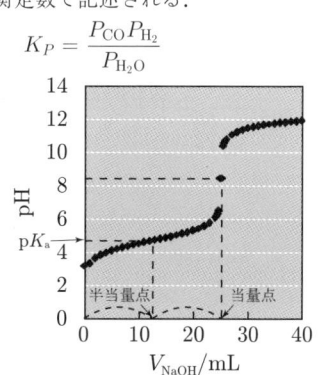

◆ **問題 9.9** 表 9.1 の式を適用すると，$V_{\text{NaOH}} = 0, 2\,\text{mL}$ のとき pH は，それぞれ，$2.00, 1.31$ となり不都合が生じる．$pK_a = 3.00$ の一塩基酸 HA は強い酸で弱酸の近似が適用できないからである．酸の初期濃度（$=0.10\,\text{mol dm}^{-3}$）を C として，解離度を α とすれば

$$K_a = \frac{[\text{H}^+][\text{A}^-]}{[\text{HA}]} = \frac{C\alpha \times C\alpha}{C(1-\alpha)} = \frac{C\alpha^2}{1-\alpha} \quad \text{より} \quad C\alpha^2 + K_a\alpha - K_a = 0$$

二次方程式の解の公式と $\alpha > 0$ より $\alpha = \dfrac{-K_a + \sqrt{K_a^2 + 4K_aC}}{2C}$

$$\text{pH} = -\log[\text{H}^+] = -\log(C\alpha) = -\log\frac{-K_a + \sqrt{K_a^2 + 4K_aC}}{2} = 2.02$$

$0.100\,\text{mol dm}^{-3}$ 水酸化ナトリウム水溶液を $2\,\text{mL}$ 加えたとき，$C_{\text{HA}} = 0.100 \times \frac{100-2}{100+2}$, $C_{\text{A}^-} = 0.100 \times \frac{2}{100+2}$ とすると，酸解離平衡は以下のようになる．

$$K_a = \frac{[\text{H}^+][\text{A}^-]}{[\text{HA}]} = \frac{C_{\text{HA}}\alpha \times (C_{\text{HA}}\alpha + C_{\text{A}^-})}{C_{\text{HA}}(1-\alpha)} = \frac{\alpha \times (C_{\text{HA}}\alpha + C_{\text{A}^-})}{1-\alpha}$$
$$C_{\text{HA}}\alpha^2 + (C_{\text{A}^-} + K_a)\alpha - K_a = 0$$

α の二次方程式を解き，$\text{pH} = -\log(C_{\text{HA}}\alpha)$ の式に数値を代入する．

$$\text{pH} = -\log\frac{-(C_{\text{A}^-} + K_a) + \sqrt{(C_{\text{A}^-} + K_a)^2 + 4C_{\text{HA}}K_a}}{2} = 2.07$$

◆ **問題 9.10** NaOH を $99.8, 100.0, 100.2\,\text{mL}$ 加えたときに，表 9.1 の式をそのまま適用すると，pH は，$11.70, 10.85, 10.00$ となり不都合が生じる．$pK_a = 9.00$ の一塩基酸 HA は非常に弱い酸で，当量点付近では共役塩基 A^-（$pK_b = 5$）の加水分解平衡により pH が決まると考えてよい．

$$\text{A}^- + \text{H}_2\text{O} \rightleftarrows \text{HA} + \text{OH}^-$$

A^- の濃度を C_{A^-} として加水分解度を β とすれば，NaOH の滴下量が $100\,\text{mL}$ 以下では

$$K_b = \frac{[\text{HA}][\text{OH}^-]}{[\text{A}^-]} = \frac{(C_{\text{HA}} + C_{\text{A}^-}\beta) \times C_{\text{A}^-}\beta}{C_{\text{A}^-}(1-\beta)} = \frac{\beta \times (C_{\text{HA}}\alpha + C_{\text{A}^-}\beta)}{1-\beta}$$
$$C_{\text{A}^-}\beta^2 + (C_{\text{HA}} + K_b)\beta - K_b = 0$$

β の二次方程式を解いて $[\text{OH}^-] = \beta C_{\text{A}^-}$ より

$$\text{pOH} = -\log\frac{-(C_{\text{HA}} + K_b) + \sqrt{(C_{\text{HA}} + K_b)^2 + 4C_{\text{A}^-}K_b}}{2}$$

当量点以降（NaOH の滴下量が $100\,\text{mL}$ 以上）では

$$K_b = \frac{[\text{HA}][\text{OH}^-]}{[\text{A}^-]} = \frac{C_{\text{A}^-}\beta \times (C_{\text{A}^-}\beta + C_{\text{OH}^-})}{C_{\text{A}^-}(1-\beta)} = \frac{\beta \times (C_{\text{A}^-}\beta + C_{\text{OH}^-})}{1-\beta}$$
$$C_{\text{A}^-}\beta^2 + (C_{\text{OH}^-} + K_b)\beta - K_b = 0$$

$$\text{pOH} = -\log\frac{-(C_{\text{OH}^-} + K_b) + \sqrt{(C_{\text{OH}^-} + K_b)^2 + 4C_{\text{A}^-}K_b}}{2}$$

これらに数値を代入して $\text{pH} = 14 - \text{pOH}$ により pH を求めると次表となる．

NaOH 滴下量/mL	99.8	100.0	100.2
pH	10.78	10.85	10.88

◆ 問題 **9.11** 以下のエステル化の反応は，100°C において濃度平衡定数 K_C は 4 である．

$$CH_3COOH + CH_3OH \rightleftharpoons CH_3COOCH_3 + H_2O$$

$$K_C = \frac{[CH_3COOCH_3][H_2O]}{[CH_3COOH][CH_3OH]} = 4$$

この平衡では，平衡定数は溶液の体積によらないので物質量を用いて計算できる．

(1) 酢酸とエタノールの x mol が反応するとすれば

$$K_C = \frac{x^2}{(0.9-x)(0.9-x)} = 4$$

二次方程式を解くと $x = 0.6$ となる．それぞれの物質量は

$$n(CH_3COOH) = n(CH_3OH) = 0.30\,\text{mol}, \quad n(CH_3COOCH_3) = n(H_2O) = 0.60\,\text{mol}$$

(2) (1) と同様に

$$K_C = \frac{(0.6+x)^2}{(0.9-x)(0.3-x)} = 4$$

二次方程式を解くと $x = 0.13$ となる．それぞれの物質量は

$$n(CH_3COOH) = 0.77\,\text{mol},\ n(CH_3OH) = 0.17\,\text{mol},\ n(CH_3COOCH_3) = n(H_2O) = 0.73\,\text{mol}$$

◆ 問題 **9.12** NaCl の飽和水溶液では，溶解平衡 $NaCl(s) \rightleftharpoons Na^+(aq) + Cl^-(aq)$ が成立している．ここへ HCl ガスを通じると，NaCl の結晶が析出する．これは HCl が溶液中で

$$HCl(aq) \longrightarrow H^+(aq) + Cl^-(aq)$$

のように解離して，水溶液中の Cl^- の濃度が高くなって，NaCl(s) の溶解平衡が左向きに移動したからである．

◆ 問題 **9.13** 酢酸水溶液では，電離平衡 $CH_3COOH \rightleftharpoons CH_3COO^- + H^+$ が成立している．加えた酢酸ナトリウムは，$CH_3COONa \longrightarrow CH_3COO^- + Na^+$ のように完全に電離するので，酢酸イオンの濃度が増加し，この影響を緩和するために平衡は左に移動する．よって，水素イオン濃度は減少して，pH は上昇する．

◆ 問題 **9.14** (1) $N_2(g) + 3H_2(g) \rightleftharpoons 2NH_3(g)$ では $K_P = K_X P^{-2}$ であり，K_P は一定で P が増大すると K_X も増大する．よって圧力を増加させると平衡はアンモニアの生成方向へ移動する．

(2) $H_2(g) + I_2(g) \rightleftharpoons 2HI(g)$ では，$K_P = K_X$ となるので，圧力が変化しても平衡は移動しない．

◆ 問題 **9.15** アンモニアの合成反応の反応エンタルピーは

$$N_2(g) + 3H_2(g) \rightleftharpoons 2NH_3(g)$$

$$\Delta_r H = 2 \times \Delta_f H^\circ(NH_3, g) - \{1 \times \Delta_f H^\circ(N_2, g) + 3 \times \Delta_f H^\circ(H_2, g)\}$$
$$= 2 \times (-45.9) - \{1 \times 0 + 3 \times 0\} = -91.8\,\text{kJ mol}^{-1}$$

この反応は発熱反応であり，気体のモル数は減少するので，ルシャトリエの原理より，低温かつ高圧にすれば平衡は生成物側に移動する．

◆ **問題 9.16** 7章例題2と問題9.2より 1 mol $N_2O_4(g)$ のうち ξ mol が解離したときの圧力を P とすると，ξ は P と K_P を用いて次式で表される．

$$\xi = \sqrt{\frac{K_P}{4P + K_P}} \quad \text{(導出を確認すること)}$$

$K_P = 0.148$ を代入し，様々な外圧 P に対して ξ を求めて，NO_2 のモル分率 X_{NO_2} を求めると下の表になる．

P/atm	0.0	0.2	0.4	0.6	0.8	1.0
X_{NO_2}	1.00	0.57	0.45	0.39	0.35	0.32
K_X		0.740	0.370	0.247	0.185	0.148
$K_X \times P$		0.148	0.148	0.148	0.148	0.148

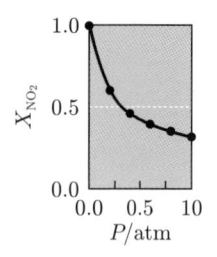

その変化をグラフに表したのが右図である．圧力が上昇するに従って X_{NO_2} は減少する．すなわち平衡は左へ移動することになり，ルシャトリエの原理は成立している．モル分率の平衡定数 K_X と P の積は 0.148 となり K_P に等しい．

◆ **問題 9.17** 温度の低い A ブロック（300 K）から温度の高い B ブロック（400 K）に熱量（1200 J）が移動すると，300 K の A ブロックの方は，1200 J の熱が出て行くのでエントロピー変化 ΔS_A は $\Delta S_A = -1200 \,\mathrm{J}/300\,\mathrm{K} = -4\,\mathrm{J\,K^{-1}}$

400 K の B ブロックの方は，1200 J の熱が入ってくるので ΔS_B は $\Delta S_B = 1200\,\mathrm{J}/400\,\mathrm{K} = 3\,\mathrm{J\,K^{-1}}$
よって $\Delta S_{宇宙} = \Delta S_A + \Delta S_B = (-4\,\mathrm{J\,K^{-1}}) + (3\,\mathrm{J\,K^{-1}}) = -1\,\mathrm{J\,K^{-1}}$

$\Delta S_{宇宙} < 0$ より宇宙のエントロピーは減少することになる．このことは，熱力学第二法則に反しているので自発的に起こらない．

◆ **問題 9.18** (9.10) より，$dS = \dfrac{dq}{T} = \dfrac{dU}{T} = \dfrac{nC_v dT}{T}$ となる．両辺を積分して

$$\Delta S = \int_{T_1}^{T_2} \frac{nC_v dT}{T} = \frac{3}{2}nR \times \ln\frac{T_2}{T_1}$$ となる．この式に数値を代入して

(1) $\Delta S_{100 \to 200\,\mathrm{K}} = 8.6\,\mathrm{J\,K^{-1}}$ (2) $\Delta S_{200 \to 300\,\mathrm{K}} = 5.1\,\mathrm{J\,K^{-1}}$

よって，同じ熱量 $q = \frac{3}{2}nR \times (T_2 - T_1) = 1.25\,\mathrm{kJ}$ を与えて，同じだけ温度が上昇しても，温度の低い方がエントロピーはより増大する．

◆ **問題 9.19** (1) 1 atm, $-20^\circ\mathrm{C}$ において氷が融解したときの $\Delta S^\circ_{宇宙}$ は

$$\Delta S^\circ_{宇宙} = \Delta S^\circ - \Delta H^\circ/T = (+22\,\mathrm{J\,K^{-1}}) - 6000\,\mathrm{J}/253\,\mathrm{K} < 0$$

宇宙のエントロピーは減少するので，$-20^\circ\mathrm{C}$ において氷が水に変化することは自発的に起こらない．

(2) $\Delta S^\circ_{宇宙} = (+22\,\mathrm{J\,K^{-1}}) - 6000\,\mathrm{J}/T = 0$ とおくと，$T = 273\,\mathrm{K}$
273 K においては，氷が水に変化しても宇宙のエントロピーは変化しないので，2 相が安定に共存できる（相平衡）．

◆ **問題 9.20** 標準状態，273 K で 9.0 g の氷がすべて水に融解するときの ΔS は

$$\Delta S = \frac{9\,\mathrm{g}}{18\,\mathrm{g\,mol^{-1}}} \times \frac{6000\,\mathrm{J\,mol^{-1}}}{273\,\mathrm{K}} = 11.0\,\mathrm{J\,K^{-1}}$$

◆ **問題 9.21** $S_m^\circ(323\,\text{K}) = S_m^\circ(298\,\text{K}) + \int_{298}^{323} \dfrac{C_P}{T} dT$
$= 70\,\text{J K}^{-1}\,\text{mol}^{-1} + 75\,\text{J K}^{-1}\,\text{mol}^{-1} \times \ln\frac{323}{298} = 76\,\text{J K}^{-1}\,\text{mol}^{-1}$

◆ **問題 9.22** 定温，定圧の条件下において，三相のうちで化学ポテンシャルの最も低い相に移る変化が起こると，系のギブズエネルギーは減少する．そのような相転移は熱力学第二法則に従って自発的に進む．

◆ **問題 9.23** 1 atm 下での純粋な氷および水の 1 mol あたりのギブズエネルギーを $\mu_\text{固}^\circ, \mu_\text{液}^\circ$ とする．融解前のギブズエネルギーは $n\mu_\text{固}^\circ$ である．氷 ξ mol が融解したときの，氷と水の 1 mol あたりのギブズエネルギーを $\mu_\text{固}, \mu_\text{液}$ とする．氷 ξ mol が融解した時点のギブズエネルギー G は

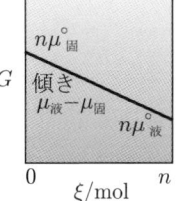

$$G = (n - \xi)\mu_\text{固} + \xi\mu_\text{液}$$

となる．この反応が自発的に，かつ，氷が完全に融解するまで進むためには，$0 < \xi < n$ の範囲で G が ξ に対して単調に減少すること，言い換えると，G の ξ に対しての一次微分 $dG/d\xi$ が負であることが必要である．相転移においては，固体と液体がどのような割合で混ざっていても，$\mu_\text{液} = \mu_\text{液}^\circ, \mu_\text{固} = \mu_\text{固}^\circ$ と考えられるので $dG/d\xi$ は

$$dG/d\xi = \mu_\text{液}^\circ - \mu_\text{固}^\circ$$

となる．氷の融解反応においては，$0 < \xi < n$ の範囲で $(\mu_\text{液}^\circ - \mu_\text{固}^\circ)$ は，つねに $\Delta G^\circ\,(<0)$ に等しい．そのため，G は図のように単調に減少し，氷はすべて融解する．

◆ **問題 9.24** (1) n mol の理想気体を一定の温度で (P_1, V_1) から (P_2, V_2) まで変化させると，$\Delta G = nRT \ln \dfrac{P_2}{P_1}$ が得られる（例題 5 を参照）．

エンタルピー変化 $\Delta H = 0$ より，$\Delta S = -\dfrac{\Delta G}{T}$ で，$P_1 V_1 = P_2 V_2$ より

$$\Delta S = -nR\ln\frac{P_2}{P_1} = nR\ln\frac{P_1}{P_2} = nR\ln\frac{V_2}{V_1}$$

(2) 窒素の物質量 $n = \dfrac{1.013 \times 10^5\,\text{Pa} \times 7\,\text{m}^3}{8.31\,\text{J K}^{-1}\,\text{mol}^{-1} \times 308\,\text{K}} = 277\,\text{mol}$. よって

$$\Delta S = -nR\ln\frac{P_2}{P_1} = -277\,\text{mol} \times 8.31\,\text{J K}^{-1}\,\text{mol}^{-1} \ln\frac{14.7 + 0.1013}{0.1013}$$
$$= -1.14 \times 10^4\,\text{J K}^{-1}$$

(3) n_A mol の気体 A と n_B mol の気体 B が一定の圧力 P と温度 T のもとで混合し，そのときの分圧を P_A, P_B とすると，(9.19) を用いて

$$\Delta G = n_\text{A}RT\ln\frac{P_\text{A}}{P} + n_\text{B}RT\ln\frac{P_\text{B}}{P} = (n_\text{A} + n_\text{B})RT\left(\frac{n_\text{A}}{n_\text{A} + n_\text{B}}\ln X_\text{A} + \frac{n_\text{B}}{n_\text{A} + n_\text{B}}\ln X_\text{B}\right)$$
$$= (n_\text{A} + n_\text{B})RT(X_\text{A}\ln X_\text{A} + X_\text{B}\ln X_\text{B})$$

$\Delta S = -\Delta G/T$ より，$\Delta S = -(n_\text{A} + n_\text{B})R(X_\text{A}\ln X_\text{A} + X_\text{B}\ln X_\text{B})$

(4) 1 mol の空気が窒素 80 %，酸素 20 %（体積比）からできるときの混合エントロピーは

$$\Delta S = -(n_\text{A} + n_\text{B})R(X_\text{A} \ln X_\text{A} + X_\text{B} \ln X_\text{B}) = -8.3 \times (0.8 \ln 0.8 + 0.2 \ln 0.2) \,\text{J K}^{-1}$$
$$= 4.2 \,\text{J K}^{-1}$$

◆ 問題 9.25 (1) $\Delta_\text{r} H = 2 \times \Delta_\text{f} H°(\text{NO}_2, \text{g}) - 1 \times \Delta_\text{f} H°(\text{N}_2\text{O}_4, \text{g}) = 2 \times 33.18 - 1 \times 9.16 = 57.2 \,\text{kJ mol}^{-1}$

$\Delta_\text{r} S = 2 \times S_\text{m}°(\text{NO}_2, \text{g}) - 1 \times S_\text{m}°(\text{N}_2\text{O}_4, \text{g}) = 2 \times 240.06 - 1 \times 304.29 = 175.8 \,\text{J K}^{-1}\,\text{mol}^{-1}$

$\Delta_\text{r} G = 2 \times \Delta_\text{f} G°(\text{NO}_2, \text{g}) - 1 \times \Delta_\text{f} G°(\text{N}_2\text{O}_4, \text{g}) = 2 \times 51.31 - 1 \times 97.89 = 4.73 \,\text{kJ mol}^{-1}$

エントロピー的には有利だが，エンタルピー的には不利で，平衡は左に寄っている．

(2) $\Delta_\text{r} H = 2 \times \Delta_\text{f} H°(\text{O}_3, \text{g}) - 3 \times \Delta_\text{f} H°(\text{O}_2, \text{g}) = 2 \times 142.7 - 3 \times 0 = 285.4 \,\text{kJ mol}^{-1}$

$\Delta_\text{r} S = 2 \times S_\text{m}°(\text{O}_3, \text{g}) - 3 \times S_\text{m}°(\text{O}_2, \text{g}) = 2 \times 237.65 - 3 \times 205.03 = -139.8 \,\text{J K}^{-1}\,\text{mol}^{-1}$

$\Delta_\text{r} G = 2 \times \Delta_\text{f} G°(\text{O}_3, \text{g}) - 3 \times \Delta_\text{f} G°(\text{O}_2, \text{g}) = 2 \times 163.2 - 3 \times 0 = 326.4 \,\text{kJ mol}^{-1}$

エンタルピー的にもエントロピー的にも不利で，平衡は左に寄っている．

(3) $\Delta_\text{r} H = 1 \times \Delta_\text{f} H°(\text{NH}_3, \text{g}) - \{\frac{1}{2} \times \Delta_\text{f} H°(\text{N}_2, \text{g}) + \frac{3}{2} \times \Delta_\text{f} H°(\text{H}_2, \text{g})\} = -45.9 \,\text{kJ mol}^{-1}$

$\Delta_\text{r} S = 1 \times S_\text{m}°(\text{NH}_3, \text{g}) - \{\frac{1}{2} \times S_\text{m}°(\text{N}_2, \text{g}) + \frac{3}{2} \times S_\text{m}°(\text{H}_2, \text{g})\} = -99.3 \,\text{J K}^{-1}\,\text{mol}^{-1}$

$\Delta_\text{r} G = 1 \times \Delta_\text{f} G°(\text{NH}_3, \text{g}) - \{\frac{1}{2} \times \Delta_\text{f} G°(\text{N}_2, \text{g}) + \frac{3}{2} \times \Delta_\text{f} G°(\text{H}_2, \text{g})\} = -16.3 \,\text{kJ mol}^{-1}$

エントロピー的には不利だが，エンタルピー的には有利で，平衡は右に寄っている．

(4) $\Delta_\text{r} H = \{1 \times \Delta_\text{f} H°(\text{H}_2\text{O}, \ell) + \frac{1}{2} \times \Delta_\text{f} H°(\text{O}_2, \text{g})\} - 1 \times \Delta_\text{f} H°(\text{H}_2\text{O}_2, \ell) = -98.1 \,\text{kJ mol}^{-1}$

$\Delta_\text{r} S = \{1 \times S_\text{m}°(\text{H}_2\text{O}, \ell) + \frac{1}{2} \times S_\text{m}°(\text{O}_2, \text{g})\} - 1 \times S_\text{m}°(\text{H}_2\text{O}_2, \ell) = 62.9 \,\text{J K}^{-1}\,\text{mol}^{-1}$

$\Delta_\text{r} G = \{1 \times \Delta_\text{f} G°(\text{H}_2\text{O}, \ell) + \frac{1}{2} \times \Delta_\text{f} G°(\text{O}_2, \text{g})\} - 1 \times \Delta_\text{f} G°(\text{H}_2\text{O}_2, \ell) = -116.8 \,\text{kJ mol}^{-1}$

エンタルピー的にもエントロピー的にも有利で，平衡は右に寄っている．

◆ 問題 9.26 (1) $\Delta_\text{r} G° = -RT \ln K_P$ より

$$K_P = \exp\left(\frac{-\Delta G°}{RT}\right) = \exp\left(-\frac{4.73 \,\text{kJ mol}^{-1}}{8.31 \,\text{J K}^{-1}\,\text{mol}^{-1} \times 298 \,\text{K}}\right) = 0.148$$

(注意) 数字だけを式に代入するとよく間違える．$R = 8.31 \,\text{J K}^{-1}\,\text{mol}^{-1}$ と単位を合わせて，$\Delta_\text{r} G° = 4.73 \times 10^3 \,\text{J mol}^{-1}$ を代入しなければならない．

(2) 25°C，0.16 atm において，$\text{N}_2\text{O}_4(\text{g})$ と $\text{NO}_2(\text{g})$ を同じ物質量入れたときの初期分圧は共に 0.08 atm である．$\text{N}_2\text{O}_4(\text{g}) \longrightarrow 2\text{NO}_2(\text{g})$ のどちら向きの反応が観測されるかは $\frac{dG}{d\xi}$ の符号で決まる．$\frac{dG}{d\xi} < 0$ ならば右，$\frac{dG}{d\xi} > 0$ ならば左向きの反応が観測される．

$$\frac{dG}{d\xi} = \Delta_\text{r} G° + RT \ln \frac{P_{\text{NO}_2}^2}{P_{\text{N}_2\text{O}_4}} = 4.73 + 8.31 \times 10^{-3} \times 298 \times \ln \frac{0.08^2}{0.08} = -1.52 < 0$$

よって，$\text{N}_2\text{O}_4(\text{g})$ の解離反応が進んで平衡状態になる．

(別解) 平衡定数は圧力によって変化しないので $P = 0.16 \,\text{atm}$ においても $K_P = 0.148$ である．平衡状態での分圧の間の関係は以下の通りである．

$$P_{\text{N}_2\text{O}_4} + P_{\text{NO}_2} = 0.16, \quad \frac{P_{\text{NO}_2}^2}{P_{\text{N}_2\text{O}_4}} = 0.148$$

これらを解いて平衡状態における分圧を求めると $P_{\text{N}_2\text{O}_4} = 0.063 \,\text{atm}$，$P_{\text{NO}_2} = 0.097 \,\text{atm}$
よって $\text{N}_2\text{O}_4(\text{g})$ は 0.080 → 0.063 atm，$\text{NO}_2(\text{g})$ は 0.080 → 0.097 atm へと変化して平衡にな

ることがわかるので，初期状態から $N_2O_4(g)$ の解離反応が進んで平衡状態になる．

◆ **問題 9.27** 例題 6 の逆反応になるので $\Delta_r G° = -4.73\,\mathrm{kJ\,mol^{-1}}$ である．$2\,\mathrm{mol}$ の NO_2 から出発しても，$1\,\mathrm{mol}$ の N_2O_4 から出発しても，同じ平衡状態に達する．例題 6 より平衡状態において，N_2O_4 は $0.81\,\mathrm{mol}$，NO_2 は $0.38\,\mathrm{mol}$ である．よって $\xi = 1.62\,\mathrm{mol}$ のときに $G(\xi)$ は極小値をとって平衡になる．$G(\xi)$ を $0 < \xi < 2$ の範囲で描くと右図のようになる．平衡定数は

$$K_P = \exp\left(-\frac{\Delta G°}{RT}\right) = \exp\left(-\frac{-4.73 \times 10^3}{8.31 \times 298}\right) = 6.8$$

この平衡定数は例題 6 の平衡定数の逆数である．

◆ **問題 9.28** $\Delta_r G° = 0$ となる温度は，$T = \Delta_r H°/\Delta_r S°$ より $T = 57.2\,\mathrm{kJ\,mol^{-1}}/175.8\,\mathrm{J\,K^{-1}\,mol^{-1}} = 325\,\mathrm{K}$ となる．

◆ **問題 9.29** トルエンの気液平衡を圧平衡定数 K_P で表現すると，液体のトルエンの濃度は一定と考えられるので，K_P は蒸気圧に等しい．

$$\text{トルエン}(\ell) \rightleftharpoons \text{トルエン}(g) \qquad K_P = P_{\text{トルエン}}$$

ファントホフの式に数値を代入すると $\ln\dfrac{53}{39} = -\dfrac{\Delta_{\mathrm{vap}}H°}{8.31}\left(\dfrac{1}{363} - \dfrac{1}{353}\right)$

よって，$\Delta_{\mathrm{vap}}H° = 33\,\mathrm{kJ\,mol^{-1}}$ となる．このようにファントホフの式は相平衡についても適用できる．

◆ **問題 9.30** $100°C, 1\,\mathrm{atm}$ で沸騰するとしてファントホフの式に数値を代入すると

$\ln\dfrac{1}{x} = -\dfrac{41 \times 10^3}{8.31}\left(\dfrac{1}{373} - \dfrac{1}{363}\right)$, $x = 0.69\,\mathrm{atm}$

◆ **問題 9.31** 安息香酸を A で表すと溶解平衡 $A(s) + aq \longrightarrow A(aq)$ の平衡定数 K は安息香酸の質量モル濃度に等しい．$K = [A]$

それぞれの温度での質量モル濃度を求め，$\ln[A]$ を $1/T$ に対してファントホフプロットして 3 点を通る近似直線の傾きを求める．

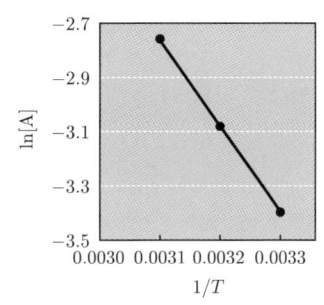

$1/T$	0.003299	0.003193	0.003095
$\ln[A]$	-3.394	-3.082	-2.751

直線の傾き $\left(\text{単位は}\dfrac{1}{\mathrm{K}^{-1}} = \mathrm{K}\right)$ が $-\dfrac{\Delta_{\mathrm{sol}}H°}{R}$ に等しい．

$$-\dfrac{\Delta_{\mathrm{sol}}H°}{R} = -3150\,\mathrm{K} \quad \text{より} \quad \Delta_{\mathrm{sol}}H° = 26\,\mathrm{kJ\,mol^{-1}}$$

◆ **問題 9.32** NaCl の水への溶解反応 $NaCl(s) + aq \longrightarrow Na^+(aq) + Cl^-(aq)$ において付録 5 の値を用いて，反応式の $\Delta_r H°, \Delta_r S°, \Delta_r G°$ を計算すると

$\Delta_r H° = 1 \times \Delta_f H°(Na^+, aq) + 1 \times \Delta_f H°(Cl^-, aq) - 1 \times \Delta_f H°(NaCl, s) = +3.86\,\mathrm{kJ\,mol^{-1}}$

$\Delta_r S° = 1 \times S_m°(Na^+, aq) + 1 \times S_m°(Cl^-, aq) - 1 \times S_m°(NaCl, s) = +43.02\,\mathrm{J\,K\,mol^{-1}}$

$\Delta_r G° = 1 \times \Delta_f G°(Na^+, aq) + 1 \times \Delta_f G°(Cl^-, aq) - 1 \times \Delta_f G°(NaCl, s) = -8.12\,\mathrm{kJ\,mol^{-1}}$

である．吸熱反応でありエンタルピーでは不利な反応だが，溶解に伴うエントロピー増大の効果が上回り溶解する．

◆ **問題 9.33** 反応式 $Zn(s) + Cu^{2+}(aq) \longrightarrow Zn^{2+}(aq) + Cu(s)$ に関与する物質の 25°C での $\Delta_f H°$, $S°$, $\Delta_f G°$ を以下の表に示す．

	Zn(s)	Cu^{2+}(aq)	Zn^{2+}(aq)	Cu(s)
$\Delta_f H°$/kJ mol^{-1}	0	64.77	−153.9	0
$S°$/J K^{-1} mol^{-1}	41.6	−99.6	−112.0	33.3
$\Delta_f G°$/kJ mol^{-1}	0	65.52	−147.2	0

$\Delta_r H°$, $\Delta_r S°$, $\Delta_r G°$ を計算すると以下のように求まる．

$$\Delta_r H° = -153.9 - 64.77 = -218.77 \text{ kJ mol}^{-1}$$
$$\Delta_r S° = (-112.0 + 33.3) - (41.6 - 99.6) = -20.7 \text{ J K}^{-1} \text{ mol}^{-1}$$
$$\Delta_r G° = -147.2 - 65.52 = -212.7 \text{ kJ mol}^{-1}$$

$\Delta_r S° < 0$ でエントロピー的には不利であるが，$\Delta_r H° \ll 0$ で大きな発熱を伴うことで，$\Delta_r G° \ll 0$ となり，平衡は右（生成物）側に大きく偏っている．実際には，亜鉛金属の表面に銅が析出する．

◆ **問題 9.34** (1) $AgCl(s) + e^- \longrightarrow Ag(s) + Cl^-(aq)$　　$E° = +0.199$ V

(2) $E°(Zn, Zn^{2+}) = -0.962$ V　vs. Ag|AgCl

◆ **問題 9.35** ダニエル電池のイオン反応式は $Zn(s) + Cu^{2+}(aq) \rightleftarrows Zn^{2+}(aq) + Cu(s)$ ダニエル電池の電池式から標準起電力を求めると

$$(-)Zn|Zn^{2+}(1 \text{ mol dm}^{-3})||Cu^{2+}(1 \text{ mol dm}^{-3})|Cu(+)$$
$$E° = +0.337 \text{ V} - (-0.763 \text{ V}) = +1.100 \text{ V}$$

平衡が成立する場合のネルンストの式 (9.33) から $0 = E° - \dfrac{RT}{2F} \ln K$ より $K = \exp\left(\dfrac{2FE°}{RT}\right)$ よって平衡定数 K は 1.6×10^{37} である．$\Delta_r G° = -RT \ln K$ より $\Delta_r G° = -2FE°$ となるので

$$\Delta_r G° = -2 \times 96500 \text{ C mol}^{-1} \times 1.100 \text{ V} = -212 \text{ kJ mol}^{-1}$$

◆ **問題 9.36** 濃淡電池では濃度の薄い側で酸化反応 $Zn(s) \longrightarrow Zn^{2+}(aq) + 2e^-$ が生じ，濃度の濃い方で還元反応 $Zn^{2+}(aq) + 2e^- \longrightarrow Zn(s)$ が生じる．よって電池の式は

$$(-)Zn|Zn^{2+}(10^{-5} \text{ mol dm}^{-3})||Zn^{2+}(10^{-4} \text{ mol dm}^{-3})|Zn(+)$$

となる．ネルンストの式を用いて

$$E = E°(Zn, Zn^{2+}) - E°(Zn, Zn^{2+}) - \frac{RT}{zF} \ln \frac{[Zn^{2+}(10^{-5} \text{ M})]}{[Zn^{2+}(10^{-4} \text{ M})]}$$
$$= 0 - \frac{8.31 \times 298}{2 \times 96500} \ln \frac{10^{-5}}{10^{-4}} = 29.5 \text{ mV}$$

◆ **問題 9.37** $Sn(s) + Pb^{2+}(aq) \rightleftarrows Sn^{2+}(aq) + Pb(s)$

$Sn^{2+}(aq) + 2e^- \longrightarrow Sn(s)$　　$E° = -0.136$ V
$\Delta_r G° = -2 \times 96500 \text{ C mol}^{-1} \times (-0.136 \text{ V}) = 26.25 \text{ kJ mol}^{-1}$
$Pb^{2+}(aq) + 2e^- \longrightarrow Pb(s)$　　$E° = -0.126$ V
$\Delta_r G° = -2 \times 96500 \text{ C mol}^{-1} \times (-0.126 \text{ V}) = 24.32 \text{ kJ mol}^{-1}$

よって，与えられたイオン反応式の $\Delta_r G°$ は

$$\Delta_r G° = 24.32\,\text{kJ}\,\text{mol}^{-1} - 26.25\,\text{kJ}\,\text{mol}^{-1} = -1.93\,\text{kJ}\,\text{mol}^{-1} \quad K = \exp\left(\frac{-\Delta_r G°}{RT}\right) = 2.2$$

◆ 問題 9.38　標準電極電位 $E°$ からそれぞれのイオン式の $\Delta_r G°$ を求めると

$$\text{AgCl(s)} + \text{e}^- \longrightarrow \text{Ag(s)} + \text{Cl}^-(\text{aq}) \quad E° = +0.222\,\text{V}$$
$$\Delta_r G° = -1 \times 96500 \times (+0.222)\,\text{J} = -21.42\,\text{kJ}\,\text{mol}^{-1}$$
$$\text{Ag}^+(\text{aq}) + \text{e}^- \longrightarrow \text{Ag(s)} \quad E° = +0.799\,\text{V}$$
$$\Delta_r G° = -1 \times 96500 \times (+0.799)\,\text{J} = -77.10\,\text{kJ}\,\text{mol}^{-1}$$

AgCl (s) の溶解平衡 $\text{AgCl(s)} \rightleftharpoons \text{Ag}^+(\text{aq}) + \text{Cl}^-(\text{aq})$ の反応式の $\Delta_r G°$ と K_{sp} は

$$\Delta_r G° = -21.42\,\text{kJ}\,\text{mol}^{-1} - (-77.10\,\text{kJ}\,\text{mol}^{-1}) = +55.68\,\text{kJ}\,\text{mol}^{-1}$$
$$K_{sp} = \exp\left(-\frac{\Delta G°}{RT}\right) = \exp\left(-\frac{55.68 \times 10^3}{8.31 \times 298}\right) = 1.7 \times 10^{-10}$$

10 章の問題解答

◆ 問題 10.1　$v = -\dfrac{1}{a}\dfrac{d[\text{A}]}{dt} = -\dfrac{1}{b}\dfrac{d[\text{B}]}{dt} = +\dfrac{1}{c}\dfrac{d[\text{C}]}{dt}$

◆ 問題 10.2　反応速度の単位は $\text{mol}\,\text{dm}^{-3}\,\text{s}^{-1}$ であり，反応次数が n であれば

$$\text{反応速度定数の単位} = \frac{\text{mol}\,\text{dm}^{-3}\,\text{s}^{-1}}{(\text{mol}\,\text{dm}^{-3})^n} = (\text{mol}\,\text{dm}^{-3})^{1-n}\,\text{s}^{-1}$$

◆ 問題 10.3　$(l+m+n)$ 次

◆ 問題 10.4　B の初期濃度を一定にして，A の初期濃度を変えた反応条件 1, 2 において反応速度の比は $\dfrac{v_2}{v_1} = \dfrac{[\text{A}]_2^l}{[\text{A}]_1^l}$ となり，$\ln \dfrac{v_2}{v_1} = l \ln \dfrac{[\text{A}]_2}{[\text{A}]_1}$

$$l = \ln 2.2 / \ln 1.5 = 1.9, \quad m = \ln 2 / \ln 2 = 1$$

よって　$v = k[\text{A}]^2[\text{B}]$

◆ 問題 10.5　平均反応速度 $\overline{v}$ と平均濃度 $\overline{c}$ は以下のようになる．

t/s	$0 \sim 3150$	$3150 \sim 6500$	$6500 \sim 14000$	$14000 \sim 28000$
$\overline{v}/(\text{M}\,\text{s}^{-1})$	3.33×10^{-5}	2.18×10^{-5}	1.29×10^{-5}	0.64×10^{-5}
$\overline{c}/\text{M}$	0.469	0.380	0.295	0.202

$\overline{c}$ に対して $\overline{v}$ をプロットすると右図のようになる．このとき，直線にならないので 1 次反応ではない．この曲線を放物線と仮定して $y = kx^2$ の係数を求めると，$k = 1.5 \times 10^{-4}$ となる．よって 2 次反応であることが推定され，反応速度定数は $1.5 \times 10^{-4}\,\text{M}^{-1}\text{s}^{-1}$ となる．

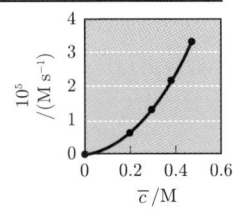

◆ 問題 10.6　1 次反応の微分速度式 $v = -\dfrac{d[\text{A}]}{dt} = k[\text{A}]$ を変数分離して積分すると

$$\int \frac{d[A]}{[A]} = -\int k\,dt, \quad \ln[A] = -kt + C \quad (\text{ただし } C \text{ は積分定数})$$

$t=0$ のときの A の濃度を $[A]_0$ とすると，$C = \ln[A]_0$ となる．よって

$$\ln[A] = -kt + \ln[A]_0, \quad [A] = [A]_0\,e^{-kt}$$

$t = t_{1/2}$ のとき $[A] = \frac{1}{2}[A]_0$ とすると

$$\ln\frac{[A]_0}{2} = -kt + \ln[A]_0 \quad \therefore \quad kt_{1/2} = \ln 2$$

◆ **問題 10.7** 2次反応の微分速度式 $v = -\dfrac{d[A]}{dt} = k[A]^2$ を変数分離して積分すると

$$\int \frac{d[A]}{[A]^2} = -\int k\,dt, \quad \frac{1}{[A]} = kt + C \quad (\text{ただし } C \text{ は積分定数})$$

$t=0$ のときの A の濃度を $[A]_0$ とすると，$C = \dfrac{1}{[A]_0}$ となる．よって

$$\frac{1}{[A]} = kt + \frac{1}{[A]_0}, \quad [A] = \frac{[A]_0}{k[A]_0 t + 1}$$

$t = t_{1/2}$ のとき $[A] = \frac{1}{2}[A]_0$ とすると

$$\frac{2}{[A]_0} = kt_{1/2} + \frac{1}{[A]_0} \quad \therefore \quad kt_{1/2} = \frac{1}{[A]_0}$$

◆ **問題 10.8** グラフから以下の濃度変化に要する時間を読み取る．

濃度 $0.500\,\mathrm{M}$ が $1/2$ の $0.250\,\mathrm{M}$

濃度 $0.300\,\mathrm{M}$ が $1/2$ の $0.150\,\mathrm{M}$

濃度 $0.250\,\mathrm{M}$ が $1/2$ の $0.125\,\mathrm{M}$

いずれも約 $1000\,\mathrm{s}$ となり半減期は濃度に依存しない．よって，1次反応である．反応速度定数は，$k = \dfrac{\ln 2}{t_{1/2}} = 6.9 \times 10^{-4}\,\mathrm{s}^{-1}$ となる．この値は，例題 2 で得られた値とほぼ一致する．

◆ **問題 10.9** 半減期が $40\,\mathrm{s}$ より反応速度定数 k は $k = \dfrac{\ln 2}{t_{1/2}} = 1.73 \times 10^{-2}\,\mathrm{s}^{-1}$

(1) $120\,\mathrm{s}$ 後の残存率は $e^{-120 \times 1.73 \times 10^{-2}} = 0.125 = 12.5\%$

同様に，(2) $60\,\mathrm{s}$ 後 35.4% (3) $10\,\mathrm{s}$ 後 84.1%

(別解) 半減期と残存率の関係は，残存率 $\dfrac{[A]}{[A]_0} = e^{-t\ln 2/t_{1/2}} = \left(\dfrac{1}{2}\right)^{t/t_{1/2}}$ より

(1) $120\,\mathrm{s}$ 後の残存率は $\left(\dfrac{1}{2}\right)^{120/40} = \dfrac{1}{8} = 12.5\%$ (2) $\left(\dfrac{1}{2}\right)^{60/40} = 0.354$

(3) $\left(\dfrac{1}{2}\right)^{10/40} = 0.841$

◆ **問題 10.10** $\ln c$ と $1/c$ の時間変化を求めて，それぞれグラフにすると以下のようになる．直線になるのは $1/c$ の時間変化であり，2次反応と推定できる．直線の傾きから反応速度定数を読み取ると $1.6 \times 10^{-4}\,\mathrm{M}^{-1}\,\mathrm{s}^{-1}$ となる．

t/s	0	3150	6500	14000	28000
c/M	0.521	0.416	0.343	0.246	0.157
$\ln c$	-0.65	-0.88	-1.07	-1.40	-1.85
$1/c$	1.92	2.40	2.92	4.07	6.37

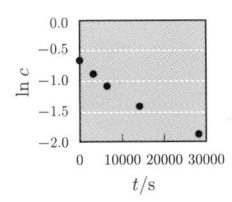

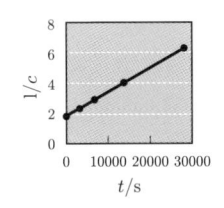

◆ 問題 10.11 2 次反応 $A + B \longrightarrow P$ についての微分速度式は $v = -\dfrac{d[A]}{dt} = k[A][B]$
両辺を積分して $\displaystyle\int \dfrac{d[A]}{[A][B]} = -k\int dt$
初期濃度 $[B]_0 > [A]_0$ より $[B] = [B]_0 - ([A]_0 - [A]) = [B]_0 - [A]_0 + [A]$

$$\int \frac{d[A]}{[A]([B]_0 - [A]_0 + [A])} = -k\int dt$$

$$\frac{1}{[B]_0 - [A]_0} \int \left\{ \frac{1}{[A]} - \frac{1}{[B]_0 - [A]_0 + [A]} \right\} d[A] = -k\int dt$$

$$\frac{1}{[B]_0 - [A]_0} \ln \frac{[A]}{[B]_0 - [A]_0 + [A]} = -kt + C$$

$t = 0$ のとき $[A] = [A]_0$ より $C = \dfrac{1}{[B]_0 - [A]_0} \ln \dfrac{[A]_0}{[B]_0}$

$$\frac{1}{[A]_0 - [B]_0} \ln \frac{[B_0][A]}{[A]_0([B]_0 - [A]_0 + [A])} = kt$$

擬 1 次条件 $[B]_0 \gg [A]_0$ を適用すると，$[B]_0 - [A]_0 = [B]_0$ となるので

$$\ln \frac{[A]}{[A]_0} = -[B]_0 kt = -k't \quad (k' は擬 1 次速度定数)$$

◆ 問題 10.12 酢酸メチルは水溶液中で酸触媒により加水分解を受ける．

$$CH_3COOCH_3 + H_2O \xrightarrow{H^+} CH_3COOH + CH_3OH$$

$$v = k[CH_3COOCH_3][H_2O][H^+]$$

$[H_2O] \gg [CH_3COOCH_3]$，H^+ は触媒であり反応中 $[H^+]$ は一定であるので

$$k' = k[H_2O][H^+]$$

とおくことができ，$v = k'[CH_3COOCH_3]$ となる．よって擬 1 次反応として解析できる．

◆ 問題 10.13 微分速度式 (10.17) を解いて $[A]$ を求め，$[B] = [A]_0 - [A]$ で $[B]$ を求める．

$$-\frac{d[A]}{dt} = (k_1 + k_{-1})[A] - k_{-1}[A]_0$$

$$[A] = \frac{k_1[A]_0}{k_1 + k_{-1}} e^{-(k_1 + k_{-1})t} + \frac{k_{-1}[A]_0}{k_1 + k_{-1}}$$

$$[B] = -\frac{k_1[A]_0}{k_1 + k_{-1}} e^{-(k_1 + k_{-1})t} + \frac{k_1[A]_0}{k_1 + k_{-1}}$$

$t = \infty$ を代入すると第 1 項が消えて，(10.19) が得られる．

◆ 問題 10.14　アレニウスの式に数値を代入すると

$$k = A \exp\left(-\frac{E_a}{RT}\right)$$
$$= 5 \times 10^{10}\,\mathrm{dm^3\,mol^{-1}\,s^{-1}} \times \exp\left(-\frac{4.2 \times 10^3}{8.31 \times 298}\right) = 9.2 \times 10^9\,\mathrm{dm^3\,mol^{-1}\,s^{-1}}$$

◆ 問題 10.15　(10.22) に数値を代入すると

$$\ln 2 = -\frac{E_a}{8.31}\left(\frac{1}{308} - \frac{1}{298}\right) \qquad \therefore\ E_a = 53\,\mathrm{kJ\,mol^{-1}}$$

室温（25°C）付近で温度を 10°C 上げると反応速度は 2 倍になる」というときに想定している活性化エネルギーは約 $50\,\mathrm{kJ\,mol^{-1}}$ である．

◆ 問題 10.16　(10.22) に数値を代入すると

$$\ln\frac{6.6 \times 10^{-4}}{3.0 \times 10^{-4}} = -\frac{E_a}{8.31}\left(\frac{1}{310} - \frac{1}{300}\right) \qquad \therefore\ E_a = 61\,\mathrm{kJ\,mol^{-1}}$$

$$\ln\frac{k_{17°C}}{3.0 \times 10^{-4}} = -\frac{61 \times 10^3}{8.31}\left(\frac{1}{290} - \frac{1}{300}\right) \qquad \therefore\ k_{17°C} = 1.3 \times 10^{-4}\,\mathrm{s^{-1}}$$

◆ 問題 10.17　(1) 100 s 後において 64% になる条件を $\frac{[A]}{[A]_0} = e^{-kt}$ に代入すると

$$0.64 = e^{-100k} \quad \text{より} \quad k = 4.5 \times 10^{-3}\,\mathrm{s^{-1}}$$
$$e^{-200 \times 4.5 \times 10^{-3}} = 0.41 \quad \text{より} \quad 59\%$$

(別解)　100 s 後に 64% になっていることから，200 s 後には $64\% \times 64\% = 41\%$ になる．よって 59%

(2) 37°C での反応速度定数を k' として (10.22) に代入すると

$$\ln\frac{k'}{4.5 \times 10^{-3}} = -\frac{60 \times 10^3}{8.31}\left(\frac{1}{310} - \frac{1}{300}\right) \qquad \therefore\ k' = 9.8 \times 10^{-3}\,\mathrm{s^{-1}}$$

$$e^{-9.8 \times 10^{-3} t} = 0.64 \text{ より } t = 46\,\mathrm{s}$$

◆ 問題 10.18　$300 \to 310\,\mathrm{K}$ のとき，反応速度増加におけるボルツマン因子部分の寄与は

$$\ln\frac{k_{310\mathrm{K}}}{k_{300\mathrm{K}}} = -\frac{50 \times 10^3}{8.31}\left(\frac{1}{310} - \frac{1}{300}\right) \qquad \therefore\ \frac{k_{310\mathrm{K}}}{k_{300\mathrm{K}}} = 1.9$$

より 1.9 倍である．頻度因子部分は温度 T が入っているので $300 \to 310\,\mathrm{K}$ に伴い，$310/300 = 1.03$ 倍で，ボルツマン因子に比べるとその寄与は小さい．よって温度変化させたときの反応速度増加における頻度因子部分の寄与は通常無視される．

◆ 問題 10.19　$\Delta S^{°\ddagger}$ が正の値になる場合は頻度因子が大きくなることを意味している．反応分子同士の結合が遷移状態において弱くなり，変形しやすい活性錯合体となる場合である．$\Delta S^{°\ddagger}$ が負になる場合は頻度因子が小さくなることを意味し，遷移状態において反応分子の並進，回転運動が失われて，活性錯合体において分子の動きが束縛されるような反応である．

◆ 問題 10.20　(1) $A \to B$, (2) $B \to C$ が律速段階であるので，A はすぐに消失し B とな

る．BはCを経てDになるが，$k_3 \gg k_2$ のためCは観測されない．見かけ上，$B \xrightarrow{k_2} D$ が観測される．

◆ 問題 10.21　触媒は，E_a を減少させることによって反応速度を増加させる．正反応の活性化エネルギーが $(E_a - \Delta E_a)$ に減少すると，逆反応の活性化エネルギーも $(E_a - \Delta H - \Delta E_a)$ へと減少する．そのため，正反応も逆反応も速くなる．触媒なしのときの反応速度定数 k_1, k_{-1} がそれぞれ k_1', k_{-1}' に変化するとし，頻度因子はすべて同じと仮定して，k_1', k_{-1}' を k_1, k_{-1} で表すと

$$k_1' = A \exp\left(-\frac{E_a - \Delta E_a}{RT}\right) = k_1 \exp\left(\frac{\Delta E_a}{RT}\right) > k_1$$

$$k_{-1}' = A \exp\left(-\frac{E_a - \Delta H - \Delta E_a}{RT}\right) = k_{-1} \exp\left(\frac{\Delta E_a}{RT}\right) > k_{-1}$$

となる．正反応も逆反応も $\exp\left(\frac{\Delta E_a}{RT}\right)$ 倍速くなるので，平衡に達する時間 t_e もそれだけ短くなる．しかしながら，平衡定数は

$$K = \frac{k_1}{k_{-1}} = \frac{k_1'}{k_{-1}'}$$

となるので触媒添加前後で変化しない．$\Delta G = -RT \ln K$ だから K が変化しないのであれば ΔG も変化しない．もっとも，$\Delta G, \Delta H, \Delta S$ は状態量であるので経路が変化しても変化しないのは当然である．

◆ 問題 10.22　298 K で活性化エネルギーが ΔE_a だけ減少したときの反応速度の上昇度合い k'/k は

$$\frac{k'}{k} = \exp\left(\frac{\Delta E_a}{RT}\right)$$

$$10000 = \exp\left(\frac{\Delta E_a}{8.31 \times 298}\right)$$

$$\Delta E_a = 8.31 \text{ J K}^{-1} \text{ mol}^{-1} \times 298 \text{ K} \times \ln 10000 = 23 \text{ kJ mol}^{-1}$$

化学結合の平均エネルギー（約 400 kJ mol^{-1}）よりずっと低いエネルギーで反応は数万倍速くなる．酵素反応などでは，反応物と酵素が反応途中で共有結合などを形成することがあるため，酵素によっては百万倍以上反応が速くなるものがある．

◆ 問題 10.23　化学平衡の観点からいえば，ルシャトリエの原理より，低温かつ高圧にすれば平衡は右に移動する．25°C での $\Delta_r G°$ から判断すると，25°C，1 atm でも平衡は著しく右（生成物）側に偏っている．しかしながら，反応速度が遅すぎて全く反応しないため，温度を 500°C に上げる．その温度でも反応速度は十分でなく，平衡に達するまでの時間が長すぎるので鉄触媒を使用する．温度 500°C，1 atm では $\Delta_r G° > 0$ となっていて平衡が左に偏っているため，圧力を 200 atm 以上に上げることで，$K_P = K_X P^{-2}$ の K_X を大きくして，平衡を右へ移動させている．しかし，そこまで圧力を上げても 40 % 程度しか NH$_3$ にならないので，生成した NH$_3$ を冷却して液化させて系外へ取り除き，平衡を右へ移動させている．

総合演習問題の解答

■**1**■ (1) 等温, 等圧のもとでは同体積のすべての気体は同数の分子を含むという法則. この法則によって,「分子」の概念が確立された.

(2) 1辺 0.281 nm の立方体の中に 1個の Na または Cl 原子が含まれているので, NaCl の占める体積は

$$2 \times (0.281 \times 10^{-9} \text{ m})^3 = 44.38 \times 10^{-24} \text{ cm}^3$$

その質量は

$$44.38 \times 10^{-24} \text{ cm}^3 \times 2.17 \text{ g cm}^{-3} = 9.630 \times 10^{-23} \text{ g}$$

NaCl を分子とみなすとその 1 mol の質量は

$$22.99 + 35.45 = 58.44 \text{ g}$$

この中に含まれる NaCl 単位の数がアボガドロ数である.

$$\frac{58.44 \text{ g}}{9.630 \times 10^{-23} \text{ g}} = 6.07 \times 10^{23} \text{ mol}^{-1}$$

■**2**■ (1) $\Delta E = \dfrac{m_e e^4}{8\varepsilon_0^2 h^2}\left(\dfrac{1}{n_1^2} - \dfrac{1}{n_2^2}\right) = \dfrac{m_e e^4}{8\varepsilon_0^2 h^2}\left(\dfrac{1}{1} - \dfrac{1}{4}\right)$

$$= \frac{(9.11 \times 10^{-31} \text{ kg}) \times (1.602 \times 10^{-19} \text{ C})^4}{8 \times (8.854 \times 10^{-12} \text{ C}^2 \text{ N}^{-1} \text{ m}^{-2})^2 \times (6.626 \times 10^{-34} \text{ J s})^2} \times \frac{3}{4}$$

$$= 1.64 \times 10^{-18} \text{ J}$$

これは1原子あたりのエネルギーである

(2) 水素原子 1 mol あたりのイオン化エネルギーは

$$(1.64 \times 10^{-18} \text{ J}) \times (6.022 \times 10^{23} \text{ mol}^{-1}) = 9.88 \times 10^2 \text{ kJ mol}^{-1}$$

(3) 1 から ∞

(4) $\Delta E = \dfrac{m_e e^4}{8\varepsilon_0^2 h^2}\left(\dfrac{1}{n_1^2} - \dfrac{1}{n_2^2}\right) = \dfrac{m_e e^4}{8\varepsilon_0^2 h^2}$

$$= \frac{(9.11 \times 10^{-31} \text{ kg}) \times (1.602 \times 10^{-19} \text{ C})}{8 \times (8.854 \times 10^{-12} \text{ C}^2 \text{ N}^{-1} \text{ m}^{-2})^2 \times (6.626 \times 10^{-34} \text{ J s})^2} = 2.18 \times 10^{-18} \text{ J}$$

(5) $(2.18 \times 10^{-18} \text{ J}) \times (6.022 \times 10^{23} \text{ mol}^{-1}) = 1.31 \times 10^3 \text{ kJ mol}^{-1}$

このエネルギーは $n=1$ の状態から $n=2$ の状態まで励起するのに必要なエネルギーの約 1.3 倍である.

■**3**■ (1) 水素分子に高電圧を掛けると, そのエネルギーによって共有結合が切れて水素は原子になる. 水素原子はさらにエネルギーを得て, 励起状態になる. 励起状態の電子はエネルギーを光として放出して基底状態に戻る.

(2) (2.2) の $c = \nu\lambda$ より, $\nu = c/\lambda$

$$\nu = \frac{c}{\lambda} = \frac{2.998 \times 10^8 \text{ m s}^{-1}}{656.3 \times 10^{-9} \text{ m}} = 4.568 \times 10^{-14} \text{ s}^{-1}$$

(3) 黄色い光の方が赤い光よりもエネルギーが大きい（波長が短い）．タングステンの方が水素よりも励起状態と基底状態のエネルギーの差が大きく，その結果，エネルギーの大きな（波長の短い）光を放出する．

■ 4 ■ (1) プランク-アインシュタインの式 (2.5) より $E = h\nu = hc/\lambda$

光子のエネルギーは

$$E = \frac{(6.626 \times 10^{-34} \text{ J s}) \times (2.998 \times 10^8 \text{ m s}^{-1})}{1 \times 10^{-9} \text{ m}} = 1.986 \times 10^{-16} \text{ J}$$

(2) 電子が水素原子から飛び出すのに必要なエネルギーは水素原子のイオン化エネルギーなので，2.18×10^{-18} J である（総合問題 2 (3)）．電子がもつのはイオン化エネルギーを引いた残りのエネルギーなので

$$1.986 \times 10^{-16} \text{ J} - 2.18 \times 10^{-18} \text{ J} = 1.965 \times 10^{-16} \text{ J}$$

このエネルギーがすべて運動エネルギー $\left(\frac{1}{2}m_e v^2\right)$ になるとすると，電子の速度は

$$v = \sqrt{\frac{2 \times (1.965 \times 10^{-16} \text{ J})}{9.109 \times 10^{-31} \text{ kg}}} = 2.08 \times 10^8 \text{ m s}^{-1}$$

■ 5 ■ (1) エネルギーは $35 \text{ eV} = 5.6 \times 10^{-18}$ J

(2) $n\lambda = 2d\sin\theta$ で $n = 1$ のとき

$$\lambda = 2 \times (1.075 \times 10^{-10} \text{ m}) \times \sin 75°$$
$$= 2.077 \times 10^{-10} \text{ m}$$

(3) 加速電圧がすべて運動エネルギーに変わるとすると

$$eV = \frac{1}{2}m_e v^2 \quad \text{これを変形して} \quad m_e v = \sqrt{2m_e eV}$$

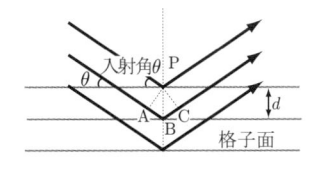

ド・ブロイの式から

$$\lambda = \frac{h}{mv} = \frac{h}{\sqrt{2m_e eV}} = \frac{6.626 \times 10^{-34} \text{ J s}}{\sqrt{2 \times (9.11 \times 10^{-31} \text{ kg}) \times (5.6 \times 10^{-18} \text{ J})}}$$
$$= 2.077 \times 10^{-10} \text{ m}$$

となり，一致している．

■ 6 ■ (1) $L = 0.56$ nm として $E_n = \frac{h^2}{8mL^2}n^2$ に数字を入れて計算する．

$$E_1 = \frac{h^2}{8mL^2}n^2 = \frac{(6.626 \times 10^{-34} \text{ J s})^2}{8 \times (9.11 \times 10^{-31} \text{ kg}) \times (0.56 \times 10^{-9} \text{ m})^2} \times 1^2 = 1.921 \times 10^{-19} \text{ J}$$

同様に計算して
$$E_2 = 7.684 \times 10^{-19} \text{ J}, \quad E_3 = 17.29 \times 10^{-19} \text{ J},$$
$$E_4 = 30.74 \times 10^{-19} \text{ J}, \quad E_5 = 48.03 \times 10^{-19} \text{ J}$$

この結果をエネルギー図にすると図のようになる．

(2) $E = h\nu = hc/\lambda$ に代入して計算する．E_1 と E_2 のエネルギー差は 5.763×10^{-19} J

$$\lambda = \frac{hc}{E} = \frac{(6.626 \times 10^{-34} \text{ J s}) \times (2.998 \times 10^8 \text{ m s}^{-1})}{5.763 \times 10^{-19} \text{ J}} = 345 \text{ nm}$$

同様に計算して

E_2 と E_3 のエネルギー差は 9.605×10^{-19} J なので $\lambda = 207$ nm
E_3 と E_4 のエネルギー差は 13.45×10^{-19} J なので $\lambda = 148$ nm
E_4 と E_5 のエネルギー差は 17.29×10^{-19} J なので $\lambda = 115$ nm

(3) E_2 から E_3 への遷移の値に最も近い．

7 エネルギー差は

$$\Delta E = \frac{hc}{\lambda} = \frac{(6.626 \times 10^{-34}\,\mathrm{J\,s}) \times (2.998 \times 10^8\,\mathrm{m\,s^{-1}})}{0.154 \times 10^{-9}\,\mathrm{m}}$$
$$= 1.29 \times 10^{-15}\,\mathrm{J}$$

8 (1) 陽子の数が異なり，正電荷が異なるから．

(2) イオン化エネルギーは原子核と電子の距離に逆比例するので，イオン化エネルギーが小さい方が，イオン半径は大きい．大きい方から順に $\mathrm{Na^+}$, $\mathrm{Mg^{2+}}$, $\mathrm{Al^{3+}}$ となる．

9 $v = c/\lambda$ から

$$v = \frac{c}{\lambda} = c \times \frac{1}{\lambda} = (2.998 \times 10^8\,\mathrm{m\,s^{-1}}) \times (0.8 \times 10^2\,\mathrm{m^{-1}}) = 2.398 \times 10^{10}\,\mathrm{s^{-1}}$$

1 秒間に 10^{10} 回くらい反転する．

10 電子の質量を m_e，速度を v とすると $\Delta p_x = m_\mathrm{e} v_x$ であるから

$$\Delta v_x \geq \frac{h}{4\pi m_\mathrm{e} \Delta x} = \frac{6.626 \times 10^{-34}\,\mathrm{J\,s}}{4 \times 3.14 \times (9.109 \times 10^{-31}\,\mathrm{kg}) \times (1 \times 10^{-9}\,\mathrm{m})} = 5.8 \times 10^4\,\mathrm{m\,s^{-1}}$$

となる．この速度の不確かさは非常に大きい．速度を 0 に近付けると（位置を確定しようとすると），Δx（位置の不確かさ）が無限に大きくなる．

上の問題と同様に計算して

$$\Delta v_x \geq \frac{h}{4\pi m \Delta x} = \frac{6.626 \times 10^{-34}\,\mathrm{J\,s}}{4 \times 3.14 \times (0.1\,\mathrm{kg}) \times (1\,\mathrm{m})} = 5.28 \times 10^{-34}\,\mathrm{m\,s^{-1}}$$

この不確かさは非常に小さく，無視し得る．

このように，質量の小さな電子の位置は明確に決められず存在確率密度でしか表すことができない．これを**不確定性原理**という．

11 (1) 電子線のエネルギーは電気素量を e とすると eV と書ける．54.0 V で加速された電子線のエネルギーは

$$(1.602 \times 10^{-19}\,\mathrm{C}) \times 54.0\,\mathrm{V} = 8.65 \times 10^{-18}\,\mathrm{J}$$

運動量は

$$p = \sqrt{2m_\mathrm{e} E} = \sqrt{2 \times (9.109 \times 10^{-31}\,\mathrm{kg}) \times (8.65 \times 10^{-18}\,\mathrm{J})} = 3.97 \times 10^{-24}\,\mathrm{kg\,m\,s^{-1}}$$

ド・ブロイ波長は

$$\lambda = \frac{h}{p} = \frac{6.626 \times 10^{-34}\,\mathrm{J\,s}}{3.97 \times 10^{-24}\,\mathrm{kg\,m\,s^{-1}}} = 1.67 \times 10^{-10}\,\mathrm{m}$$

(2) 層間距離 d はブラッグの式 $n\lambda = d\sin\theta$ から求められる.
$$d = \frac{n\lambda}{\sin\theta} = \frac{1\times(1.67\times10^{-10}\,\mathrm{m})}{\sin 50°} = 2.18\times10^{-10}\,\mathrm{m}$$

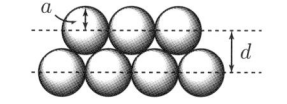

(3) d とニッケルの原子半径 a との関係は図の通り.
$$a = \frac{d}{\sqrt{3}} = 1.26\times10^{-10}\,\mathrm{m}$$

12 各軌道のイオン化エネルギーから,原子軌道の相対的なエネルギーがわかる.分子軌道は図のようになる.結合次数は $(1/2)\times(10-4) = 3$ で,不対電子がないので反磁性である.酸素の方が電気陰性度が大きいので,分子軌道の電子密度は酸素原子の方へ偏っていると考えられる.一酸化炭素は窒素分子と同じ電子数で,等電子的であるが,この電子の偏りによって,窒素とは化学的な性質が大きく異なる.

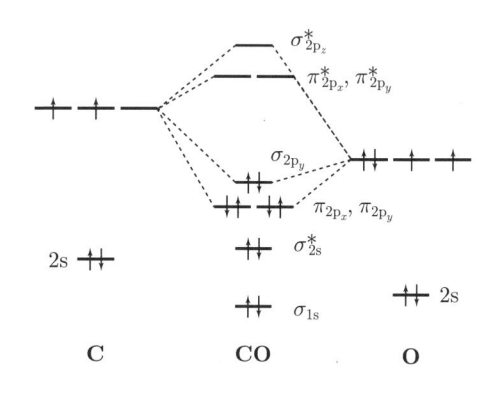

13 CO は電子が増えると反結合性軌道に入って不安定になり,減ると,結合性軌道から電子が減るので,やはり不安定になる.CN は電子を1つ受け取って CN^- になると結合性軌道がみたされるので安定化する.NO は電子を1つ失って NO^+ になると反結合性軌道から電子がなくなるので安定化する.

14 (1) $\delta_\mathrm{e} = \dfrac{\mu}{r} = \dfrac{1.11\times3.336\times10^{-30}\,\mathrm{C\,m}}{127.5\times10^{-12}\,\mathrm{m}} = 2.90\times10^{-20}\,\mathrm{C}$

$n = \dfrac{\delta_\mathrm{e}}{e} = \dfrac{2.90\times10^{-20}\,\mathrm{C}}{1.602\times10^{-19}\,\mathrm{C}} = 0.18 \qquad 18\,\%$

(2) ハロゲン元素の電気陰性度は F, Cl, Br, I の順に小さくなる.ハロゲン化水素の場合,ハロゲン元素と水素との電気陰性度の差も同じ順で小さくなり,その結果,電荷の偏りは電気陰性度の差の順に小さくなるため.

15 (1) $[_{24}\mathrm{Cr}] = 1\mathrm{s}^2 2\mathrm{s}^2 2\mathrm{p}^6 3\mathrm{s}^2 3\mathrm{p}^6 3\mathrm{d}^5 4\mathrm{s}^1$

4s 軌道に2つの電子が入ってから,3d 軌道へ入っていくように思われるが,不対電子が6個であるには,$3\mathrm{d}^5 4\mathrm{s}^1$ という配置であることが必要.

(2) $[_{29}\mathrm{Cu}] = 1\mathrm{s}^2 2\mathrm{s}^2 2\mathrm{p}^6 3\mathrm{s}^2 3\mathrm{p}^6 3\mathrm{d}^{10} 4\mathrm{s}^1$

4s 軌道に2つの電子が入ってから,3d 軌道へ入っていくように思われるが,不対電子が1個であるには,$3\mathrm{d}^{10} 4\mathrm{s}^1$ という配置であることが必要.

いずれの場合も,電子配置の例外的な例で,フントの規則よりもパウリの排他律の方が優先されているように見える.電子が対称的に配置される方が安定になる.

■16■　ケクレ構造だけでは十分な共鳴安定化の効果が得られないということは，デュワー型の構造の寄与があるということで，奇妙に見えるデュワー構造が共鳴安定化に寄与している事実を示している．

■17■　ブタジエンの各炭素には π 結合に用いられる p 軌道が存在するため，隣接するどの p 軌道間でも二重結合をつくることができるが，最も安定なのは両端に二重結合ができ，中間の炭素–炭素結合は単結合になっている構造である．その他の構造の寄与による共鳴安定化の効果で構造はより安定化するが，最も寄与の大きな構造が $CH_2=CH-CH=CH_2$ 型の構造である．

■18■　(1)　各炭素は sp^3 混成軌道で結合しているので，炭素周りの構造はすべて正四面体型構造である．正四面体型の構造を順につないで 6 員環構造をとるようにするといす型構造になる．いす型構造は舟型構造に反転し得る．

(2)　右の図の真横から見た図のように見える．

(3)　右の図の斜め上から見た図のように見える．各炭素は sp^3 混成軌道で正四面体型の結合をつくり，4 本の結合のうち 2 本を他の炭素との結合に使い，残りの 2 本で水素と結合している．水素は各炭素からアキシアル（axial）とエクアトリアル（equatorial）の方向へ結合する．

(4)　ベンゼンは平面状の構造なので，真上から見ると正六角形に見え，真横から見ると一直線に見える．

真上から見た図

真横から見た図

斜め上から見た図

■19■　ダイヤモンドは共有結合が 3 次元網目状に広がっていて，どの方向から力が掛かっても結合が切れにくい構造をしている．またすべて σ 結合なので，電気を通さない．一方，グラファイトは共有結合が平面状に広がった，非常に強固に結合した面が，何層も分子間力で重なり合った構造をしている．分子間力は共有結合に比べて非常に弱いので，こすると分子間力でつながった部分がはがれやすい．平面状の結合は sp^2 混成軌道で，π 結合をつくる電子が非局在化しているので，平面に沿った方向には電気伝導性が現れやすい．

■20■　(1)　塩化ナトリウムはナトリウムイオンの面心立方格子と塩素イオンの面心立方格子とが互いに入り込んだ形をしている．この単位格子には 4 個のナトリウムイオンと 4 個の塩素イオンとが含まれる．単位格子の長さを a とすると，1 mol の NaCl の体積は

$$\frac{1}{4} \times (6.021 \times 10^{23}\,\mathrm{mol^{-1}}) \times a^3$$

NaCl 単位のモル質量は $58.44\,\mathrm{g\,mol^{-1}}$ なので密度は

$$\frac{58.44\,\mathrm{g\,mol^{-1}}}{(1/4) \times (6.021 \times 10^{23}\,\mathrm{mol^{-1}}) \times a^3} = 2.17\,\mathrm{g\,cm^{-3}}$$

とおける．ここから $a^3 = 1.789 \times 10^{-22}\,\mathrm{cm}^3$ となり $a = 564\,\mathrm{pm}$

(2)　隣接する結晶面による回折ということは，(5.5) の $n=1$ の場合である．面間隔は

$$d = \frac{\lambda}{2\sin\theta} = \frac{154 \times 10^{-12}\,\mathrm{m}}{2 \times \sin 15.9°} = 2.81 \times 10^{-10}\,\mathrm{m}$$

となり，面間隔は 281 pm となる．問 (1) で求めた塩化ナトリウムの隣接結晶面の間隔は
$$\frac{564}{2} = 282 \text{ pm}$$

21 単純立方格子は図のようなので，$a = 2r$

単位格子に含まれるのは 1 原子なので充填率は
$$f = \frac{(4/3)\pi r^3}{(2r)^3} = \frac{\pi}{6}$$

面心立方格子は図のようなので三平方の定理から $(4r)^2 = a^2 + a^2$ より $a = \dfrac{4r}{\sqrt{2}}$

単位格子に 4 原子含まれるので充填率は
$$f = \frac{4\left\{(4/3)\pi r^3\right\}}{(32/\sqrt{2})r^3} = \frac{\sqrt{2}\,\pi}{6}$$

体心立方格子は図のようなので，原子は体対角線方向に沿って接触している．$a^2 + (\sqrt{2}\,a)^2 = (4r)^2$ より，$a = \dfrac{4}{\sqrt{3}}r$

単位格子に 2 原子含まれるので充填率は
$$f = \frac{(4/3)\pi r^3}{(64/3\sqrt{3})r^3} = \frac{\sqrt{3}\,\pi}{8}$$

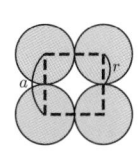

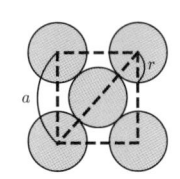

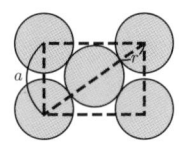

22 (1) $\mu_1 = \mu_2 = 1.03\,\text{D} = 1.03 \times 3.336 \times 10^{-30}\,\text{C m} = 3.44 \times 10^{-30}\,\text{C m}$

$$\begin{aligned}
U_{\text{d-d}} &= -\frac{2}{3kT}\left(\frac{\mu_1\mu_2}{4\pi\varepsilon_0}\right)^2 \frac{1}{r^6} \\
&= -\frac{2}{3 \times (1.380 \times 10^{-23}\,\text{J K}^{-1}) \times 300\,\text{K}} \left(\frac{(3.44 \times 10^{-30}\,\text{C m})^2}{4 \times 3.14 \times (8.854 \times 10^{-12}\,\text{C}^2\,\text{N}^{-1}\,\text{m}^{-2})}\right)^2 \frac{1}{r^6} \\
&= -1.81 \times 10^{-78}\,\text{J m}^6 \frac{1}{r^6}
\end{aligned}$$

よって，$1/r^6$ の項の係数は $-1.81 \times 10^{-78}\,\text{J m}^6$

(2) $\begin{aligned}
U_{\text{ind}} &= -\frac{\mu_1^2 \alpha_2}{(4\pi\varepsilon_0)^2}\frac{1}{r^6} \\
&= -\frac{(2.63 \times 10^{-30}\,\text{m}^3)(3.44 \times 10^{-30}\,\text{C m})}{4 \times 3.14 \times 8.854 \times 10^{-12}\,\text{C}^2\,\text{N}^{-1}\,\text{m}^{-2}}\frac{1}{r^6} \\
&= -2.80 \times 10^{-79}\,\text{J m}^6 \frac{1}{r^2}
\end{aligned}$

23 デオキシリボ核酸のアデニンとチミン，グアニンとシトシンは，それぞれ下のような分子間水素結合をつくる．この水素結合は長い鎖に沿って幾重にも形成されるので非常に強固で，はしごをねじったような二重らせん構造のもとになっている．

アデニン(A)　　チミン(T)　　　　グアニン(G)　　シトシン(C)

24 (1) 質量 $1.0\,\mathrm{kg}$ の重りを載せたとき，ピストンに掛かる圧力 P は
$$P = 1.0 \times 10^5\,\mathrm{Pa} + \frac{1\,\mathrm{kg} \times 9.8\,\mathrm{m\,s^{-2}}}{5\,\mathrm{cm^2}}$$
$$= 1.0 \times 10^5\,\mathrm{Pa} + 2 \times 10^4\,\mathrm{Pa} = 1.2 \times 10^5\,\mathrm{Pa}$$

同様に，$2.0\,\mathrm{kg}$ の場合の圧力は $1.4 \times 10^5\,\mathrm{Pa}$，$5.0\,\mathrm{kg}$ の場合の圧力は $2.0 \times 10^5\,\mathrm{Pa}$ となる．これらの PV は $5.0\,\mathrm{J}$ で一定なのでボイルの法則は成立している．

(2) $25°\mathrm{C}$ で $50\,\mathrm{cm^3}$ の場合，$V/T = 50\,\mathrm{cm^3}/298\,\mathrm{K} = 1.7 \times 10^{-1}\,\mathrm{cm^3\,K^{-1}}$
$80°\mathrm{C}$ で $59\,\mathrm{cm^3}$ の場合，$V/T = 59\,\mathrm{cm^3}/353\,\mathrm{K} = 1.7 \times 10^{-1}\,\mathrm{cm^3\,K^{-1}}$

V/T 一定なのでシャルル–ゲイリュサックの法則は成立している．

25 (1) ・気体分子は質量をもつが体積をもたない質点である．
　　　　　・気体分子間に引力や斥力などの相互作用はない．
　　　　　・気体分子は無秩序な運動を続ける．
　　　　　・気体分子同士や，気体分子と壁は完全弾性衝突する．

(2) $\sqrt{\overline{u^2}} = \sqrt{\dfrac{3RT}{M \times 10^{-3}}}$

(3) $\sqrt{\overline{u^2}} = \sqrt{\dfrac{3 \times 8.31 \times 373}{32.0 \times 10^{-3}}} = 539\,\mathrm{m\,s^{-1}}$

(4) グラハムの法則は，$\dfrac{t_\mathrm{A}}{t_\mathrm{B}} = \dfrac{u_\mathrm{B}}{u_\mathrm{A}} = \sqrt{\dfrac{M_\mathrm{A}}{M_\mathrm{B}}}$ より

$\dfrac{20}{45} = \sqrt{\dfrac{32}{M}}$ ∴ $M = 162$ よって臭素の分子量は 162

26 2つのエネルギー準位間のエネルギー差 $\Delta\varepsilon$ は，$\Delta\varepsilon = h\nu$ で求められる．
$$\Delta\varepsilon = 6.6 \times 10^{-34}\,\mathrm{J\,s} \times 300 \times 10^6\,\mathrm{s^{-1}} = 2.0 \times 10^{-25}\,\mathrm{J}$$

ボルツマン分布 $\dfrac{N_j}{N_i} = \exp\left(-\dfrac{\Delta\varepsilon}{kT}\right)$ より

$$\dfrac{N_i - N_j}{N_i} = 1 - \exp\left(-\dfrac{\Delta\varepsilon}{kT}\right) = 1 - \exp\left(-\dfrac{2.0 \times 10^{-25}}{1.38 \times 10^{-23} \times 300}\right) = 4.8 \times 10^{-5}$$

27 (1) X点：臨界点，Y点：三重点，曲線 XY：蒸気圧曲線

(2) A → B は等温変化であるので状態図においては P 軸に平行な線分 AB となる．P-V 図において圧力一定になる圧力で，線分 AB は蒸気圧曲線と交わり，交点においては気液平衡が成立している．それより高い圧力では液体である．B → C は等圧変化で臨界温度まで上

昇する．C → D は臨界温度で等温変化し，臨界圧力以下になると気体になり D の圧力まで下がる．D → A は等積変化で P/T は一定であるので直線的に変化する．

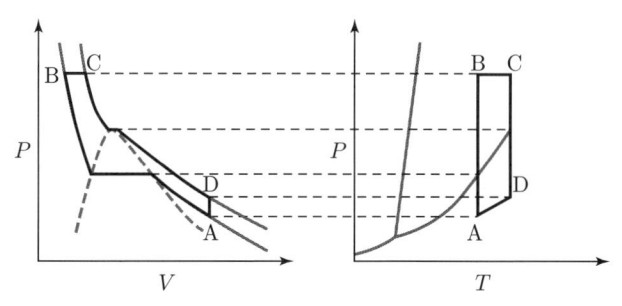

28 (1) 液相の水のモル分率を X_1 とすると，題意より
$$40\,\text{kPa} \times X_1 = 160\,\text{kPa} \times (1 - X_1) \quad \therefore \quad X_1 = 0.8$$
$$P = 40\,\text{kPa} \times 0.8 + 160\,\text{kPa} \times 0.2 = 64\,\text{kPa}$$

(2) 液相のメタノールのモル分率を X_2 とすると
$$100\,\text{kPa} = 40\,\text{kPa} \times (1 - X_2) + 160\,\text{kPa} \times X_2$$
$$\therefore \quad X_2 = 0.5$$

(3) 右図

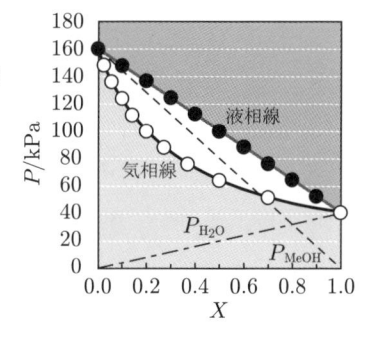

(4) 水とエタノールを混合した溶液はラウールの法則から正のずれを示す非理想溶液である．温度-組成図において，沸騰および凝縮曲線は**共沸点**とよばれる極小点で接する．そのため，蒸留によって共沸点のエタノール組成より高いエタノールを含む溶液は得られない．

29 (1) 水 100 g に塩化アンモニウム 55 g が溶けた溶液の塩化アンモニウムのモル分率は
$$\text{モル分率} = \frac{55\,\text{g}}{53.5\,\text{g\,mol}^{-1}} \Big/ \left(\frac{100\,\text{g}}{18.0\,\text{g\,mol}^{-1}} + \frac{55\,\text{g}}{53.5\,\text{g\,mol}^{-1}} \right) = 0.156$$

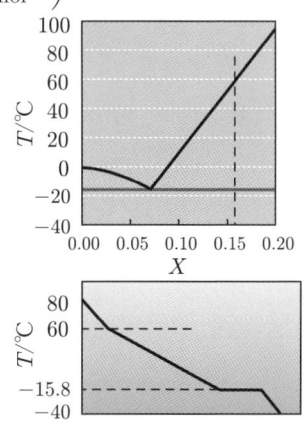

(2) 塩化アンモニウム-水系は共融混合物を形成し，共融点での塩化アンモニウムのモル分率は 0.071 になる．水の凝固点降下曲線は，点 $(0, 0°\text{C})$ と点 $(0.071, -15.8°\text{C})$ を通る曲線である．$T = -15.8$ の直線以下の領域では 2 つの固相である．

(3) モル分率 X_a の溶液は $80°\text{C}$ では液相だけであるが，$60°\text{C}$ で初めて塩化アンモニウムの固相が生じて飽和溶液となる．さらに温度を低下させると，塩化アンモニウムの固体が析出し，飽和溶液のモル分率は塩化アンモニウムの溶解度曲線に沿って低下する．$-15.8°\text{C}$ まで温度が低下すると氷が生じ始め，2 つの固相（氷と塩化アンモニウム）と共融組成の液相の 3 相が共存する．冷却し続け

ても，水が氷になり，塩化アンモニウムが凝固して，共融組成のまま液相が減少する．その間，温度は変化しない．液相が全くなくなって，2つの固相だけになって初めて，温度が低下し始める．

30 (1) 質量モル濃度 m とモル分率 X_B は

$$m = \frac{y}{M_B}\,\text{mol} \Big/ x\,\text{g} = \frac{1000y}{xM_B}\,\text{mol kg}^{-1}$$

$$X_B = \frac{y}{M_B}\,\text{mol} \Big/ \left(\frac{x}{M_A}\,\text{mol} + \frac{y}{M_B}\,\text{mol}\right) = 1 \Big/ \left(1 + \frac{xM_B}{yM_A}\right) = 1 \Big/ \left(1 + \frac{1000}{M_A m}\right)$$

希薄溶液であれば，$\dfrac{x}{M_A} + \dfrac{y}{M_B} \fallingdotseq \dfrac{x}{M_A}$ であるので

$$X_B = \frac{yM_A}{xM_B} = \frac{M_A}{1000}m$$

(2) B を溶解した溶液の A の蒸気圧は，温度 T_b において X_A^{ℓ} atm であり，温度 T で 1 atm になる．ファントホフの式を用いて（問題 9.29 参照）

$$\ln \frac{1}{X_A^{\ell}} = -\frac{\Delta_{vap}H^{\circ}}{R}\left(\frac{1}{T} - \frac{1}{T_b}\right) \quad \text{より} \quad \ln X_A^{\ell} = \frac{\Delta_{vap}H^{\circ}}{R}\left(\frac{1}{T} - \frac{1}{T_b}\right)$$

(3) $\ln X_A^{\ell} = \ln(1 - X_B) = -X_B - X_{B/2}^2 - X_{B/3}^3 - \cdots \fallingdotseq -X_B$ （なぜなら $X_B \ll 1$ より）

$$X_B = \frac{\Delta_{vap}H^{\circ}}{R} \times \frac{\Delta T_b}{T \times T_b}$$

希薄溶液（$X_B \ll 1$）なので $T \fallingdotseq T_b$ と近似でき，$\Delta T_b = K_b m$ より

$$\Delta T_b = \frac{RT_b^2}{\Delta_{vap}H^{\circ}}X_B = \frac{RT_b^2 M_A}{\Delta_{vap}H^{\circ} \times 1000}m \quad \therefore \quad K_b = \frac{RT_b^2 M_A}{\Delta_{vap}H^{\circ} \times 1000}$$

(4) 上式に数値を代入すると

$$\Delta_{vap}H^{\circ} = \frac{RT_b^2 M_A}{K_b \times 1000} = \frac{8.31\,\text{J K}^{-1}\,\text{mol}^{-1} \times (373\,\text{K})^2 \times 18\,\text{g mol}^{-1}}{0.52\,\text{K kg mol}^{-1} \times 1000} = 40.0\,\text{kJ mol}^{-1}$$

(5) 束一的性質

31 (1) $C_6H_6(\ell) \longrightarrow C_6H_6(s)$ の $\Delta H^{\circ}, \Delta S^{\circ}$ を求めると

$$\Delta H^{\circ} = 38.4\,\text{kJ mol}^{-1} - 49.0\,\text{kJ mol}^{-1} = -10.6\,\text{kJ mol}^{-1}$$

$$\Delta S^{\circ} = 135\,\text{J K}^{-1}\,\text{mol}^{-1} - 173\,\text{J K}^{-1}\,\text{mol}^{-1} = -38\,\text{J K}^{-1}\,\text{mol}^{-1}$$

となる．凝固点においては，$\Delta G^{\circ} = 0$ であるので $\Delta H^{\circ} - T\Delta S^{\circ} = 0$ より $T = 279\,\text{K}$

（補足） ベンゼンの凝固点は 5.5°C である．

(2) 凝固点降下を ΔT_f とすると $\Delta T_f = K_f m$ より，ナフタレンの分子量を x とすると

$$\Delta T_f = 5.065\,\text{K kg mol}^{-1} \times \frac{4.00\,\text{g}}{x\,\text{g mol}^{-1}} \times \frac{1}{100.00\,\text{g}} = 1.58\,\text{K} \quad \therefore \quad x = 128$$

(3) $\ln X_{\text{A}}^{\ell} = -\dfrac{18.8 \times 10^3}{8.31}\left(\dfrac{1}{298} - \dfrac{1}{353}\right)$ ∴ $X_{\text{A}}^{\ell} = 0.31$

ナフタレンが他の物質（ベンゼンに限らない）と理想溶液をつくる場合，ナフタレンの溶液組成は 25°C で 0.31 となることを意味している．

(4) ナフタレンの組成が X^{ℓ} のときの温度を T とすると，ナフタレンの溶解度曲線（凝固点降下曲線でもある）は以下の式で表される．

$$\ln X^{\ell} = -\dfrac{18.8 \times 10^3}{8.31}\left(\dfrac{1}{T} - \dfrac{1}{353}\right), \quad T = 1 \Big/ \left(\dfrac{1}{353} - \dfrac{8.31}{18.8 \times 10^3}\ln X^{\ell}\right)$$

同様にベンゼンの溶解度曲線（凝固点降下曲線でもある）は

$$\ln(1 - X^{\ell}) = -\dfrac{10.6 \times 10^3}{8.31}\left(\dfrac{1}{T} - \dfrac{1}{279}\right)$$

$$T = 1 \Big/ \left\{\dfrac{1}{279} - \dfrac{8.31}{10.6 \times 10^3}\ln(1 - X^{\ell})\right\}$$

となる．この2つの曲線の交点が共融点 $(X_{\text{e}}, T_{\text{e}})$ となり，共融温度 T_{e} 以下では両物質とも固体となる．グラフから読み取ると，$X_{\text{e}} = 0.14$，$T_{\text{e}} = -3.3$°C となり実測値に近い値になることから，ベンゼンとナフタレンが理想溶液を形成することが示唆される．

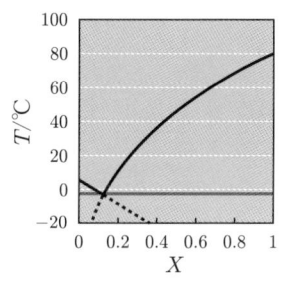

■**32**■ (1) 束一的性質とは不揮発性溶質を溶媒に溶かした希薄溶液において観測される溶液の性質で，蒸気圧降下，沸点上昇，凝固点降下，浸透圧などの現象がある．それらの強度は溶質の濃度に依存するが，溶質の性質には依存しない．

(2) ファントホフの法則 $\pi = nRT/V$

(3) ファントホフの法則から浸透圧を求める．

$$\pi = \dfrac{8.0\,\text{g}}{342\,\text{g mol}^{-1}} \times \dfrac{1}{100.0\,\text{cm}^3} \times 8.31\,\text{J K}^{-1}\,\text{mol}^{-1} \times 303\,\text{K}$$

$$= \dfrac{8}{342} \times \dfrac{10^6}{100} \times 8.31 \times 303\,\text{J m}^{-3} = 5.9 \times 10^5\,\text{Pa}$$

$x\,\text{cm}$ の高さの水柱の底面に掛かる圧力を $5.9 \times 10^5\,\text{Pa}$ とする．それは $x\,\text{g}$ の水が $1\,\text{cm}^2$ の底面に与える圧力に等しいので

$$5.9 \times 10^5\,\text{Pa} = x\,\text{g} \times 9.8\,\text{m s}^{-2}/1\,\text{cm}^2$$

$$5.9 \times 10^5\,\text{kg m s}^{-2}\,\text{m}^{-2} = x \times 9.8\,\text{g m s}^{-2}(10^{-2}\,\text{m})^{-2}$$

$$5.9 \times 10^8\,\text{g m}^{-1}\,\text{s}^{-2} = x \times 9.8 \times 10^4\,\text{g m}^{-1}\,\text{s}^{-2}$$

$$x = \dfrac{5.9 \times 10^8}{9.8 \times 10^4} = 6.0 \times 10^3 \quad \therefore \quad 6.0 \times 10^3\,\text{cm} = 60\,\text{m}$$

半透膜で区切られた U 次管の片方に上の溶液を入れたとき，その浸透圧と釣り合わせるためには，$1\,\text{cm}^2$ の板の上に $6\,\text{kg}$ の重りを載せねばならない．

■**33**■ (1) 問題 8.3, 8.7 より，$T_{\text{L}} = 378\,\text{K}$, $P_{\text{C}} = 6.3 \times 10^4\,\text{Pa}$

(2) D$(P_{\text{D}}, 378\,\text{K}, V_{\text{D}})$ から断熱圧縮して A$(4.0 \times 10^5\,\text{Pa}, 600\,\text{K}, 2.0 \times 10^{-3}\,\text{m}^3)$ となるので

$$\left(\frac{T_{\mathrm{H}}}{T_{\mathrm{L}}}\right)^{3/2} = \frac{V_{\mathrm{D}}}{V_{\mathrm{A}}}, \quad \frac{P_{\mathrm{A}}}{P_{\mathrm{D}}} = \left(\frac{V_{\mathrm{D}}}{V_{\mathrm{A}}}\right)^{5/3}$$

に数値を代入して P_{D} と V_{D} を求めればよい．もしくは，A $\rightarrow$ D の断熱過程は

B$(2.0\times10^5\,\mathrm{Pa}, 600\,\mathrm{K}, 4.0\times10^{-3}\,\mathrm{m}^3)$ $\rightarrow$ C$(6.3\times10^4\,\mathrm{Pa}, 378\,\mathrm{K}, 8.0\times10^{-3}\,\mathrm{m}^3)$

の断熱過程と温度変化が同じなので，体積変化および圧力変化の割合も同じになる．すなわち，$\left(\frac{T_{\mathrm{L}}}{T_{\mathrm{H}}}\right)^{3/2} = \frac{V_{\mathrm{B}}}{V_{\mathrm{C}}} = \frac{1}{2}$ より $\frac{V_{\mathrm{A}}}{V_{\mathrm{D}}} = \frac{1}{2}$ であり，同様に $\frac{P_{\mathrm{D}}}{P_{\mathrm{A}}} = \frac{P_{\mathrm{C}}}{P_{\mathrm{B}}}$

$$V_{\mathrm{D}} = V_{\mathrm{A}} \times 2 = 4.0 \times 10^{-3}\,\mathrm{m}^3, \quad P_{\mathrm{D}} = P_{\mathrm{A}} \times \frac{P_{\mathrm{C}}}{P_{\mathrm{B}}} = 1.26 \times 10^5\,\mathrm{Pa}$$

(3) ジュールの法則から理想気体の内部エネルギーは $\Delta U = \frac{3}{2}nR\Delta T$ と表される．等温変化 $\Delta T = 0$ では $\Delta U = 0$ で $q = -w$ である．断熱変化では $q = 0$ で $\Delta U = w, \Delta S = 0$ となる．

$$w_{\mathrm{A}\rightarrow\mathrm{B}} = -\int_{V_{\mathrm{A}}}^{V_{\mathrm{B}}} \frac{nRT}{V}dV = -800\,\mathrm{J} \times \ln\frac{0.004}{0.002} = -5.5 \times 10^2\,\mathrm{J},$$

$$q_{\mathrm{A}\rightarrow\mathrm{B}} = -w_{\mathrm{A}\rightarrow\mathrm{B}} = +5.5 \times 10^2\,\mathrm{J}$$

$$w_{\mathrm{C}\rightarrow\mathrm{D}} = -\int_{V_{\mathrm{C}}}^{V_{\mathrm{D}}} \frac{nRT}{V}dV = -500\,\mathrm{J} \times \ln\frac{0.004}{0.008} = +3.5 \times 10^2\,\mathrm{J},$$

$$q_{\mathrm{C}\rightarrow\mathrm{D}} = -w_{\mathrm{C}\rightarrow\mathrm{D}} = -3.5 \times 10^2\,\mathrm{J}$$

$\Delta T_{\mathrm{B}\rightarrow\mathrm{C}} = -222\,\mathrm{K}$ より

$$\Delta U_{\mathrm{B}\rightarrow\mathrm{C}} = \frac{3}{2}nR\Delta T = \frac{3}{2} \times 0.16 \times 8.31 \times (-222)\,\mathrm{J} = -4.4 \times 10^2\,\mathrm{J} = -\Delta U_{\mathrm{D}\rightarrow\mathrm{A}}$$

	A $\rightarrow$ B	B $\rightarrow$ C	C $\rightarrow$ D	D $\rightarrow$ A
ΔU/J	0	-4.4×10^2	0	$+4.4 \times 10^2$
q/J	$+5.5 \times 10^2$	0	-3.5×10^2	0
w/J	-5.5×10^2	-4.4×10^2	$+3.5 \times 10^2$	$+4.4 \times 10^2$
ΔT/K	0	-222	0	$+222$
ΔS/(J K^{-1})	$+0.92$	0	-0.92	0

(4) $\eta = \frac{W'}{Q} = \frac{-(w_{\mathrm{A}\rightarrow\mathrm{B}} + w_{\mathrm{C}\rightarrow\mathrm{D}})}{q_{\mathrm{A}\rightarrow\mathrm{B}}} = \frac{-(-5.5 \times 10^2 + 3.5 \times 10^2)}{5.5 \times 10^2} = 0.36$

(5) $\eta = \frac{q_{\mathrm{A}\rightarrow\mathrm{B}} + q_{\mathrm{C}\rightarrow\mathrm{D}}}{q_{\mathrm{A}\rightarrow\mathrm{B}}} = 1 + \frac{q_{\mathrm{C}\rightarrow\mathrm{D}}}{q_{\mathrm{A}\rightarrow\mathrm{B}}}$

$$q_{\mathrm{A}\rightarrow\mathrm{B}} = -w_{\mathrm{A}\rightarrow\mathrm{B}} = \int_{V_{\mathrm{A}}}^{V_{\mathrm{B}}} \frac{nRT_{\mathrm{H}}}{V}dV = nRT_{\mathrm{H}} \times \ln\frac{V_{\mathrm{B}}}{V_{\mathrm{A}}},$$

$$q_{\mathrm{C}\rightarrow\mathrm{D}} = \int_{V_{\mathrm{C}}}^{V_{\mathrm{D}}} \frac{nRT_{\mathrm{L}}}{V}dV = nRT_{\mathrm{L}} \times \ln\frac{V_{\mathrm{D}}}{V_{\mathrm{C}}}$$

$\frac{V_{\mathrm{B}}}{V_{\mathrm{C}}} = \frac{V_{\mathrm{A}}}{V_{\mathrm{D}}} = \frac{1}{2}$ から $\ln\frac{V_{\mathrm{B}}}{V_{\mathrm{A}}} = -\ln\frac{V_{\mathrm{D}}}{V_{\mathrm{C}}}$ より，$\eta = 1 - \frac{T_{\mathrm{L}}}{T_{\mathrm{H}}}$

上式から機関の熱効率は外部温度 T_{H} と T_{L} により決まることが示された．また，$\frac{q_{\mathrm{C}\rightarrow\mathrm{D}}}{q_{\mathrm{A}\rightarrow\mathrm{B}}} = -\frac{T_{\mathrm{L}}}{T_{\mathrm{H}}}$

から $\frac{q_{A\to B}}{T_H} + \frac{q_{C\to D}}{T_L} = 0$ が導出され，これがエントロピー $\Delta S = \frac{q_{rev}}{T}$ の定義となる．ここで q_{rev} は可逆過程での熱量の出入りを示し，$\Delta S_{A\to B} + \Delta S_{C\to D} = 0$ となってエントロピーが状態量であることが示される．

■**34**■ (1) 共役する2つの二重結合間の非局在化エンタルピーは
$$\Delta H_1^\circ = (-230\,\mathrm{kJ\,mol^{-1}}) - 2 \times (-120\,\mathrm{kJ\,mol^{-1}}) = 10\,\mathrm{kJ\,mol^{-1}}$$
(2) 仮想的な 1,3,5-シクロヘキサトリエンの水素化エンタルピーの計算値 ΔH_2° は
$$\Delta H_2^\circ = (-120\,\mathrm{kJ\,mol^{-1}}) \times 3 + 10\,\mathrm{kJ\,mol^{-1}} \times 3 = -330\,\mathrm{kJ\,mol^{-1}}$$
よって，ベンゼンの非局在化エンタルピー ΔH_3° は
$$\Delta H_3^\circ = (-207\,\mathrm{kJ\,mol^{-1}}) - (-330\,\mathrm{kJ\,mol^{-1}}) = 123\,\mathrm{kJ\,mol^{-1}}$$

■**35**■ (1) $0^\circ\mathrm{C}$ と $100^\circ\mathrm{C}$ の $\mathrm{H_2O(\ell)}$ の $S_m^\circ(0^\circ\mathrm{C},\ell)$ と $S_m^\circ(100^\circ\mathrm{C},\ell)$ は
$$S_m^\circ(0^\circ\mathrm{C},\ell) = 70 + \int_{298}^{273}\frac{C_p^\ell}{T}dT = 63\,\mathrm{J\,K^{-1}\,mol^{-1}}$$
$$S_m^\circ(100^\circ\mathrm{C},\ell) = 70 + \int_{298}^{373}\frac{C_p^\ell}{T}dT = 87\,\mathrm{J\,K^{-1}\,mol^{-1}}$$
(2) $0^\circ\mathrm{C}$ と $-20^\circ\mathrm{C}$ の $\mathrm{H_2O(s)}$ の $S_m^\circ(0^\circ\mathrm{C},s)$ と $S_m^\circ(-20^\circ\mathrm{C},s)$ は
$$S_m^\circ(0^\circ\mathrm{C},s) = 63 - \frac{6000}{273} = 41\,\mathrm{J\,K^{-1}\,mol^{-1}}$$
$$S_m^\circ(-20^\circ\mathrm{C},s) = 41 + \int_{343}^{253}\frac{C_p^s}{T}dT = 38\,\mathrm{J\,K^{-1}\,mol^{-1}}$$
(3) $100^\circ\mathrm{C}$ と $120^\circ\mathrm{C}$ の $\mathrm{H_2O(g)}$ の $S_m^\circ(100^\circ\mathrm{C},g)$ と $S_m^\circ(120^\circ\mathrm{C},g)$ は
$$S_m^\circ(100^\circ\mathrm{C},g) = 87 + \frac{41000}{373} = 197\,\mathrm{J\,K^{-1}\,mol^{-1}}$$
$$S_m^\circ(120^\circ\mathrm{C},g) = 197 + \int_{373}^{393}\frac{C_p^g}{T}dT = 199\,\mathrm{J\,K^{-1}\,mol^{-1}}$$

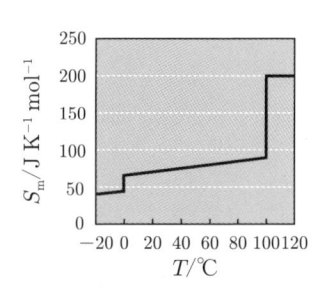

■**36**■ (1) $100^\circ\mathrm{C}$ での $\Delta_r H^\circ$, $\Delta_r S^\circ$ を求めるため，ΔC_p を求める．
$$\Delta C_p = \{1 \times C_p(\mathrm{H_2O},\ell)\} - \{1 \times C_p(\mathrm{H_2},g) + \tfrac{1}{2} \times C_p(\mathrm{O_2},g)\}$$
$$= \{1 \times 75.3\,\mathrm{J\,K^{-1}\,mol^{-1}}\} - \{1 \times 28.8\,\mathrm{J\,K^{-1}\,mol^{-1}} + \tfrac{1}{2} \times 29.1\,\mathrm{J\,K^{-1}\,mol^{-1}}\}$$
$$= 31.95\,\mathrm{J\,K^{-1}\,mol^{-1}}$$
反応に関与するすべての化合物の C_p が，298 K から 373 K の温度範囲で一定であるので
$$\Delta_r H^\circ(373\,\mathrm{K}) = \Delta_r H^\circ(298\,\mathrm{K}) + \Delta C_p \times (373 - 298)$$
$$= -285.8\,\mathrm{kJ\,mol^{-1}} + 31.95\,\mathrm{J\,K^{-1}\,mol^{-1}} \times 75\,\mathrm{K} = -283.4\,\mathrm{kJ\,mol^{-1}}$$
$$\Delta_r S^\circ(373\,\mathrm{K}) = \Delta_r S^\circ(298\,\mathrm{K}) + \Delta C_p \times \ln(373/298)$$
$$= -163.5\,\mathrm{J\,K^{-1}\,mol^{-1}} + 31.95\,\mathrm{J\,K^{-1}\,mol^{-1}} \times \ln(373/298)$$
$$= -156.3\,\mathrm{J\,K^{-1}\,mol^{-1}}$$
$$\Delta_r G^\circ(373\,\mathrm{K}) = \Delta_r H^\circ(373\,\mathrm{K}) - 373 \times \Delta_r S^\circ(373\,\mathrm{K}) = -225.1\,\mathrm{kJ\,mol^{-1}}$$

(2) 活性化エネルギーが高いため，100°C 程度の温度では反応は進行しない．

37 (1) $\Delta_r H° = 2 \times \Delta_f H°(NO_2, g) - 1 \times \Delta_f H°(N_2O_4, g) = 2 \times 33.2 - 1 \times 9.2$
$= +57.2 \text{ kJ mol}^{-1}$

$\Delta_r S° = 2 \times S_m°(NO_2, g) - 1 \times S_m°(N_2O_4, g) = 2 \times 240 - 1 \times 304$
$= +176 \text{ J K}^{-1} \text{ mol}^{-1}$

$\Delta_r G° = 57.2 \text{ kJ mol}^{-1} - 298 \text{ K} \times 176 \text{ J K}^{-1} \text{ mol}^{-1} = +4.75 \text{ kJ mol}^{-1}$

$\Delta_r H° > 0$ より吸熱反応である．

(2) $\Delta_r G° = -RT \ln K_P$

$$K_P = \exp\left(-\frac{\Delta G°}{RT}\right) = \exp\left(-\frac{4.75 \text{ kJ mol}^{-1}}{8.31 \text{ J K}^{-1} \text{ mol}^{-1} \times 298 \text{ K}}\right)$$

$$= \exp\left(-\frac{4.75 \times 10^3}{8.31 \times 298}\right) = 0.15$$

(3) 問題 9.2 より $\xi = \sqrt{\dfrac{K_P}{4P + K_P}} = \sqrt{\dfrac{0.15}{4 \times 1 + 0.15}} = 0.19$

よって NO_2 のモル分率は 0.32

(4) 自発的に進行する反応において宇宙のエントロピーは増大する．

(5) 1次導関数であるギブズ関数 $G' = dG/d\xi$ が負である間は，ギブズエネルギー G は減少するので，熱力学第2法則に従って，N_2O_4 の解離反応は進行する．$\xi = 0.19 \text{ mol}$ において $G' = dG/d\xi = 0$ となって G は極小値をとるため，反応は平衡点に達する．

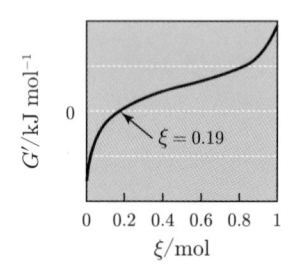

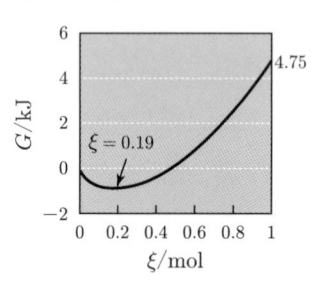

38 標準状態 ($P° = 1 \text{ atm}$) での A, B の化学ポテンシャルを，それぞれ $\mu_A°$, $\mu_B°$ とする．

$$\mu_A(\xi) = \mu_A° + RT \ln \frac{P_A}{P°} = \mu_A° + RT \ln(1-\xi),$$

$$\mu_B(\xi) = \mu_B° + RT \ln \frac{P_B}{P°} = \mu_B° + RT \ln \xi$$

ギブズエネルギーは $G(\xi) = n_A \mu_A(\xi) + n_B \mu_B(\xi)$ であるので

$$G(\xi) = (1-\xi)\mu_A + \xi\mu_B = (1-\xi)\{\mu_A° + RT \ln(1-\xi)\} + \xi\{\mu_B° + RT \ln \xi\}$$

$G(0) = 0$ ならば $\mu_A° = 0$ であり，$\mu_B°$ は $\Delta_r G°$ に等しいので，$G(\xi)$ は以下の式で表される．

$$G(\xi) = \xi \times \Delta_r G° + 8.31\,\mathrm{J\,K^{-1}\,mol^{-1}} \times 298\,\mathrm{K} \times \{(1-\xi)\ln(1-\xi) + \xi\ln\xi\}$$

表計算ソフトなどで $G(\xi)$ を描くと図のような極小点をもつ曲線になる．極小点 $dG/d\xi = 0$ を与える ξ の値を求める．

$$\frac{dG}{d\xi} = G'(\xi) = \mu_B - \mu_A = 0$$

上式に $\mu_A = \mu_A° + RT\ln P_A$, $\mu_B = \mu_B° + RT\ln P_B$, $\mu_B° - \mu_A° = \Delta_r G°$ を代入して

$$\frac{dG}{d\xi} = \Delta_r G° + RT\ln\frac{P_B}{P_A} = 0$$

$$\Delta_r G° + 8.31\,\mathrm{J\,K^{-1}\,mol^{-1}} \times 298\,\mathrm{K} \times \ln\frac{\xi}{1-\xi} = 0$$

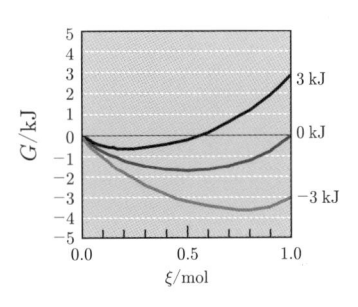

$\Delta_r G°$ が (1) $+3\,\mathrm{kJ\,mol^{-1}}$, (2) 0, (3) $-3\,\mathrm{kJ\,mol^{-1}}$ の場合に，それぞれ ξ の値は (1) $0.23\,\mathrm{mol}$, (2) $0.50\,\mathrm{mol}$, (3) $0.77\,\mathrm{mol}$ となる．そこで $G(\xi)$ は極小値をとり平衡点である．

39 (1) $\Delta_r H° = -2711\,\mathrm{kJ\,mol^{-1}} - (-2707\,\mathrm{kJ\,mol^{-1}}) = -4\,\mathrm{kJ\,mol^{-1}}$ 発熱反応

(2) cis-2-ブテン $\to$ $trans$-2-ブテンの $25°\mathrm{C}$ での標準反応ギブズエネルギーは

$$\Delta_r G° = 63.1\,\mathrm{kJ\,mol^{-1}} - 66.0\,\mathrm{kJ\,mol^{-1}} = -2.9\,\mathrm{kJ\,mol^{-1}}$$

$$K_{25°\mathrm{C}} = \exp\left(-\frac{\Delta G°}{RT}\right) = \exp\left(\frac{-2.9 \times 10^3}{8.31 \times 298}\right) = 3.2$$

(3) $\ln\dfrac{K_{227°\mathrm{C}}}{3.2} = -\dfrac{-4 \times 10^3}{8.31}\left(\dfrac{1}{500} - \dfrac{1}{298}\right)$ ∴ $K_{227°\mathrm{C}} = 1.7$

(4) $\ln\dfrac{1.5 \times 10^{-6}}{2.2 \times 10^{-14}} = -\dfrac{E_a}{8.31}\left(\dfrac{1}{700} - \dfrac{1}{500}\right)$ ∴ $E_a = 262\,\mathrm{kJ\,mol^{-1}}$

(5) 平衡定数は 1.7 なので平衡は $trans$-2-ブテン側に偏っているが，$500\,\mathrm{K}$ での半減期は $\ln 2/(2.2 \times 10^{-14}\,\mathrm{s^{-1}}) = 1 \times 10^6\,\mathrm{year}$ である．この異性化反応は活性化エネルギーが非常に大きいため反応が極端に遅く観測することはできない．その活性化エネルギーは C=C と C–C の結合解離エンタルピーである 607 と $348\,\mathrm{kJ\,mol^{-1}}$ の差にほぼ等しくなっており，自由回転できない二重結合に由来していると考えられる．

40 (1) 温度を上げると平衡が右に移動しているので吸熱反応である．

(2) $\ln\dfrac{3.28 \times 10^2}{2.33 \times 10^1} = -\dfrac{\Delta_r H°}{8.31}\left(\dfrac{1}{800} - \dfrac{1}{600}\right)$ ∴ $\Delta_r H = 52.7\,\mathrm{kJ\,mol^{-1}}$

(3) 圧力が $1\,\mathrm{atm}$ から $200\,\mathrm{atm}$ に上昇しても K_P は変化しないが，モル分率の平衡定数 $K_X\,(= K_P P^{-1})$ は $1/200$ になるので平衡は左（アンモニア合成）へ移動する．

(4) $\ln\dfrac{K_P}{2.33 \times 10^1} = -\dfrac{52.7 \times 10^3}{8.31}\left(\dfrac{1}{700} - \dfrac{1}{600}\right)$ ∴ $K_P = 1.05 \times 10^2\,\mathrm{atm}$

$K_P' = \dfrac{1}{K_P^2}$ より $K_P' = 9.0 \times 10^{-5}\,\mathrm{atm^{-2}}$

■41■ (1) $\Delta G°(37°C) = \Delta H° - T\Delta S° = 195\,\text{kJ}\,\text{mol}^{-1} - 310\,\text{K} \times 600\,\text{J}\,\text{K}^{-1}\,\text{mol}^{-1}$
$= 9.0\,\text{kJ}\,\text{mol}^{-1}$

$$K = \exp\left(-\frac{\Delta G°}{RT}\right) = \exp\left(-\frac{9.0 \times 10^3}{8.31 \times 310}\right) = 3.04 \times 10^{-2}$$

(2) T_m において $[\text{N}] = [\text{D}]$,すなわち $K = 1$ なので $\Delta G°(T_\text{m}) = 0$ である.

$\Delta H° - T_\text{m}\Delta S° = 0$
$195\,\text{kJ}\,\text{mol}^{-1} - T_\text{m}\,\text{K} \times 600\,\text{J}\,\text{K}^{-1}\,\text{mol}^{-1} = 0$ $\quad \therefore\quad T_\text{m} = 325\,\text{K} = 52°C$

(3) $\theta = \dfrac{[\text{N}]}{[\text{N}]+[\text{D}]} = \dfrac{1}{1+K} = \dfrac{1}{1+\exp\left(-\frac{\Delta G°}{RT}\right)}$

$= \dfrac{1}{1+\exp\left(\frac{\Delta S°}{R} - \frac{\Delta H°}{RT}\right)}$

上式に $\Delta H° = 195\,\text{kJ}\,\text{mol}^{-1}$,$\Delta S° = 600\,\text{J}\,\text{K}^{-1}\,\text{mol}^{-1}$ を代入して,温度を入れて計算すると

$T/°C$	37	42	47	52	57	62	67
θ	0.97	0.91	0.76	0.50	0.25	0.10	0.04

温度 T に対して θ のグラフ(融解曲線)は図のようなシグモイド型になる.

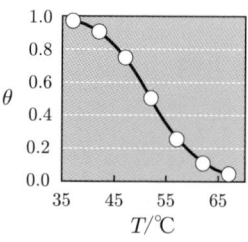

(4) タンパク質の N → D は吸熱反応でエンタルピー的には不利だが,エントロピー的には有利であるため,平衡は,低い温度領域で N 状態側に,高い温度領域では D 状態側に偏っている.$\Delta H°$ も $\Delta S°$ も非常に大きな値($\Delta H° = 195\,\text{kJ}\,\text{mol}^{-1}$,$\Delta S° = 600\,\text{J}\,\text{K}^{-1}\,\text{mol}^{-1}$)であるので,$T_\text{m} = \pm 15°C$ 程度の温度変化で平衡は急激に N-D 間を移動する.

■42■ $\text{Cu(s)} + 2\text{Ag}^+(\text{aq}) \rightleftarrows \text{Cu}^{2+}(\text{aq}) + 2\text{Ag(s)}$ の電池の式は

$$(-)\text{Cu}|\text{Cu}^{2+}(1\,\text{mol}\,\text{dm}^{-3})||\text{Ag}^+(1\,\text{mol}\,\text{dm}^{-3})|\text{Ag}(+)$$

標準起電力 $E° = E°(\text{Ag, Ag}^+) - E°(\text{Cu, Cu}^{2+}) = 0.799\,\text{V} - 0.337\,\text{V} = 0.462\,\text{V}$

$\text{Cu}^{2+}(\text{aq}) + 2\text{e}^- \longrightarrow \text{Cu(s)} \qquad E° = +0.337\,\text{V}$
$\Delta_\text{r}G° = -2 \times 96500\,\text{C}\,\text{mol}^{-1} \times (+0.337\,\text{V}) = -65.0\,\text{kJ}\,\text{mol}^{-1}$
$\text{Ag}^+(\text{aq}) + \text{e}^- \longrightarrow \text{Ag(s)} \qquad E° = +0.799\,\text{V}$
$\Delta_\text{r}G° = -1 \times 96500\,\text{C}\,\text{mol}^{-1} \times (+0.799\,\text{V}) = -77.1\,\text{kJ}\,\text{mol}^{-1}$

よって,与えられたイオン反応式の $\Delta_\text{r}G$ と K は

$\Delta_\text{r}G° = 2 \times (-77.1\,\text{kJ}\,\text{mol}^{-1}) - (-65.0\,\text{kJ}\,\text{mol}^{-1}) = -89.2\,\text{kJ}\,\text{mol}^{-1}$,
$K = \exp\left(-\dfrac{\Delta_\text{r}G}{RT}\right) = 4.4 \times 10^{15}$

総合演習問題の解答

43 標準電極電位 $E°$ からそれぞれのイオン式の $\Delta_{\rm r}G$ を $\Delta_{\rm r}G° = -zFE°$ から求めると

$$Cu^{2+}(aq) + 2e^- \longrightarrow Cu(s) \qquad E° = +0.337\,{\rm V}$$
$$\Delta_{\rm r}G° = -2 \times F \times (+0.337)\,{\rm J\,mol^{-1}} = -(0.674 \times F)\,{\rm J\,mol^{-1}}$$
$$Cu^{2+}(aq) + e^- \longrightarrow Cu^+(aq) \qquad E° = +0.153\,{\rm V}$$
$$\Delta_{\rm r}G° = -1 \times F \times (+0.153)\,{\rm J\,mol^{-1}} = -(0.153 \times F)\,{\rm J\,mol^{-1}}$$

となる。ここで F はファラデー定数である。$Cu^+(aq) + e^- \longrightarrow Cu(s)$ の $\Delta_{\rm r}G°$ は

$$\Delta_{\rm r}G° = (-0.674 \times F)\,{\rm J\,mol^{-1}} - (-0.153 \times F)\,{\rm J\,mol^{-1}} = -(0.521 \times F)\,{\rm J\,mol^{-1}}$$

よって、$E° = +0.521\,{\rm V}$

44 (1) ネルンストの式を常用対数を使って表すと

$$E = E°({\rm Cu, Cu^{2+}}) - E°({\rm Zn, Zn^{2+}}) - \frac{RT}{2F}\ln\left(\frac{c}{0.1}\right)$$
$$= E°({\rm Cu, Cu^{2+}}) - E°({\rm Zn, Zn^{2+}}) - \frac{8.31\,{\rm J\,K^{-1}\,mol^{-1}} \times 298\,{\rm K}}{2 \times 96500\,{\rm C\,mol^{-1}}} \times \frac{\log_{10}\left(\frac{c}{0.1}\right)}{\log_{10} e}$$
$$= E°({\rm Cu, Cu^{2+}}) - E°({\rm Zn, Zn^{2+}}) - \frac{59\,{\rm mV}}{2}\log_{10}\left(\frac{c}{0.1}\right)$$

となる。濃度が 10 倍になると、1 電子あたり $59\,{\rm mV}$ の起電力の変化が生じる。

(2) 濃度 c の常用対数に対して E を表に示す。ネルンストの式をみたす場合、直線が得られ、傾きが $29.5\,{\rm mV}$、y 切片の値から電池の標準起電力が求まる。

$\log_{10} c$	−1.000	−1.301	−2.000	−2.301
$E/{\rm V}$	1.100	1.109	1.130	1.138

グラフから直線の式は

$$E = 1.071\,{\rm V} - 29.5\,{\rm mV} \times \log_{10} c$$

となり、傾きが $29.5\,{\rm mV}$、$c = 1.000\,{\rm mol\,dm^{-3}}$ の電池の起電力 E に等しい y 切片の値 $1.071\,{\rm V}$ が得られる。y 切片の値は以下の計算値と合う。

$$E = E°({\rm Cu, Cu^{2+}}) - E°({\rm Zn, Zn^{2+}}) + \frac{59\,{\rm mV}}{2}\log_{10} 0.1$$
$$= 1.100\,{\rm V} - 29.5\,{\rm mV} = 1.071\,{\rm V}$$

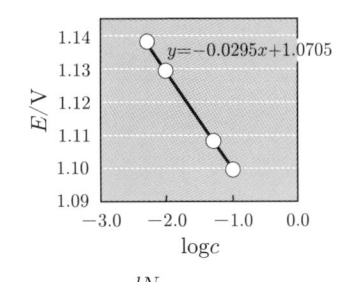

45 (1) $^{226}_{88}{\rm Ra}$ の崩壊の速度は個数 N に比例し、1 次反応式 $-\dfrac{dN}{dt} = kN$ が成り立つ。ある時刻 t における原子数 N と N_0, k の間には 1 次反応の積分速度式より $N = N_0 e^{-kt}$ という関係が成立する。1s 間に崩壊する原子数を N_1 とすると $N_0 - N_1 = N_0 e^{-k}$

展開式 $e^x = 1 + x + \dfrac{x^2}{2!} + \dfrac{x^3}{3!} + \cdots$ を使用し、$k \ll 1$ ならば高次の項を無視できるので

$$N_0 - N_1 = N_0\left(1 - k + \frac{k^2}{2!} - \frac{k^3}{3!} + \cdots\right) \cong N_0(1-k)$$

よって、$N_1 = kN_0$ が得られる。

(2) $N_1 = kN_0$ に数値を代入すると

$$N_1 = kN_0 = 1.373 \times 10^{-11}\,\text{s}^{-1} \times \frac{1\,\text{g} \times 6.03 \times 10^{23}\,\text{mol}^{-1}}{226\,\text{g}\,\text{mol}^{-1}}$$
$$= 3.66 \times 10^{10}\,\text{s}^{-1}$$

となる．1 Ci は 3.7×10^{10} Bq（ベクレル）と定義されている．1 Bq とは毎秒の崩壊数が 1 個であるときの放射能の量である．

46 酢酸メチルの酸加水分解反応は擬 1 次反応として解析できる（問題 10.12 参照）．$t = 0$ のときの滴定の数値から反応溶液中の触媒である [HCl] の濃度を求めることができ，$t = \infty$ の数値から酢酸メチルの初濃度 $[\text{A}]_0$ を求めることができる．

$$[\text{A}]_0 = 0.1 \times \frac{28.10 - 5.10}{5.00} = 0.46\,\text{mol}\,\text{L}^{-1}$$

それらを使って時刻 t における酢酸メチルの濃度 [A] を求め，時刻 t に対して ln[A] をプロットして直線の傾きを求める．傾きから反応速度定数を求めると

$$25°\text{C}: 1.5 \times 10^{-5}\,\text{s}^{-1} \quad \text{と} \quad 40°\text{C}: 4.8 \times 10^{-5}\,\text{s}^{-1}$$

(2) (10.22) に上の数値を代入して活性化エネルギー E_a を求める．

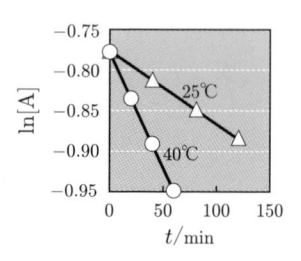

$$\ln \frac{4.8 \times 10^{-5}}{1.5 \times 10^{-5}} = -\frac{E_\text{a}}{8.31}\left(\frac{1}{313} - \frac{1}{298}\right)$$

$$\therefore \quad E_\text{a} = 60\,\text{kJ}\,\text{mol}^{-1}$$

47 (1) $v = -\dfrac{d[\text{A}]}{dt} = v_1 - v_2 = k_1[\text{A}] - k_2[\text{B}]$．初期濃度を $[\text{A}]_0, [\text{B}]_0$ とすると

$$[\text{B}] = [\text{B}]_0 + [\text{A}]_0 - [\text{A}] = 1 - [\text{A}] \quad \text{より} \quad -\frac{d[\text{A}]}{dt} = (k_1 + k_2)[\text{A}] - k_2$$

(2) 平衡時には，$k_1[\text{A}]_\text{e} = k_2[\text{B}]_\text{e}$ となり，$K = \dfrac{[\text{B}]_\text{e}}{[\text{A}]_\text{e}} = \dfrac{k_1}{k_2}$ となる．

$$-\frac{d[\text{A}]}{dt} = (k_1 + k_2)[\text{A}]_\text{e} - k_2 = 0 \quad \text{より} \quad [\text{A}]_\text{e} = \frac{k_2}{k_1 + k_2}$$

(3) $K = 0.5$ より $[\text{A}]_\text{e} : [\text{B}]_\text{e} = 2 : 1$ （$[\text{A}]_\text{e} = \frac{2}{3}$ mol dm^{-3}, $[\text{B}]_\text{e} = \frac{1}{3}$ mol dm^{-3}）よって $k_1 : k_2 = 1 : 2$ となる．

[A] は初期濃度の 2 倍に漸近するように指数関数に従って増加し，[B] は初期濃度の 1/2 に漸近するように指数関数に従って減少する．$[\text{A}]_0 < [\text{B}]_0, [\text{A}]_\text{e} > [\text{B}]_\text{e}$ より B → A が観測される．[A] に比例する v_1 もまた，時間の経過と共に指数関数に従って増加し，平衡達成時には，初期速度の 2 倍まで増加する．v_2 はやはり [B] と同じ線形で，平衡達成時には，初期速度の半分になって $v_1 = k_1[\text{A}]_\text{e}$ に漸近する．見かけの反応速度 $v = v_2 - v_1$ は，平衡達成時には 0 へと漸近する．

(4) 増加：k_1, k_2，減少：t_e, E_{a1}, E_{a2}，変化しない：$K, \Delta_r H, \Delta_r S, \Delta_r G$

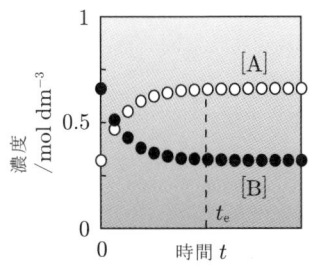

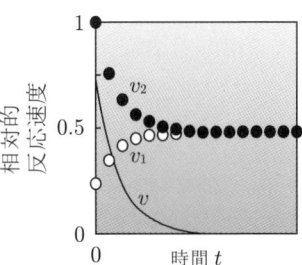

48 (1) 逐次反応の3つの連立微分速度式

① $-\dfrac{d[A]}{dt} = k_1[A]$ ② $\dfrac{d[B]}{dt} = k_1[A] - k_2[B]$ ③ $\dfrac{d[C]}{dt} = k_2[B]$

を，$t = 0$ のとき

$$[A] = [A]_0, \quad [B] = [C] = 0$$

として解く．A は1次反応なので $[A] = [A]_0 e^{-k_1 t}$ となる．これを②に代入して

$$\frac{d[B]}{dt} + k_2[B] = k_1[A]_0 e^{-k_1 t}$$

両辺に $e^{k_2 t}$ を掛けると左辺は積の微分の形 $\dfrac{d}{dt}(e^{k_2 t}[B])$ になる．

$$\frac{d}{dt}(e^{k_2 t}[B]) = k_1[A]_0 e^{(k_2 - k_1)t}$$

両辺を積分して，初期条件である $t = 0$ のとき $[B] = 0$ を使って積分定数を決めると

$$e^{k_2 t}[B] = \frac{k_1}{k_2 - k_1}[A]_0 (e^{(k_2 - k_1)t} - 1), \quad [B] = \frac{k_1[A]_0}{k_2 - k_1}(e^{-k_1 t} - e^{-k_2 t})$$

これを③に代入して積分し，$t = 0$ のとき $[C] = 0$ を使うと

$$[C] = [A]_0 + \frac{[A]_0}{k_2 - k_1}(k_1 e^{-k_2 t} - k_2 e^{-k_1 t})$$

となる．触媒 X を添加すると $k_1 \gg k_2$ より

$$k_2 - k_1 \fallingdotseq -k_1, \quad e^{-k_1 t} - e^{-k_2 t} \fallingdotseq -e^{-k_2 t},$$
$$k_1 e^{-k_2 t} - k_2 e^{-k_1 t} \fallingdotseq k_1 e^{-k_2 t}$$

とすると

$$[A] = [A]_0 e^{-k_1 t}, \quad [B] = [A]_0 e^{-k_2 t}, \quad [C] = [A]_0 (1 - e^{-k_2 t})$$

よって濃度変化の概要は右図のようになる．

(2) 逐次反応のどちらか一方の反応が速くなったとしても，もう一方に変化がないとすれば，律速段階の反応速度は同じだから．

(3) XとYを同時に添加した場合，2段階の反応速度はともに5倍速くなるので形状は同じだが時間方向だけ圧縮された下図の実線のように変化する．

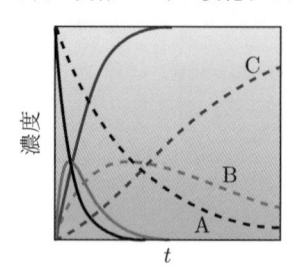

付　　録

付録 1　国際単位系 SI

　国際単位系 (International System of Units) は 1954 年の国際度量衡総会で採択されたものである．SI 基本単位として 7 つの単位を下のように定義している（2019 年）．

付表 1　SI 基本単位の名称，記号，定義

物理量	記号	SI 単位の記号と名称	定　義
時間	t	s　秒	基底状態の ^{133}Cs 原子の超微細構造準位の間の遷移の周波数 $\Delta\nu_{Cs}$ を 9192631770 Hz $(= s^{-1})$ と定めることで設定される．
長さ	l	m　メートル	真空中の光速度 c を 299792458 m s^{-1} と定めることで設定される．
質量	m	kg　キログラム	プランク定数 h を $6.62607015 \times 10^{-34}$ J s $(= s^{-1} m^2 kg)$ と定めることで設定される．
電流	I	A　アンペア	電気素量 e を $1.602176634 \times 10^{-19}$ C $(= s A)$ と定めることで設定される．
熱力学温度	T	K　ケルビン	ボルツマン定数 k を 1.380649×10^{-23} J K^{-1} $(= s^{-2} m^2 kg K^{-1})$ と定めることで設定される．
物質量	n	mol　モル	$6.02214076 \times 10^{23}$ 個の要素粒子を含む．
光度	I_v	cd　カンデラ	周波数 540×10^{12} Hz の単色光の発光効率の数値を 683 s^3 m^{-2} kg^{-1} cd sr と定めることによって設定される．

付表 2　SI 接頭語

大きさ	接頭語		記号	大きさ	接頭語		記号
10^{-1}	デシ	deci	d	10	デカ	deca	da
10^{-2}	センチ	centi	c	10^2	ヘクト	hecto	h
10^{-3}	ミリ	milli	m	10^3	キロ	kilo	k
10^{-6}	マイクロ	micro	μ	10^6	メガ	mega	M
10^{-9}	ナノ	nano	n	10^9	ギガ	giga	G
10^{-12}	ピコ	pico	p	10^{12}	テラ	tera	T
10^{-15}	フェムト	femto	f	10^{15}	ペタ	peta	P
10^{-18}	アット	atto	a	10^{18}	エクサ	exa	E

付表3　セルシウス温度（目盛）

物理量	単位の名称	単位記号	単位の定義
セルシウス温度	セルシウス度 degree Celsius	°C	$t/°\mathrm{C} = T/\mathrm{K} - 273.15$

付表4　特別の名称をもつSI誘導単位と記号

物理量	SI単位の名称	SI単位の記号	SI単位の定義
力	ニュートン newton	N	$\mathrm{m\,kg\,s^{-2}}$
圧力, 応力	パスカル pascal	Pa	$\mathrm{m^{-1}\,kg\,s^{-2}} (=\mathrm{N\,m^{-2}})$
エネルギー	ジュール joule	J	$\mathrm{m^2\,kg\,s^{-2}}$
仕事率	ワット watt	W	$\mathrm{m^2\,kg\,s^{-3}} (=\mathrm{J\,s^{-1}})$
電荷	クーロン coulomb	C	$\mathrm{s\,A}$
電位差	ボルト volt	V	$\mathrm{m^2\,kg\,s^{-3}\,A^{-1}} (=\mathrm{J\,A^{-1}\,s^{-1}})$
電気抵抗	オーム ohm	Ω	$\mathrm{m^2\,kg\,s^{-3}\,A^{-2}} (=\mathrm{V\,A^{-1}})$
電導度	ジーメンス siemens	S	$\mathrm{m^{-2}\,kg^{-1}\,s^3\,A^2} (=\mathrm{A\,V^{-1}} = \Omega^{-1})$
電気容量	ファラッド farad	F	$\mathrm{m^{-2}\,kg^{-1}\,s^4\,A^2} (=\mathrm{A\,s\,V^{-1}})$
磁束	ウェーバー weber	Wb	$\mathrm{m^2\,kg\,s^{-2}\,A^{-1}} (=\mathrm{V\,s})$
インダクタンス	ヘンリー henry	H	$\mathrm{m^2\,kg\,s^{-2}\,A^{-2}} (=\mathrm{V\,A^{-1}\,s})$
磁束密度	テスラ tesla	T	$\mathrm{kg\,s^{-2}\,A^{-1}} (=\mathrm{V\,s\,m^{-2}})$
光束	ルーメン lumen	lm	$\mathrm{cd\,sr}$
照度	ルックス lux	lx	$\mathrm{m^{-2}\,cd\,sr}$
周波数	ヘルツ hertz	Hz	$\mathrm{s^{-1}}$

付表5　その他

物理量	単位の名称	単位記号	単位の定数
長さ	オングストローム	Å	$10^{-10}\mathrm{m}, 10^{-1}\mathrm{nm}$
体積	リットル	l	$10^{-3}\mathrm{m^3}, \mathrm{dm^3}$
力	ダイン	dyn	$10^{-5}\mathrm{N}$
エネルギー	エルグ	erg	$10^{-7}\mathrm{J}$
エネルギー	電子ボルト	eV	$1.6021917 \times 10^{-19}\mathrm{J}$ (換算係数)
エネルギー	カロリー	cal	$4.184\mathrm{J}$
エネルギー	波数	$\mathrm{cm^{-1}}$	$1.986 \times 10^{-23}\mathrm{J}$
濃度	モル／リットル	M	$10^3\mathrm{mol\,m^{-3}}$
圧力	気圧	atm	$1.01325 \times 10^5\mathrm{N\,m^{-2}}$ (厳密に)
圧力	ミリメートル水銀柱	mmHg	$13.5951 \times 980.665 \times 10^{-2}\mathrm{N\,m^{-2}}$
質量	電子質量単位	u	$1.660531 \times 10^{-27}\mathrm{kg}$ (換算係数)
電荷	静電単位	esu	$3.33564 \times 10^{-10}\mathrm{C}$
双極子モーメント	デバイ	D	$3.33564 \times 10^{-30}\mathrm{C\,m}$
磁場の強さ	エルステッド	Oe	$79.6\mathrm{A\,m^{-1}}$
磁束密度	ガウス	G	$10^{-4}\mathrm{T}$

付　録

付録2　数学公式

自然対数

自然対数の底

$$e = 1 + \frac{1}{1!} + \frac{1}{2!} + \frac{1}{3!} + \cdots = 2.718281828\cdots$$

$$e = \lim_{n\to\infty}\left(1+\frac{1}{n}\right)^n \qquad e^a = \lim_{n\to\infty}\left(1+\frac{a}{n}\right)^n$$

$$e^{ix} = \cos x + i\sin x$$

自然対数と微積分

$$\ln x = 2.3026 \log x \qquad \log x = \frac{\ln x}{2.3026} = 0.43429 \ln x$$

$$\int \frac{dx}{x} = \ln x + c \qquad \int e^x dx = e^x + c$$

$$d\ln x = \frac{dx}{x} \qquad \ln N! \simeq N\ln N - N \quad (\text{スターリングの公式})$$

ベクトルの内積

$\boldsymbol{a}, \boldsymbol{b}$ の内積またはスカラー積　　$(\boldsymbol{a}, \boldsymbol{b})$ または $\boldsymbol{a}\cdot\boldsymbol{b}$

$(\boldsymbol{a}, \boldsymbol{b}) = |\boldsymbol{a}||\boldsymbol{b}|\cos\theta \quad (\theta \text{ は } \boldsymbol{a} \text{ と } \boldsymbol{b} \text{ のなす角})$

$\boldsymbol{a} = a_1\boldsymbol{e}_1 + a_2\boldsymbol{e}_2 + a_3\boldsymbol{e}_3, \quad \boldsymbol{b} = b_1\boldsymbol{e}_1 + b_2\boldsymbol{e}_2 + b_3\boldsymbol{e}_3$

$(\boldsymbol{e}_1, \boldsymbol{e}_2, \boldsymbol{e}_3 \text{ は正規直交系})$

$(\boldsymbol{a}, \boldsymbol{b}) = a_1b_1 + a_2b_2 + a_3b_3$

$|\boldsymbol{a}| = \sqrt{a_1^2 + a_2^2 + a_3^2}$

$\cos\theta = \dfrac{(\boldsymbol{a}, \boldsymbol{b})}{|\boldsymbol{a}||\boldsymbol{b}|} = \dfrac{a_1b_1 + a_2b_2 + a_3b_3}{\sqrt{a_1^2 + a_2^2 + a_3^2}\sqrt{b_1^2 + b_2^2 + b_3^2}}$

ベクトルの外積

$\boldsymbol{a}, \boldsymbol{b}$ の外積またはベクトル積　　$[\boldsymbol{a}, \boldsymbol{b}]$ または $\boldsymbol{a}\times\boldsymbol{b}$

次の3つの条件を満たすベクトル

(i) $\boldsymbol{a}, \boldsymbol{b}$ と直交　　(ii) 大きさ $|\boldsymbol{a}||\boldsymbol{b}|\sin\theta$　　(iii) 向きは $\boldsymbol{a}$ を θ だけ回転して $\boldsymbol{b}$ に重ねるとき，右ねじの進む方向 (θ は $\boldsymbol{a}, \boldsymbol{b}$ のなす角)

$$[\boldsymbol{a}, \boldsymbol{b}] = (a_2b_3 - a_3b_2)\boldsymbol{e}_1 + (a_3b_1 - a_1b_3)\boldsymbol{e}_2 + (a_1b_2 - a_2b_1)\boldsymbol{e}_3$$

$$= \begin{vmatrix} \boldsymbol{e}_1 & \boldsymbol{e}_2 & \boldsymbol{e}_3 \\ a_1 & a_2 & a_3 \\ b_1 & b_2 & b_3 \end{vmatrix}$$

定積分

$$\int_0^\infty e^{-ax^2}dx = \frac{1}{2}\sqrt{\frac{\pi}{a}}, \qquad \int_0^\infty xe^{-ax^2}dx = \frac{1}{2a}$$

$$\int_0^\infty x^2 e^{-ax^2}dx = \frac{1}{4a}\sqrt{\frac{\pi}{a}} \qquad \int_0^\infty x^3 e^{-ax^2}dx = \frac{1}{2a^2}$$

$$\int_0^\infty x^4 e^{-ax^2}dx = \frac{3}{8a^2}\sqrt{\frac{\pi}{a}} \qquad \int_0^\infty x^5 e^{-ax^2}dx = \frac{1}{a^3}$$

$$\int_0^\infty x^n e^{-ax}dx = \frac{n!}{a^{n+1}}$$

微分

$y = f(x)$ の微分

$$\frac{dy}{dx} = \frac{df}{dx} = \lim_{\Delta x \to 0}\frac{f(x+\Delta x)-f(x)}{\Delta x}$$

$u = f(x,y)$ の偏微分

$$\frac{\partial u}{\partial x} = \frac{\partial f}{\partial x} = \lim_{\Delta x \to 0}\frac{f(x+\Delta x, y)-f(x,y)}{\Delta x}$$

$$\frac{\partial u}{\partial y} = \frac{\partial f}{\partial y} = \lim_{\Delta y \to 0}\frac{f(x, y+\Delta y)-f(x,y)}{\Delta y}$$

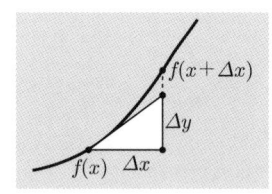

$\dfrac{\partial u}{\partial x}$ は $\left(\dfrac{\partial u}{\partial x}\right)_y, \left(\dfrac{\partial f}{\partial x}\right)_y, f_x, f_x(x,y)$ のようにも表される．

$\dfrac{\partial u}{\partial y}$ は $\left(\dfrac{\partial u}{\partial y}\right)_x, \left(\dfrac{\partial f}{\partial y}\right)_x, f_y, f_y(x,y)$ のようにも表される．

$u = f(x,y)$ の全微分

$\Delta u = f(x+\Delta x, y+\Delta y) - f(x,y) = \dfrac{\partial f}{\partial x}\Delta x + \dfrac{\partial f}{\partial y}\Delta y + \varepsilon_1 \Delta x + \varepsilon_2 \Delta y$ において，$\Delta x, \Delta y \to 0$ に対して，$\varepsilon_1, \varepsilon_2 \to 0$，すなわち $\dfrac{\varepsilon_1 \Delta x + \varepsilon_2 \Delta y}{\sqrt{\Delta x^2 + \Delta y^2}} \to 0$ であるならば，全微分可能であるといい，

$$du = \frac{\partial f}{\partial x}\Delta x + \frac{\partial f}{\partial y}\Delta y$$

$$du = \frac{\partial f}{\partial x}dx + \frac{\partial f}{\partial y}dy$$

$$du = \left(\frac{\partial u}{\partial x}\right)_y dx + \left(\frac{\partial u}{\partial y}\right)_x dy$$

などを u の**全微分**という．

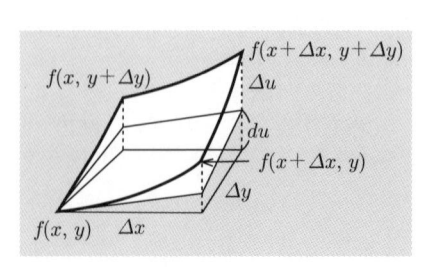

付録3　水素類似原子の波動関数

$$\psi(r,\theta,\varphi) = R_{nl}(r)\Theta_{lm_l}(\theta)\Phi_{m_l}(\varphi)$$

$$R_{nl}(\rho) = -\sqrt{\frac{4}{n^4}\frac{(n-l-1)!}{\{(n+l)!\}^3}}\left(\frac{Z}{a_0}\right)^{3/2}\left(\frac{2\rho}{n}\right)^l e^{-(\rho/n)} L_{n+l}^{2l+1}\left(\frac{2\rho}{n}\right)$$

$$\Theta_{lm_l}(\theta) = \sqrt{\frac{(2l+1)}{2}\frac{(l-|m_l|)!}{(l+|m_l|)!}} P_l^{|m|}(\cos\theta)$$

$$\Phi_{m_l}(\varphi) = \frac{1}{\sqrt{2\pi}}e^{im_l\varphi}$$

ここで $\rho = \dfrac{Zr}{a_0}$ である．$L_{n+l}^{2l+1}\left(\dfrac{2\rho}{n}\right)$ と $P_l^{|m|}(\cos\theta)$ はそれぞれ次式で与えられるラゲール陪関数とルジャンドル陪関数である．

$$L_\alpha^\beta(z) = \frac{d^\beta}{dz^\beta}\left\{e^z\frac{d^\alpha}{dz^\alpha}(z^\alpha e^{-z})\right\}$$

$$P_l^{|m|}(z) = \frac{(1-z^2)^{|m/2|}}{2^l\,l!}\frac{d^{l+|m|}}{dz^{l+|m|}}(z^2-1)^l$$

付録4　原子の電子配置

周期	元素	K	L		M			N				O				P			Q
		1s	2s	2p	3s	3p	3d	4s	4p	4d	4f	5s	5p	5d	5f	6s	6p	6d	7s
1	1 H	1																	
	2 He	2																	
2	3 Li	2	1																
	4 Be	2	2																
	5 B	2	2	1															
	6 C	2	2	2															
	7 N	2	2	3															
	8 O	2	2	4															
	9 F	2	2	5															
	10 Ne	2	2	6															
3	11 Na	2	2	6	1														
	12 Mg				2														
	13 Al	同	同		2	1													
	14 Si				2	2													
	15 P				2	3													
	16 S	上	上		2	4													
	17 Cl				2	5													
	18 Ar				2	6													
4	19 K	2	2	6	2	6		1											
	20 Ca							2											
	21 Sc						1	2											
	22 Ti						2	2											
	23 V						3	2											
	24 Cr						5	1											
	25 Mn	同	同		同		5	2											
	26 Fe						6	2											
	27 Co						7	2											
	28 Ni						8	2											
	29 Cu						10	1											
	30 Zn	上	上		上		10	2											
	31 Ga						10	2	1										
	32 Ge						10	2	2										
	33 As						10	2	3										
	34 Se						10	2	4										
	35 Br						10	2	5										
	36 Kr						10	2	6										
5	37 Rb	2	2	6	2	6	10	2	6			1							
	38 Sr											2							
	39 Y									1		2							
	40 Zr									2		2							
	41 Nb	同	同		同			同		4		1							
	42 Mo									5		1							
	43 Tc									5		2							
	44 Ru									7		1							
	45 Rh	上	上		上			上		8		1							
	46 Pd									10									
	47 Ag									10		1							
	48 Cd									10		2							

■：典型元素，□：遷移元素，▨：ランタノイド，アクチノイド

付　録

周期	元素	K	L		M			N				O			P			Q
		1s	2s	2p	3s	3p	3d	4s	4p	4d	4f	5s	5p	5d	5f	6s	6p	6d	7s
5	49 In	2	2	6	2	6	10	2	6	10		2	1						
	50 Sn									10		2	2						
	51 Sb	同	同		同					10		2	3						
	52 Te									10		2	4						
	53 I	上	上		上					10		2	5						
	54 Xe									10		2	6						
6	55 Cs	2	2	6	2	6	10	2	6	10		2	6			1			
	56 Ba											2	6			2			
	57 La											2	6	1		2			
	58 Ce										1	2	6	1		2			
	59 Pr										3	2	6			2			
	60 Nd										4	2	6			2			
	61 Pm										5	2	6			2			
	62 Sm										6	2	6			2			
	63 Eu										7	2	6			2			
	64 Gd										7	2	6	1		2			
	65 Tb										9	2	6			2			
	66 Dy*	同	同		同			同			10	2	6			2			
	67 Ho*										11	2	6			2			
	68 Er*										12	2	6			2			
	69 Tm										13	2	6			2			
	70 Yb										14	2	6			2			
	71 Lu										14	2	6	1		2			
	72 Hf										14	2	6	2		2			
	73 Ta										14	2	6	3		2			
	74 W										14	2	6	4		2			
	75 Re	上	上		上			上			14	2	6	5		2			
	76 Os										14	2	6	6		2			
	77 Ir										14	2	6	7		2			
	78 Pt										14	2	6	9		1			
	79 Au										14	2	6	10		1			
	80 Hg										14	2	6	10		2			
	81 Tl										14	2	6	10		2	1		
	82 Pb										14	2	6	10		2	2		
	83 Bi										14	2	6	10		2	3		
	84 Po										14	2	6	10		2	4		
	85 At										14	2	6	10		2	5		
	86 Rn										14	2	6	10		2	6		
7	87 Fr	2	2	6	2	6	10	2	6	10	14	2	6	10		2	6		1
	88 Ra															2	6		2
	89 Ac															2	6	1	2
	90 Th															2	6	2	2
	91 Pa*														3	2	6		2
	92 U														3	2	6	1	2
	93 Np*	同	同		同			同				同			4	2	6	1	2
	94 Pu*														5	2	6		2
	95 Am														7	2	6		2
	96 Cm*														7	2	6	1	2
	97 Bk*														8	2	6	1	2
	98 Cf*	上	上		上			上				上			9	2	6	1	2
	99 Es*														10	2	6	1	2
	100 Fm*														11	2	6	1	2
	101 Md*														12	2	6	1	2
	102 No*														13	2	6	1	2
	103 Lr*														14	2	6	1	2

* 電子配置が若干不確実な元素

付録 5

物質の標準生成エンタルピー，標準生成自由エネルギーおよび標準エントロピー

物質名	ΔH_f^0/kJ mol^{-1}	ΔG_f^0/kJmol^{-1}	S^0/J K^{-1} mol^{-1}
Ag(s)	0	0	42.70
AgBr(s)	−100.37	−96.90	107.1
AgCl(s)	−127.07	−109.80	96.11
AgNO$_3$(s)	−124.39	−33.47	140.9
Ag$_2$O(s)	−30.57	−10.82	121.75
Al(s)	0	0	28.32
Al$_2$O$_3$(s)	−1675.3	−1581.9	50.99
Br$_2$(ℓ)	0	0	152.23
C(g)	715.00	669.58	157.99
C(s,graphite)	0	0	5.694
C(s,diamond)	1.897	2.900	2.439
CH$_3$OH(ℓ)	−238.64	166.3	128.8
CH$_3$COOH(ℓ)	−484.5	−389.9	159.8
CH$_4$(g)	−74.85	−50.79	186.2
CCl$_4$(ℓ)	−135.44	−65.27	216.4
C$_2$H$_2$(g)	226.75	209.20	200.82
C$_2$H$_4$(g)	52.28	68.12	219.5
C$_2$H$_5$OH(ℓ)	−277.7	−174.9	160.7
C$_2$H$_6$(g)	−84.667	−32.89	229.5
C$_6$H$_6$(ℓ)	49.028	124.50	172.8
CO(g)	−110.54	−137.16	197.91
CO$_2$(g)	−393.522	−394.405	213.64
Ca(s)	0	0	41.6
CaCO$_3$(s)	−1206.92	−1128.84	92.9
CaCl$_2$(s)	−795.8	−748.1	113.8
CaO(s)	−635.09	−604.04	39.7
Ca(OH)$_2$(s)	−986.09	−898.5	76.1
Cl$_2$(g)	0	0	222.95
Cu(s)	0	0	33.3
CuO(s)	−155.85	−128.12	43.5
CuSO$_4$(s)	−769.98	−660.90	113.4
Fe(s)	0	0	27.2
Fe$_2$O$_3$(s)	−824.7	−743.6	90.0
Fe$_3$O$_4$(s)	−1120.9	−1017.5	146.4
H(g)	217.986	203.280	114.611
H$_2$(g)	0	0	130.59
HBr(g)	−36.54	−53.49	198.48
HCl(g)	−92.312	−95.303	186.68
HI(g)	25.95	1.29	206.42
H$_2$O(g)	−241.82	−228.59	188.72
H$_2$O(ℓ)	−285.830	−237.183	69.940
H$_2$O$_2$(ℓ)	−187.78	−120.35	109.6
H$_2$S(g)	−20.42	−33.28	205.6
H$_2$SO$_4$(ℓ)	−813.989	−690.059	156.90
He(g)	0	0	126.04

物質名	ΔH_f^0/kJ mol^{-1}	ΔG_f^0/kJ mol^{-1}	S^0/J K^{-1} mol^{-1}
Hg(ℓ)	0	0	76.02
Hg$_2$Cl$_2$(s)	-265.22	-210.78	195.8
I$_2$(g)	62.27	19.38	260.70
I$_2$(s)	0	0	116.14
K(s)	0	0	63.6
KBr(s)	-393.80	-380.43	96.44
KCl(s)	-436.68	-408.78	82.68
KOH(s)	-424.7	-379.0	59.4
Mg(s)	0	0	32.5
MgCl$_2$(s)	-641.32	-591.83	89.5
MgO(s)	-610.70	-569.44	26.8
N(g)	472.8	455.5	153.196
N$_2$(g)	0	0	191.49
NH$_3$(g)	-45.90	-16.28	192.3
NH$_4$Cl(s)	-314.55	-203.19	94.6
NO(g)	90.374	86.688	210.62
NO$_2$(g)	33.18	51.31	240.06
N$_2$O(g)	81.55	103.6	220.0
N$_2$O$_4$(g)	9.16	97.89	304.29
Na(s)	0	0	51.0
NaCl(s)	-411.12	-384.04	72.38
NaOH(s)	-426.35	-380.19	52.3
Na$_2$CO$_3$(s)	-1130.77	-1048.08	136
Na$_2$SO$_4$(s)	-1387.21	-1269.35	149.5
O(g)	249.36	231.77	160.95
O$_2$(g)	0	0	205.03
O$_3$(g)	142.7	163.2	237.65
P(s,white)	0	0	44.4
PCl$_3$(g)	-306.4	-286.3	311.7
Pb(s)	0	0	64.89
PbCl$_2$(s)	-359.41	-314.13	136.4
PbO$_2$(s)	-277.4	-217.4	76.6
PbSO$_4$(s)	-919.94	-813.20	147.3
S(s,rhombic)	0	0	31.9
S(s,monoclinic)	0.30	0.096	32.6
SO$_2$(g)	-296.83	-300.19	41.84
S$_8$(g)	102.30	49.66	430.87
Si(s)	0	0	18.7
SiO$_2$(s, quartz)	-910.9	-856.5	41.84
Zn(s)	0	0	41.6
ZnCl$_2$(s)	-415.05	-369.43	108.4
ZnO(s)	-348.28	-318.32	43.9
ZnSO$_4$(s)	-982.8	-874.5	119.7

イオンの標準生成エンタルピー，標準生成自由エネルギーおよび標準エントロピー

物質名	ΔH_f^0/kJ mol^{-1}	ΔG_f^0/kJ mol^{-1}	S^0/J K^{-1} mol^{-1}
Ag^+	105.9	77.111	73.93
Ba^{2+}	−537.64	−560.74	12.6
Ca^{2+}	−543.0	−533.0	−55.2
Co^{2+}	−58.2	−54.4	−110
Co^{3+}	92	134	−305
Cu^{2+}	64.77	65.52	−99.6
Fe^{2+}	−87.9	−84.94	−113.4
Fe^{3+}	−47.7	−10.6	293
H^+	0	0	0
Hg^+	171	164.4	−32
K^+	−254.1	−283.3	103
Na^+	−240.1	−260.9	60.2
NH_4^+	−132.5	−79.37	113
Ni^{2+}	−54.0	−45.6	−129
Mg^{2+}	−461.96	−456.01	−118
Zn^{2+}	−153.9	−147.2	−112
Br^-	−121.5	−104.0	80.8
Cl^-	−167.16	−131.26	55.2
CH_3COO^-	−486.0	−369.4	86.6
CN^-	151.0	165.7	118.0
CO_3^{2-}	−677.1	−527.9	−53.1
F^-	−332.60	−278.8	−14
I^-	−55.18	−51.59	109.4
NO_3^-	−207.4	−111.3	146.4
OH^-	−229.99	−157.29	−10.5
S^{2-}	35.8	92.5	26.8
SO_4^{2-}	−909.27	−744.63	17.15

付録6 結合解離エンタルピー

結合	ΔH/kJ mol^{-1}	結合	ΔH/kJ mol^{-1}	結合	ΔH/kJ mol^{-1}
C−C	347.7	C≡N	791	N≡N	941.8
C=C	607	C−O	351.5	N−H	390.8
C≡C	828	C=O	724	O−O	138.9
C−H	413.4	H−Cl	431.8	O−H	462.8
C−Cl	328.4	H−H	436.0	S−S	213.0
C−N	291.6	N−N	160.7	S−H	339

付録 7

溶解度積 K_{sp} (25°C)

AgCl	1.8×10^{-10}	Al(OH)$_3$	1.1×10^{-33}
PbCl$_2$	1.6×10^{-5}	Fe(OH)$_3$	2.5×10^{-39}
Hg$_2$Cl$_2$	1.3×10^{-18}	Mg(OH)$_2$	1.8×10^{-11}
BaCO$_3$	2.0×10^{-11}	Zn(OH)$_2$	2×10^{-15}
CaCO$_3$	2.9×10^{-9}	CdS	5×10^{-28}
SrCO$_3$	2.8×10^{-9}	CoS	4×10^{-21}
BaSO$_4$	2×10^{-11}	CuS	6×10^{-36}
CaSO$_4$	2.27×10^{-5}	FeS	6×10^{-18}
PbSO$_4$	7.2×10^{-8}	HgS	4×10^{-53}
Ag$_2$CrO$_4$	2.4×10^{-12}	NiS	2×10^{-21}
BaCrO$_4$	1.2×10^{-10}	ZnS	2×10^{-24}
PbCrO$_4$	1.8×10^{-14}	PbS	1×10^{-28}

付録 8

酸と塩基の解離定数 (25°C)

化合物	pK		化合物	pK	
ホウ酸	pK_a	9.23	シュウ酸	pK_{a_1}	1.271
ギ酸	pK_a	3.752	〃	pK_{a_2}	4.266
酢酸	pK_a	4.757	EDTA	pK_{a_1}	2.0
安息香酸	pK_a	4.212	〃	pK_{a_2}	2.8
フェノール	pK_a	9.9	〃	pK_{a_3}	6.2
硫化水素	pK_{a_1}	7.02	〃	pK_{a_4}	10.3
〃	pK_{a_2}	14.00	グリシン	pK_a	9.778
炭酸	pK_{a_1}	6.34	〃	pK_b	11.646
〃	pK_{a_2}	10.33	アンモニア	pK_b	4.72
リン酸	pK_{a_1}	2.15	アニリン	pK_b	9.40
〃	pK_{a_2}	7.20	ピリジン	pK_b	8.78
〃	pK_{a_3}	12.38	メチルアミン	pK_b	3.32

付録9

標準電極電位 (還元電位)(25°C)

電極	電極反応	E^0/V
$Li^+|Li$	$Li^+ + e^- \rightleftarrows Li$	-3.045
$K^+|K$	$K^+ + e^- \rightleftarrows K$	-2.925
$Cs^+|Cs$	$Cs^+ + e^- \rightleftarrows Cs$	-2.923
$Ba^{2+}|Ba$	$Ba^{2+} + 2e^- \rightleftarrows Ba$	-2.906
$Ca^{2+}|Ca$	$Ca^{2+} + 2e^- \rightleftarrows Ca$	-2.866
$Na^+|Na$	$Na^+ + e^- \rightleftarrows Na$	-2.714
$Mg^{2+}|Mg$	$Mg^{2+} + 2e^- \rightleftarrows Mg$	-2.363
$Al^{3+}|Al$	$Al^{3+} + 3e^- \rightleftarrows Al$	-1.662
$Mn^{2+}|Mn$	$Mn^{2+} + 2e^- \rightleftarrows Mn$	-1.180
$Zn^{2+}|Zn$	$Zn^{2+} + 2e^- \rightleftarrows Zn$	-0.763
$Cr^{3+}|Cr$	$Cr^{3+} + 3e^- \rightleftarrows Cr$	-0.744
$Fe^{2+}|Fe$	$Fe^{2+} + 2e^- \rightleftarrows Fe$	-0.440
$Cd^{2+}|Cd$	$Cd^{2+} + 2e^- \rightleftarrows Cd$	-0.403
$Sn^{2+}|Sn$	$Sn^{2+} + 2e^- \rightleftarrows Sn$	-0.136
$Pb^{2+}|Pb$	$Pb^{2+} + 2e^- \rightleftarrows Pb$	-0.126
$Fe^{3+}|Fe$	$Fe^{3+} + 3e^- \rightleftarrows Fe$	-0.036
$D^+|D_2, Pt$	$2D^+ + 2e^- \rightleftarrows D_2$	-0.0034
$H^+|H_2, Pt$	$2H^+ + 2e^- \rightleftarrows H_2$	0
$Sn^{4+}, Sn^{2+}|Pt$	$Sn^{4+} + 2e^- \rightleftarrows Sn^{2+}$	$+0.15$
$Cu^{2+}, Cu^+|Pt$	$Cu^{2+} + e^- \rightleftarrows Cu^+$	$+0.153$
$Cl^-|AgCl|Ag$	$AgCl + e^- \rightleftarrows Ag + Cl^-$	$+0.2225$
$Cu^{2+}|Cu$	$Cu^{2+} + 2e^- \rightleftarrows Cu$	$+0.337$
$I^-, I_3^-|Pt$	$I_3^- + 2e^- \rightleftarrows 3I^-$	$+0.545$
$I^-, I_2|Pt$	$I_2 + 2e^- \rightleftarrows 2I^-$	$+0.5355$
$Fe^{3+}, Fe^{2+}|Pt$	$Fe^{3+} + e^- \rightleftarrows Fe^{2+}$	$+0.771$
$Ag^+|Ag$	$Ag^+ + e^- \rightleftarrows Ag$	$+0.799$
$Hg^{2+}|Hg$	$Hg^{2+} + 2e^- \rightleftarrows Hg$	$+0.854$
$Hg^{2+}, Hg_2^{2+}|Pt$	$2Hg^{2+} + 2e^- \rightleftarrows Hg_2^{2+}$	$+0.920$
$Br^-|Br_2, Pt$	$Br_2 + 2e^- \rightleftarrows 2Br^-$	$+1.065$
$H^+|O_2, Pt$	$\frac{1}{2}O_2 + 2H^+ + 2e^- \rightleftarrows H_2O$	$+1.229$
$Cl^-|Cl_2, Pt$	$Cl_2 + 2e^- \rightleftarrows 2Cl^-$	$+1.3595$
$Co^{3+}, Co^{2+}|Pt$	$Co^{3+} + e^- \rightleftarrows Co^{2+}$	$+1.82$
$S_2O_8^{2-}, SO_4^{2-}|Pt$	$S_2O_8^{2-} + 2e^- \rightleftarrows 2SO_4^{2-}$	$+1.98$
$OH^-|Ni(OH)_2|Ni$	$Ni(OH)_2 + 2e^- \rightleftarrows Ni + 2OH^-$	-0.72
$OH^-|H_2, Pt$	$2H_2O + 2e^- \rightleftarrows H_2 + 2OH^-$	-0.828
$OH^-, SO_4^{2-}, SO_3^{2-}|Pt$	$SO_4^{2-} + H_2O + 2e^- \rightleftarrows SO_3^{2-} + 2OH^-$	-0.93

索引

あ行

圧縮因子　60
圧平衡定数　92
圧力-組成図　70
アボガドロ定数　2, 5
アレニウスの式　116
安定同位体　8
イオン化エネルギー　24
イオン結合　52
イオン結晶　52
イオン性　32
イオン積　94
異核二原子分子　32
1次反応　110, 112
陰極線　6
上向きスピン　22
液相　62
液相線　70, 72
エネルギー保存の法則　84
塩化セシウム型　52
塩化ナトリウム型　52
塩基解離定数　94
延性　50
エンタルピー　86
オクテット則　26
温度-組成図　72

か行

化学電池　106
化学平衡　92
化学ポテンシャル　66
可逆反応　92, 114
核間距離　29
角度部分　18

活性化エネルギー　116
活量　106
価標　26
擬1次反応　110, 114
気液平衡　62
規格化条件　20
規格化定数　28
気化熱　62
気相　62
気相線　70, 72
気体定数　54
基底状態　12
ギブズエネルギー　100
ギブズの相律　64
逆位相　28
吸熱反応　86
凝固点降下　80
凝縮曲線　72
共通イオン効果　96
共沸混合物　74
共沸組成　74
共沸点　185
共鳴安定化　36
共融混合物　78
共融組成　78
共融点　78
共有電子対　26
供与体　44
極性　32
キルヒホッフの式　90
銀-塩化銀電極　107
金属結合　50
空間格子　48
クーロン引力　26
グラハムの法則　56
結合解離エンタルピー　90

結合次数　28
原子価殻電子対反発理論　40
原子核　4
原子質量単位　5
原子番号　4
原子量　5
原子論　1
元素　8
格子　48
格子エンタルピー　88
格子定数　48
格子点　48
構成原理　22
光電効果　8
固相　62
固溶体　78
孤立電子対　26
混合エントロピー　100
コンプトン効果　14
根平均2乗速度　56

さ行

最高被占軌道　46
最大確率速度　57
最低空軌道　46
錯イオン　44
錯体　44
酸解離定数　94
三重点　64
参照電極　107
酸素　1
示強性変数　84
磁気量子数　18
仕事関数　8
下向きスピン　22

質量作用の法則　92
質量数　4
質量パーセント濃度　68
質量保存の法則　1, 2
質量モル濃度　68
シャルル–ゲイリュサックの法則　54
周期表　5
周期律　5
充填率　50, 151
自由度　64
ジュールの法則　54
受容体　44
主量子数　18
シュレディンガー方程式　16
昇華　62
昇華曲線　64
昇華熱　62
蒸気圧曲線　62
蒸気圧降下　80
状態図　64
状態変数　84
状態量　84
衝突理論　118
蒸発熱　62
示量性変数　84
浸透圧　80, 82
水蒸気蒸留　76
水素結合　46
水素原子スペクトル　10
スピン量子数　22
静電引力　13
遷移状態理論　118
占有数　58
相　62, 64
双極子モーメント　32
相転移　62
束一的性質　80
素電荷　6
存在確率　20
存在確率密度　20

た 行

体心立方格子　48
単位格子　48
逐次反応　120
中間子　8
中性子　4, 8
超臨界流体　64
直交条件　20
定圧反応熱　86
定圧モル熱容量　86
定常状態　12
定積反応熱　86
定積モル熱容量　86
定比例の法則　1, 2
てこの原理　158
転移エンタルピー　88
電荷　6
電荷移動錯体　46
電気陰性度　24
電気素量　6
電子　4
電子親和力　24
電子スピン　22
電子対　26
電子の非局在化　36
電子密度　28
展性　50
ド・ブロイ波　14
同位相　28
同位体　4, 8
等核二原子分子　27
動径部分　18
動径分布関数　20
ドルトンの分圧の法則　68

な 行

内部エネルギー　84
2次反応　110, 112
熱平衡状態　58
熱力学第一法則　84

熱力学第二法則　98
ネルンストの式　108
燃素　1
濃度平衡定数　92

は 行

ハートリー近似　22
ハーバー–ボッシュ法　121
配位結合　44
配位子　44
配位数　44
排除体積　60
倍数比例の法則　2
パウリの排他原理　22
八隅説　26
パッシェン系列　10
発熱反応　86
ハミルトニアン　16
バルマー系列　10
半電池　106
半透性膜　82
バンド理論　50
反応エンタルピー　86
反応座標　116
反応次数　110
反応速度　110
反応速度式　110
反応速度定数　110
反応熱　86
非共有電子対　26
非局在化エンタルピー　131
比電荷　7
微分速度式　112
標準イオン化エンタルピー　88
標準起電力　106
標準原子化エンタルピー　88
標準昇華エンタルピー　88
標準蒸発エンタルピー　88
標準水素化エンタルピー　90

索　引

標準生成エンタルピー　　88
標準生成ギブズエネルギー　102
標準電極電位　106
標準電子付加エンタルピー　88
標準燃焼エンタルピー　90
標準反応エンタルピー　88
標準反応エントロピー　102
標準反応ギブズエネルギー　102
標準融解エンタルピー　88
標準溶解エンタルピー　90
非理想溶液　74
頻度因子　116
ファラデー定数　108
ファンデルワールスの状態方程式　60
ファンデルワールス力　42
ファントホフ係数　82
ファントホフの式　82, 104
不可逆反応　92
不確定性原理　182
不均一平衡　92
不斉炭素　146
不対電子　26
物質の三態　62
物質波　14
沸点上昇　80
沸騰　62
沸騰曲線　72
部分モルギブズエネルギー　100
部分モル体積　76
ブラッグの反射の式　48
プランク-アインシュタインの式　8
プランク定数　8
フロジストン　1
分子軌道　28
分子量　5
フントの規則　22
分配関数　58

分留　72
平均結合解離エンタルピー　90
平衡定数　92, 94
ヘスの法則　88
ヘンダーソン-ハッセルバルチ式　94
ヘンリーの法則　76
ボイルの法則　1, 54
方位量子数　18
放射性同位体　8
ボーア半径　15, 21
ボルツマン因子　56
ボルツマン定数　54
ボルツマン分布則　58
ボルン-ハーバーのサイクル　89

ま 行

マクスウェル-ボルツマンの速度　分布則　56
ミラー指数　49
ミラー面　49
面心立方格子　48
モルエントロピー　98
モル凝固点降下定数　80
モル濃度　68
モル沸点上昇定数　80
モル分率　68

や 行

融解曲線　64
融解熱　62
有効核電荷　25
溶解度　78
溶解度曲線　78
溶解度積　92
陽子　4, 8
容量モル濃度　68

ら 行

ライマン系列　10
ラウールの法則　70
ラウエの斑点　14
理想気体の状態方程式　54
理想希薄溶液　76
理想溶液　70
律速段階　120
立体因子　118
リッツの結合法則　10
立方最密充填　50
リュードベリ定数　10, 22
臨界圧力　61
臨界温度　61
臨界体積　61
臨界点　61, 64
ルイスの点電荷式　26
ルシャトリエの原理　96
励起状態　12
レナード-ジョーンズポテンシャル　42
六方最密格子　48
六方最密充填　50

欧 字

α スピン　22
β スピン　22
d^2sp^3 混成軌道　44
dsp^2 混成軌道　44
d 軌道　20
HOMO　46
LUMO　46
π 軌道　28
π 結合　28
ppm 濃度　68
σ 軌道　28
σ 結合　28
sp^2 混成軌道　36
sp^3 混成軌道　34
VSEPR　40

人名索引

アインシュタイン　4, 8, 14
アボガドロ　2, 5
アリストテレス　1
アレニウス　44, 116
ガイガー　6
カニツァロ　4
ギブズ　64, 100, 102
キルヒホフ　90
グラハム　56
ゲイリュサック　54
ケクレ　4
ゲルラッハ　23
コンプトン　14
ジャーマー　14
シャルル　54
ジュール　54
シュテルン　23
シュレディンガー　16
ジョーンズ　42
チャドウィック　8
デビソン　14
デモクリトス　1
トムソン　6
ドルトン　1, 68

ド・ブロイ　14
長岡半太郎　6
ネルンスト　108
ハートリー　22
ハーバー　89, 121
パウリ　22
パッシェン　10
ハッセルバルチ　94
パラケルスス　1
バルマー　10
ファラデー　108
ファンデルワールス　42, 60
ファントホフ　82, 104
ブラウン　4
ブラッグ　48
プランク　8
プルースト　1
ブレンステッド　44
ブンゼン　4
フント　22
ヘス　88
ベッカー　8
ペラン　4
ベルセリウス　4
ヘンダーソン　94

ボイル　54
ボーア　12
ボーテ　8
ポーリング　24
ボッシュ　121
ボルツマン　54
ボルン　89
マースデン　6
マクスウェル　14, 56
マリケン　24
ミラー　49
ミリカン　6
メンデレーエフ　4
湯川秀樹　8
ライマン　10
ラウール　70
ラウエ　14
ラヴォアジェ　1
ラザフォード　8
リッツ　10
リュードベリ　10, 22
ルイス　26, 40, 44
ルシャトリエ　96
レナード　42
ローリー　44

著者略歴

梶原 篤（かじわら あつし）

1985 年　大阪大学理学部高分子学科卒業
　　　　大阪大学理学部助手（高分子学科）
　　　　奈良教育大学助教授 を経て
現　在　奈良教育大学教授　理学博士

主要著書

Advanced ESR Methods in Polymer Research（共著　Wiley Interscience）
ラジカル重合ハンドブック（共著　NTS）
基礎 化学（共著　サイエンス社）

金折 賢二（かなおり けんじ）

1988 年　京都大学理学部卒業
　　　　日本チバガイギー（株）［現ノバルティスファーマ（株）］を経て
現　在　京都工芸繊維大学分子化学系准教授　博士（理学）

主要著書

基礎 化学（共著　サイエンス社）
量子化学（講談社サイエンティフィク）

新・演習物質科学ライブラリ＝1

基礎 化学演習

2013 年 2 月 10 日 ©	初 版 発 行
2019 年 5 月 10 日	初版第 2 刷発行

著　者	梶原　篤	発行者	森平敏孝
	金折賢二	印刷者	杉井康之
		製本者	米良孝司

発行所　株式会社　サイエンス社

〒 151-0051　東京都渋谷区千駄ヶ谷 1 丁目 3 番 25 号
営業　☎（03）5474-8500（代）　振替 00170-7-2387
編集　☎（03）5474-8600（代）　FAX（03）5474-8900

印刷　（株）ディグ　《検印省略》　製本　ブックアート

本書の内容を無断で複写複製することは，著作者および出版者の権利を侵害することがありますので，その場合にはあらかじめ小社あて許諾をお求め下さい．

サイエンス社のホームページのご案内
http://www.saiensu.co.jp
ご意見・ご要望は
rikei@saiensu.co.jp　まで．

ISBN978-4-7819-1317-9
PRINTED IN JAPAN

― ・ ― ・ ― ・ ― 新・物質科学ライブラリ ― ・ ― ・ ― ・ ―

基礎 化学
梶原・金折共著　2色刷・A5・本体2150円

基礎 物理化学 I・II [新訂版]
山内　淳著　2色刷・A5・本体各1950円

基礎 有機化学
大須賀・東田共著　2色刷・A5・本体1850円

基礎 無機化学
花田禎一著　2色刷・A5・本体1950円

基礎 量子化学
馬場正昭著　2色刷・A5・本体1950円

基礎 分析化学 [新訂版]
宗林・向井共著　2色刷・A5・本体1950円

基礎 高分子科学
堤・坂井共著　2色刷・A5・本体2200円

基礎 環境化学
津江・田村共著　2色刷・A5・本体1550円

磁気共鳴 ― ESR
山内　淳著　2色刷・A5・本体3200円

磁気共鳴 ― NMR
竹腰清乃理著　2色刷・A5・本体2800円

＊表示価格は全て税抜きです。

― ・ ― ・ ― ・ ― サイエンス社 ― ・ ― ・ ― ・ ―